21世纪软件工程专业规划教材

软件工程导论

吴艳 曹平 编著

清华大学出版社

北京

内 容 简 介

"软件工程"是计算机及软件工程专业的一门工程基础课程,在软件工程学科人才培养体系中占有重要地位,已成为高等院校计算机和软件工程教学体系中的一门核心专业课程。

本书以软件工程学原理和原则为指导,通过一个具体的软件项目案例,讲解软件开发的整个过程——可行性研究、需求建模、设计、编码、测试,直至部署、维护和项目管理,帮助读者理解面向对象方法学和完整的软件工程体系,为将来深入学习需求工程、软件开发、软件测试和软件项目管理等课程,或向更深入的研究领域(如计算机软件理论与方法、软件工程技术、软件服务工程和领域软件工程等)发展打下扎实的基础;同时,也为读者合理地选择就业岗位提供参考。

本书可作为高等院校计算机及软件工程专业软件工程导论和软件应用课程的实践教材,也可作为研究生入学考试、软件等级考试、科技竞赛和从事软件开发人员的参考用书。

图书在版编目(CIP)数据

软件工程导论/吴艳,曹平编著. —北京:清华大学出版社,2021.2(2024.8 重印)
21 世纪软件工程专业规划教材
ISBN 978-7-302-57236-7

Ⅰ.①软… Ⅱ.①吴… ②曹… Ⅲ.①软件工程—教材 Ⅳ.①TP311.5

中国版本图书馆 CIP 数据核字(2020)第 260578 号

责任编辑:张 玥 常建丽
封面设计:何凤霞
责任校对:时翠兰
责任印制:刘海龙

出版发行:清华大学出版社
　　　　网　　　址:https://www.tup.com.cn,https://www.wqxuetang.com
　　　　地　　　址:北京清华大学学研大厦 A 座　　　　　　邮　　编:100084
　　　　社　总　机:010-83470000　　　　　　　　　　　　邮　　购:010-62786544
　　　　投稿与读者服务:010-62776969,c-service@tup.tsinghua.edu.cn
　　　　质量反馈:010-62772015,zhiliang@tup.tsinghua.edu.cn
　　　　课件下载:https://www.tup.com.cn,010-83470236
印 装 者:三河市龙大印装有限公司
经　　销:全国新华书店
开　　本:185mm×260mm　　　　印　　张:23.25　　　　字　　数:523 千字
版　　次:2021 年 4 月第 1 版　　　　　　　　　　　　　印　　次:2024 年 8 月第 7 次印刷
定　　价:69.50 元

产品编号:090643-01

前　言

PREFACE

高校计算机专业、软件工程专业以及信息管理类专业都会开设"软件工程"课程。目前,软件工程的教材较多,且大都关注理论教学,涉及具体项目的比较少。也有少量教材将实际项目作为软件开发原型贯穿于理论教学之中,但是,对于初识软件工程学的读者来说,理论知识的欠系统性和欠完整性会直接影响读者对软件开发过程的理解。

本书权衡了软件工程学的理论和实践,以理论为指导、铺垫,随着具体案例的实施,将理论付诸实现;同时,实施中问题的解决又有助于更深入地理解理论。总之,教材将具体的软件项目开发案例贯穿于理论教学中,介绍了运用面向对象方法开发软件的全过程,包括可行性研究、面向对象分析、面向对象设计、面向对象编程、面向对象测试,以及软件项目的部署、维护和管理。

编写本书的目的是让读者在具体的实践中体会软件工程,提高开发软件的综合能力,包括分析建模能力、迭代开发能力、编程能力、设计测试用例和组织测试能力、沟通和协作能力,以及编写软件文档能力等。

1. 本书的特点

参与本书编写的教师是从事"软件工程"课程和"软件应用"课程教学的一线教师,有丰富的教学经验;此外,也包含众多软件从业人员多年工作经验的总结。值得一提的是,本书的案例是学生毕业设计的作品。因此,本书最终可作为一本实践指导攻略书。

本书使用面向对象方法,围绕具体软件项目案例展开课程教学。本书共有 4 篇:软件工程基础知识、项目启动阶段、项目实施阶段,以及项目维护和管理。每篇又由若干章组成,每章包括导读、章节内容、随堂笔记。其中,随堂笔记包括本章摘要(由读者总结)、习题和拓展阅读(读读书),其中习题包括练练手(章节基础练习)和动动脑(综合练习)。各章节的习题源于软件水平考试真题、研究生入学考试真题、教材案例开发需求。

本书在讲解软件开发各个阶段的同时,给出了各个阶段性文档模板格式,有助于读者将实施过程记录归档,保证开发的持续性和一致性;同时,学习本书能提高读者的文档编制能力。

2. 本书的主要内容

本书涉及的主要内容包括以下几方面。

(1) 阐述了软件工程的基本概念、基本原理和原则、软件工程方法学、软件生命周期、软件工程、软件生命周期模型以及软件过程管理,使读者对软件工程有一个整体的、概念性的了解,为之后的软件工程实践打下理论基础。

(2) 可行性研究在软件项目启动前,主要对软件项目进行一次简要的需求分析,得出"项目是否值得实施"的结论。此阶段,通过数据流图、数据字典等图形工具对软件项目进行结构化分析。此外,该阶段还需要对项目成本/效益进行分析。

(3) 软件需求分析的概述、项目计划的编写以及团队的建设,说明软件项目进入启动阶段,为项目的实施做好铺垫。

(4) 由于本书是使用面向对象方法展开软件开发,因此,在项目实施阶段前期叙述了UML 的作用以及组成,重点介绍了 UML 中的图以及这些图在建模工具 PowerDesigner 中的实践。

(5) 面向对象软件工程(OOSE)包括面向对象分析(OOA)、面向对象设计(OOD)、面向对象编程(OOP)以及面向对象测试(OOT)各个阶段。本书的重点是通过项目案例阐述上述各个阶段的关键理论,并付诸实践。

① 通过用 UML 建立面向对象软件开发中的三种模型,即对象模型、功能模型及动态模型,详细介绍和说明面向对象软件工程中各阶段的迭代开发理念,以及面向对象设计原则对软件开发的指导作用。

② 详细介绍了软件测试的基础概念、测试方法和测试步骤。从面向对象技术角度出发,介绍了面向对象测试的特点、测试方法和测试过程。

③ 通过项目案例,介绍系统设计和对象设计的范畴,详细介绍了数据库设计、对象设计和用户界面设计的过程,并指导读者在具体的 IDE(集成开发环境)下实施项目。

(6) 在介绍项目实施后,介绍了项目的具体部署和软件维护阶段的主要任务,以及如何提高软件的可维护性。

(7) 从项目管理的角度出发,阐述了项目开发过程中的进度管理、风险管理以及质量管理,并通过 Project 讲解如何通过工具进行项目管理。

(8) 给出各个阶段性文档的书写格式,规范了软件文档。

3. 本书的读者

本书的定位是"软件工程导论",旨在通过项目案例使读者更容易理解软件工程思想,包括软件工程的观念、方法、策略和规范。本书通过进阶式的练习和课外拓展阅读,使读者在巩固软件工程基础知识的基础上能深入学习和实践。

因此,本书可作为计算机和软件工程专业的教材,也可作为软件工程专业的考研应试生、软件水平考试应试生、参与科技竞赛人员以及从事软件开发人员的参考书。

4. 项目案例使用说明

本书中项目案例的设计和实施只是为了更好地说明软件工程思想和软件开发的过程。案例基于目前比较流行的 Spring Boot 框架,目的是简化新 Spring 应用的初始搭建以及开发过程。

项目案例在具体的实施过程中可以根据读者的实际水平略做调整:可以使用比较流行的框架,也可以使用一般的 Web 开发机制,甚至可以是一般的 Java 项目(或者是别的面向对象语言开发的一般项目）。重点关注的是，项目案例的设计和实施能呈现在软件工程思想指导下的软件开发过程。

5. 致谢

感谢参与本书编写和校验的所有教师和学生。计算机 1501 班的徐家鑫同学参与了本书项目案例的设计和实现工作，软件 1601 实验班的学生完成了项目案例的初步测试工作，在此向他们表示感谢。

感谢清华大学出版社提供的这次合作机会，使得本书能够早日与读者见面。

本书难免会存在一些问题，希望各位读者赐教，并提出宝贵建议。

曹　平

2020 年 12 月

目录

CONTENTS

第1篇　软件工程基础知识

第 2 篇　项目启动阶段

第 3 篇 项目实施阶段

第 4 篇　项目维护和管理

第 1 篇　软件工程基础知识

软件工程

导读

过去几十年里,大型软件项目的开发犹如一个焦油坑,无论大型的或小型的、庞杂的或精干的,各种团队一个接一个淹没在焦油坑中。软件规模和复杂程度不断增加,软件开发和维护出现了一系列严重问题,导致 20 世纪 60 年代末期出现"软件危机"。

1968 年,北大西洋公约组织的计算机科学家在联邦德国召开国际会议,讨论软件危机问题,在这次会议上正式提出并使用了"软件工程"这个名词,一门新兴的工程学科就此诞生。

软件工程从少数倡导者提出的一些蒙眬概念开始,经过多代人的实践成为一门正规的工程学科。软件工程学自建立起,指导着一代代软件开发者规范化开发诸多类型的软件项目。只有通过建立全方位的软件工程过程,采用恰当的软件开发方法和严格的管理机制,并坚持不懈地付诸实践,才能提高软件过程能力,以达到工程项目的三个基本要素:时间进度、成本控制、质量要求。

软件工程专业是 2002 年国家教育部新增专业。随着计算机应用领域的不断扩大及中国经济建设的不断发展,软件工程专业将成为一个新的热门专业。软件工程专业以计算机科学与技术学科为基础,强调软件开发的工程性,使学生在掌握计算机科学与技术方面知识和技能的基础上熟练掌握从事软件需求分析、软件设计、软件测试、软件维护和软件项目管理等工作所必需的基础知识、基本方法和基本技能,突出对学生专业知识和专业技能的培养,培养从事软件开发、测试、维护和软件项目管理的高级专业人才。

软件工程是计算机专业的一门非常重要的专业基础课,它对于学生专业和职业素质的培养、软件开发能力的提升以及软件项目综合管理能力的提高都具有极其重要的意义。

了解软件危机以及软件开发风险,有助于理解软件工程学的作用和意义;通过后续章节的学习和实践,更能体会到方法、工具和过程三要素的含义和其对软件开发的指导作用。

当今社会,计算机应用无处不在,如网上购物、网上银行、微信、微博、视频会议、电子邮件、在线服务网点、网络视频、网络游戏,以及在线直播教学等。飞速发展的诸多计算机应用在改变人们生活方式的同时,人们的思维也被潜移默化了。

诸多的应用软件都需要不同复杂程度的软件开发周期,需要通过科学的方法进行跟踪管理,以确保开发出能满足用户需求的软件产品,且产品必须具备可理解性、可修改性、可维护性、可靠性、可使用性、可移植性、可复用性、可互操作性及可兼容性等。

软件工程正是这样一门集系统学思想、工程管理方法、成功实践经验于一体的学科。

1.1 软件与软件危机

1.1.1 软件的定义及特点

软件是计算机系统中与硬件相互依存的部分,它不仅包括程序,还包括数据和相关文档,是三者的完整集合。

(1) 程序是按事先设计的功能和性能要求执行的指令序列。

(2) 数据是程序处理、加工的对象和处理信息的数据结构。

(3) 文档则是与程序开发、维护和使用相关的各类资料总称。

软件不同于硬件,它有如下特点:

(1) 软件是一种逻辑产品,具有抽象性,更多地带有个人智慧因素,这使得软件与其他的机械制造、建筑工程有许多不同。

(2) 软件没有明显的制造过程,不会损坏,但会因为质量和不可维护性被废弃。因此,软件产品数量和质量在相当长的实践中还得依靠技术人员和管理人员。

(3) 软件的开发和维护成本高,且涉及诸多社会因素。

1.1.2 软件危机

20 世纪 60 年代中期之前是计算机系统发展的早期阶段,软件通常是由个体程序员编制的、针对每个具体应用编写的程序,规模较小;此外,在维护阶段能看到的文档基本上就是程序源代码(许多源代码只附有少许注释)。

20 世纪 60 年代中期到 70 年代中期是计算机系统发展的第二阶段,"软件作坊"虽然是这个时期的一个重要特征,但基本上还是沿用个体软件开发方式。随着软件需求不断增长,软件数量、规模、复杂度和开发风险也随之剧烈膨胀,软件信息的维护与管理成为软件产品注重的方面。

软件维护主要指根据需求变化或硬件变化对软件进行部分或全部的修改,以使得软件系统在新环境下适应新的业务要求。所以,软件在维护时需要充分利用源程序和设计文档;而软件个体开发方式不能保质保量地完成规模大、复杂度高的软件,更不用说对软件进行维护和管理。

软件危机是指在计算机软件的开发和维护过程中遇到的一系列严重问题。它的产生原因主要体现在以下几个方面。

（1）与软件自身特点有关：逻辑产品，缺乏可见性；规模大且复杂；修改、维护困难。

（2）软件开发与维护的方法不当：忽视需求分析；重实现，轻设计；轻视软件维护。

（3）供求矛盾是永恒的主题：需求的增长和变更，使得开发者力不从心。

具体地，软件危机主要有以下几种典型的表现：

（1）软件开发成本和进度不可控。

（2）软件产品不能满足用户的需要。

（3）软件产品的质量难以保证。

（4）软件可维护性差。

（5）软件缺乏适当的软件文档支持。

（6）软件成本在计算机系统总成本中所占的比例逐年上升。

（7）软件生产率跟不上计算机应用普及和深入的趋势。

意识到软件危机，就能在实践中不断发现消除软件危机的方法与途径：

（1）必须充分认识到软件项目的开发实践不只是依赖个体劳动者的智慧和技能，而应该是一个组织良好、管理严密、各类人员协同配合、共同完成的工程项目的过程。

（2）推广并使用在软件开发实践中总结出的成功技术和方法。

（3）开发和使用更好的软件工具。

1.2　软件工程概述

1.2.1　软件工程的定义

概括地说，软件工程是应用计算机科学理论、技术及工程管理原则和方法，研究和应用如何以系统性的、规范化的、可定量的过程化方法开发和维护软件，以及如何把经过时间考验而证明正确的管理技术和当前能够得到的最好的技术方法结合起来。

虽然人们给软件工程下了不同的定义，强调的重点也有差异，但普遍认为软件工程具有下述特征：

（1）软件工程关注大型程序的构造。

（2）软件工程的中心课题是控制复杂性。

（3）软件会经常变化（如需求、运行环境、技术、语言等）。

（4）开发软件的效率非常重要。

（5）和谐合作是成功开发软件项目的关键。

（6）软件必须能有效支持它的用户。

（7）软件工程领域中，由一种文化背景的人替另一种文化背景的人创造产品。

从软件工程的发展过程可以看出，软件工程的核心思想是把软件开发视为生产一个工程产品，引进工程产品生产过程的科学管理方法，以期达到工程项目的三个基本要素（进度、成本和质量）可控。

此外，软件项目不同于工程产品，它有相应的开发技术和方法，比较有代表性的是结构化方法和面向对象方法。

软件工程是一门工程性学科,目的是成功地建造一个大型软件系统。所谓成功,就是要达到以下几个目标:

(1) 付出较低的开发成本。

(2) 达到要求的软件功能。

(3) 取得较好的软件性能。

(4) 开发的软件易于移植。

(5) 需要较低的维护费用。

(6) 能按时完成开发任务,及时交付费用。

(7) 开发的软件可靠性高。

1.2.2 软件工程的基本原理

著名的软件工程专家 B.W.Boehm 在 1983 年的一篇论文中提出软件工程 7 条原理,他认为这 7 条原理是确保软件产品质量和开发效率的原理的最小集合。因此,这 7 条原理是相互独立的;其中,任意 6 条原理的组合都不能代替另一条原理;然而,这 7 条原理又是相对完备的。可以证明,在此之前已经提出的 100 多条软件工程原理都可以由这 7 条原理的任意组合蕴含或派生。

(1) 用分阶段的生命周期计划严格管理。

经统计,有一半左右的不成功软件项目是由于计划不周造成的。这条原则意味着,应该把软件生命周期划分成若干阶段,并在每个阶段制订出切实可行的阶段性计划(并对上一阶段不完整的计划进行调整),然后不同层次的管理人员必须严格按照计划各尽其职对软件开发与维护工作进行管理。

(2) 坚持进行阶段性评审。

在软件开发和维护的每个阶段都要进行严格评审,以便尽早发现错误。究其原因有两个:其一,据 Boehm 等人的统计,设计错误占软件错误的 63%,编码错误仅占 37%;其二,错误发现得越晚,付出的代价越高。

(3) 实行严格的产品控制。

当改变需求时,为了保持软件各个配置成分的一致性,必须实现严格的产品控制,其中主要是实行基准配置管理。基准配置又称基线配置,是经过阶段评审后的软件配置成分(阶段性文档,包括程序代码)。基准配置管理也称为变动控制,即涉及对基准配置的修改,必须按照严格规程进行评审,获得批准后才能实施修改。

(4) 采用现代程序设计技术。

软件开发技术是软件工程的主要研究内容之一,在致力于研究各种新设计技术的同时,也要进一步研究各种先进的软件开发与维护的技术。实践证明,采用先进的技术和方法不仅可以提高软件开发和维护的效率,而且可以提高软件产品的质量。

(5) 结果应能清楚地审查。

为了提高软件开发的可见性,更好地进行管理和控制,应该根据软件项目开发的总目标及完成期限,规定开发组织的责任和产品标准,仔细审查得到的结果。

（6）开发小组的人员应该少而精。

开发小组成员的素质和数量是影响软件产品质量和开发效率的重要因素。素质高的人员会提高开发效率，降低出错概率。此外，开发小组成员的增加会加剧通信开销的增长（若开发成员有 n 位，则其通信通道最多有 $n(n-1)/2$ 条）。因此，组成少而精的开发小组是软件工程一条基本原理。

（7）承认不断改进软件工程实践的必要性。

（1）～（6）并不能保证软件开发与维护的过程能赶上进步和变更的步伐，因此，Boehm 提出应把成人不断改进软件工程实践的必要性作为软件工程的第 7 条基本原理。该原理强调的不仅是主动采纳新的软件技术，而且必须不断总结经验，并付诸新的实践。

1.2.3　软件工程方法学

软件工程的理论和技术性研究内容包括软件开发技术和软件工程管理两个方面的内容，是技术与管理密切结合所形成的工程学科。

软件工程管理就是通过计划、组织和控制等一系列活动，合理地配置和使用各种资料，以达到既定目标的过程，包括软件管理学、软件工程经济学、软件心理学等内容。

软件开发技术包括软件开发方法学、开发过程、开发工具和软件工程环境，其主要内容是软件开发方法学。

软件工程方法学包括三个要素，即方法、工具和过程。

（1）方法是完成软件工程项目的技术手段，回答"怎么做"的问题。

（2）工具是为运用方法提供自动或半自动的支撑环境。

（3）过程是为了获取高质量软件所需要完成的一系列任务框架，包括支持软件开发各个环节的控制和管理。

目前，使用最广泛的软件工程方法学为传统方法学和面向对象方法学。

1. 传统方法学

传统方法学也称为结构化方法，它通过结构化分析（Structure Analysis，SA）、结构化设计（Structure Design，SD）和结构化编程（Structure Programming，SP）完成软件开发的各项任务，并使用适当的软件工具和软件工程环境支持结构化技术的应用。

结构化方法从问题的抽象逻辑开始，把软件生命周期划分成若干个阶段，一个阶段接着一个阶段顺序地进行开发，直至开发到一个能解决实际问题的软件产品为止。上一个阶段任务的完成是下一个阶段任务的前提和基础，每个阶段任务都比前一个阶段更具体，增加了更多的实现细节。因此，为了避免前一个阶段的错误遗留到下一个阶段，在每个阶段的开始和结束都要设置严格标准，即在每个阶段结束前必须进行严格的技术审查和管理复查。如果没有通过检查，则必须进行返工，而且返工后还要进行审查。

高质量的阶段性文档是审查的主要依据和标准，从而保证在软件开发结束时有一个完整有效的软件配置文件；因此，阶段性文档也就成了软件开发各个阶段的里程碑，它不仅说明了已完成的任务，同时也是下一阶段任务得以开展的基础。此外，软件文档也起到了备忘录的作用，是软件维护的参考和依据，如果文档不完整或描述不正确，应及时补漏和更新。

把软件生命周期划分为若干个阶段,每个阶段的任务相对独立,既能降低软件的复杂度,又便于不同人员分工协作,从而降低软件开发的难度;在每个阶段采用科学的管理技术和先进的开发技术,并对其进行严格审查,使得软件开发得以承前启后、有条不紊地进行,从而确保软件质量,提高软件的可维护性。总之,结构化开发方法将软件开发生命周期划分为若干个阶段,大大提高了软件开发的成功率,也提高了软件开发的生产率。

目前,结构化方法这种传统的软件开发方法学在软件开发时仍被广泛采用。这种方法历史悠久,容易被软件工程师熟悉和理解,对某些类型的软件开发比较有效,如工程计算、实时数据的跟踪处理、各种自动控制系统等,系统规模不宜过大。

2. 面向对象方法学

随着软件规模的增大,软件需求的不确定性和易变性会增强,结构化方法在软件开发和维护时会变得困难。一个重要的原因是结构化方法把数据和行为(施加在数据上的操作)分成两个独立的部分,按功能从抽象到具体分解,功能的变化可能危及整个系统,增加了软件开发、维护以及复用的难度。面向对象方法把数据和操作封装在一起,以对象为主线,通过对对象的操作,或对象之间的消息传递实现对象之间的通信,从而实现具体的功能需求。

概括地说,面向对象方法学具有下述 4 个要点。

(1)把对象抽象成类。每个类都定义了一组数据(对象的静态属性)和施加在数据上的一组操作,类是具有相同数据和相同操作的一组相似对象的抽象。

(2)对象是面向对象方法中处理的基本单位。软件中复杂的对象都是由比较简单的对象组合的,对象分解取代了结构化方法中的功能分解。

(3)按照父类(基类)和子类(派生类)的关系,把若干个相关类组成软件的层次结构。通过继承,下层派生类能自动拥有基类中的定义的数据和操作。

(4)对象通过彼此间发送消息进行通信和联系。对象不同于传统的数据,不是被动地等待外界对它实施操作;相反,对象是数据处理的主体,必须向它发送消息请求它执行某个操作,以处理它的数据。

面向对象方法学的出发点和基本原则,是尽量模拟人类习惯的思维方式,使开发软件的方法和过程尽可能接近人类认识世界、解决问题的方法和过程,从而使描述问题的问题空间(问题域)与实现解法的解空间(求解域)在结构上尽可能一致。

结构化方法强调的是自顶向下完成软件开发的各个阶段任务,而面向对象方法学解决问题的过程是一个从一般到特殊的演绎思维过程,也包括从特殊到一般的归纳思维过程。面向对象方法普遍进行的对象分类过程,支持从特殊到一般的归纳思维过程;通过继承建立的类层次关系,则是支持从一般到特殊的演绎思维过程。

运用面向对象方法开发软件的过程是一个主动、多次反复迭代的过程,在概念和表示方法上的一致性保证了在各个开发阶段之间的无缝过渡。正确运用面向对象方法开发软件,产生的最终软件产品由许多较小的、基本上独立的对象组成,这些对象与现实世界中的实体对应,从而降低了软件产品的复杂性,提高了软件的可理解性,简化了软件的开发和维护难度。此外,对象的相对独立、继承和多态性,促进和提高了面向对象软件的可重用性。

面向对象分析更适用于复杂的、由用户控制程序执行过程的应用软件,如大型游戏软件以及各类管理信息系统软件。

经过上述分析,可知结构化方法和面向对象方法对于不同的软件系统各有优劣。无论是结构化方法,还是面向对象方法,都是用来解决日益矛盾的软件危机的系统方法学。从直接开发,到结构化方法,再到面向对象方法,软件构件愈发独立、可重用,开发在一个更高的层次进行。分析层、设计层和代码层关联性减少,这些都有利于系统开发员更加关注功能本身,提高软件质量。硬件性能的提高会使计算机的使用更加广泛,软件工作的环境更加复杂,软件的功能更加丰富,软件的性能更需提高,对软件开发方法提出了更多的要求,会涌现更高层次的新的方法。无论使用哪种开发方法,或者是混合哪几种开发方法,都要因地制宜,依据需求分析和系统要求,做出最好的选择或组合。

1.2.4 软件工程的基本原则

软件工程的基本原则包括以下几点。

(1) 采取适宜的开发模型。

该原则与系统设计有关,强调的是控制易变的需求。在系统设计中,需要根据软件项目的实际情况权衡各种相互制约、相互影响的因素,如软件和硬件需求等。权衡后采用最适宜的开发模型,对各种需求、变化进行控制,以保证软件产品最大化地满足用户的需求。

(2) 采用合适的设计方法。

在软件设计中,合适的设计方法有助于实现软件的模块化、抽象与信息隐藏、局部化、一致性以及适应性等,以达到软件工程的目标。

(3) 提供高质量的工程支持。

在软件过程中,软件开发、测试、管理工具和环境对软件工程的支持颇为重要,能直接决定软件工程项目的质量、效率与开销。

(4) 重视开发过程的管理。

有效地管理软件过程,可以有效地利用可用的资源,提高软件产品的质量、软件组织的生产能力等,实现有效的软件工程过程。

软件工程的基本原则的每项都非常重要,既重视软件技术的应用,又强调软件工程的支持和管理,最重要的是在实践中实施。如果在实践中忽视软件工程的支持和管理,任何好的开发方法和技术都不会达到预期目的;反之,在实践中不采用合适的开发方法和技术,任何好的工程支持和管理也不能生产出高质量和高效率的软件产品。

1.2.5 现代软件工程

自软件工程概念提出以来,经过近 50 年的研究与实践,虽然没有彻底解决"软件危机",但获得了大量的研究成果和实践经验。随着计算机应用的广泛和深入,新的软件方法、模式、技术以及工具层出不穷,软件工程受到各种各样的挑战。从早期的结构化方法到目前的面向对象方法、面向构件方法和面向服务方法等;从 CMM(能力成熟度模型)这种重型方法到敏捷开发方法(如极限编程的),软件工程方法学也在不断顺应变化和发展,以适应软件领域中新的需求。尤其,互联网的普及和迅速发展,对软件工程产生了广泛和深远的影响。反之,新领域和新需求使软件工程面临更大的挑战,也给软件工程提供了机遇,促进软件工程不断创新、变革和发展。最显著的两个实例是开源软件运动和软件即服务(Software as a Service,SaaS)。

1. 开源软件运动

开源软件(Open Source Software,OSS)也称开放源代码软件,是一种源代码可以任意获取的计算机软件,这种软件的版权持有人在软件协议的规定下保留一部分权利并允许用户学习、修改、提高这款软件的质量。

目前,开源软件可以说无处不在,最典型的代表是 LAMP(Linux+Apache+MySQL+PHP),它涵盖了操作系统、Web 服务器、数据库和编程语言等。这些开源产品对 IT 业界产生了重要影响,如 Facebook 背后就有非常多的开源产品在支撑。

开源软件运动促进了思想的开放和软件经验的共享,也促进了软件过程的不断变革,给传统软件工程理念带来了冲击,对未来软件工程实践产生了极其深远的影响。

2. 软件即服务

SaaS 是软件即服务的简称,是随着互联网技术的发展和应用软件的成熟,在 21 世纪开始兴起的一种完全创新的软件应用模式。它与按需软件(On-Demand Software,ODS)、应用服务提供商(Application Service Provider,ASP)、托管软件(Hosted Software,HS)具有相似的含义。它是一种通过 Internet 提供软件的模式,厂商将应用软件统一部署在自己的服务器上,客户可以根据自己的实际需求,通过互联网向厂商定购所需的应用软件服务,按定购的服务多少和时间长短向厂商支付费用,并通过互联网获得厂商提供的服务。用户不用再购买软件,而改用向提供商租用基于 Web 的软件,管理企业经营活动;而且,无须对软件进行维护,服务提供商会全权管理和维护软件;软件厂商在向客户提供互联网应用的同时,也提供软件的离线操作和本地数据存储,让用户随时随地都可以使用其定购的软件和服务。对于许多小型企业来说,SaaS 是采用先进技术的最好途径,它消除了企业购买、构建和维护基础设施和应用程序的需要。

SaaS 应用软件的价格通常为"全包"费用,囊括了通常的应用软件许可证费、软件维护费以及技术支持费,将其统一为每个用户的月度租用费。

对于广大中小型企业来说,SaaS 是采用先进技术实施信息化的最好途径,但 SaaS 绝不仅适用于中小型企业,所有规模的企业都可以从 SaaS 中获利。

1.3 计算机辅助软件工程

计算机辅助软件工程(Computer Aided Software Engineering,CASE)是一套方法和工具,可使用系统开发商规定的应用规则,并由计算机自动生成合适的计算机程序。它是在 20 世纪 80 年代初期出现的被软件工程界普遍接受的术语,并作为软件开发自动化支持的代名词。因此,可以把 CASE 理解为：CASE＝软件工程＋自动化工具。

(1) 从狭义范围来说,CASE 是一组工具和方法的集合,可以辅助软件生命周期各个阶段的软件开发。

(2) 从广义范围来说,CASE 是辅助软件开发的任何计算机技术,其中主要包含两个含义：一是在软件开发和维护过程中提供计算机辅助支持；二是在软件开发和维护过程中引入工程化方法。

采用 CASE 工具辅助开发并不是一种真正意义上的方法,它必须依赖某一种具体的开发方法,如结构化方法、原型方法、面向对象方法等,一般大型的 CASE 工具都可以支持。CASE 由三大部分组成,其结构如图 1.1 所示。

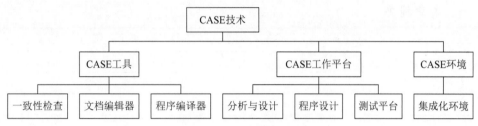

图 1.1　CASE 组成结构图

CASE 工具可分成高级 CASE 工具和低级 CASE 工具。高级 CASE 工具用来绘制企业模型以及规定应用要求；低级 CASE 工具用来生成实际的程序代码。CASE 工具和技术可提高系统分析和程序员的工作效率。其重要的技术包括应用生成程序、前端开发过程面向图形的自动化、配置和管理,以及寿命周期分析工具。

CASE 的集成机制主要有以下 5 种。

(1) 平台集成。工具运行在相同的硬件/操作系统平台上。

(2) 数据集成。工具使用共享数据模型操作。

(3) 表示集成。工具提供相同的用户界面和交互方式。

(4) 控制集成。工具激活后能控制其他工具的操作。

(5) 过程集成。系统嵌入了有关软件过程的知识,根据软件过程模型辅助用户启动各种软件开发活动。

一般来说,完整的计算机辅助软件工程环境主要包括以下 7 个内容。

(1) 信息存储器(Information Repository)。

(2) 系统模式建立和模拟工具(System Modeling and Simulation Tools)。

(3) 系统分析/设计工具(System Analysis and Design Tools)。

(4) 程序编写工具(Programming Tools)。

(5) 测试与品质保证工具(Testing and OA Tools)。

(6) 项目管理工具(Project Management Tools)。

(7) 反转工程工具(Reengineering Tools)等。

归纳起来,CASE 有三大作用,这些作用从根本上改变了软件系统的开发方式。

(1) 一个具有快速响应、专用资源和早期查错功能的交互式开发环境。

（2）对软件的开发和维护过程中的许多环节实现了自动化。

（3）通过强有力的图形接口,实现了直观的程序设计。

CASE 技术的发展依赖于软件工程方法学的发展;同时,CASE 技术的发展又促进了软件工程方法学的进一步发展。今后的软件工程应该是"方法学"+"CASE 技术",而且,随着 CASE 技术在软件工程中的作用不断扩大和深化,在今后的软件工程领域,CASE 技术将有可能占据主导地位。

1.4 随堂笔记

一、本章摘要

_____

_____

_____

_____

_____

_____

_____

_____

_____

_____

二、练练手

（1）开发软件的高成本和产品的低质量之间的尖锐矛盾是(　　)现象。

    A. 软件投机　　　　B. 软件危机　　　　C. 软件工程　　　　D. 软件产生

（2）软件工程方法在实践中不断发展,早期的软件工程方法是(　　)方法。

    A. 原型化　　　　　B. 结构化　　　　　C. 功能化　　　　　D. 面向对象

（3）软件是一种逻辑产品,它的开发主要是(　　)。

    A. 研制　　　　　　B. 复制　　　　　　C. 再生产　　　　　D. 复用

（4）(　　)是将系统化的、规范的、可定量的方法应用于软件的开发、运行和维护的过程,它包括方法、工具和过程三个要素。

    A. 软件过程　　　　　　　　　　　B. 软件工程方法学

    C. 软件生命周期　　　　　　　　　D. 软件测试

（5）结构化程序设计主要强调的是(　　)。

    A. 程序规模　　　　B. 程序效率　　　　C. 程序易读性　　　　D. 语言先进性

（6）结构设计是一种应用较广泛的系统设计方法,是以(　　)为基础、自顶向下、逐步求精和模块化的过程。

    A. 数据流　　　　　B. 数据流图　　　　C. 数据库　　　　　D. 数据结构

（7）软件工程的基本要素包括方法、工具和（　　）。

    A. 软件系统　　　　　B. 硬件系统　　　　　C. 过程　　　　　D. 人员

（8）（　　）不是软件工程方法学中结构化方法学的特点。

    A. 文档驱动开发

    B. 围绕数据流程图进行软件开发

    C. 软件生命周期一次划分若干无间隙阶段

    D. 适合于开发中小型软件项目

（9）选择软件开发工具，应考虑功能、（　　）、稳健性、硬件要求和性能、服务和支持。

    A. 易用性　　　　　B. 易维护性　　　　　C. 可移植性　　　　　D. 可扩充性

（10）在软件研究过程中，CASE 是（　　）。

    A. 指计算机辅助系统工程　　　　　B. CAD 和 CAM 技术的发展动力

    C. 正在实验室用的工具　　　　　D. 指计算机辅助软件工程

三、动动脑

（1）简述结构化方法与面向对象方法的主要特点，如何将这两种方法结合在一起，有效开发软件项目？

（2）软件工程教材中，经常会叙述发现并改正错误的重要性，有人不同意这个观点，认为要求在错误进入软件之前就清楚它们是不现实的，并举例说："如果一个故障是编码错误造成的，那么，怎么能在设计阶段就清楚它？"，判断这个观点是否正确，并且给出理由。

四、读读书

《人月神话》

作者：［美］弗雷德里克·布鲁克斯

书号：9787302059325

出版社：清华大学出版社

Frederick P. Brooks 被认为是"IBM 360 系统之父"，他曾担任 360 系统的项目经理，以及 360 操作系统项目设计阶段的经理，曾荣获美国计算机领域最具声望的图灵奖桂冠。

《人月神话》就是他笔下的一个畅销 40 多年的经典之作。

文章开篇以焦油坑（The Tar Pit）引出（图书的封面），让陷入其中的猛兽月石挣扎：挣脱越深、束缚越紧，最终陷入坑底。而大型的系统开发就是这样的焦油坑，各种问题纠结在一起，让人越陷越深，没有办法看清事情的本质。表面上看起来没有任何一个单独的问题会导致困难，每个问题都能得到解决；但是，当它们纠缠和积累在一起的时候，团队的行动就会变得越来越慢；随着时间的推移，最终陷入绝望，导致项目无疾而终。

本书每章都以一张插图开篇。初学者初看插图，可能会百思不得其解，一旦阅读对应内容，就会主题清晰，插图生动且隐喻贴切、深刻，两者相得益彰。

《人月神话》包含的十几个章节标题中,第 2 章的标题"人月神话"被单独拿出来作为书名,意义不同一般。项目延期之后,开发者的第一反应就是堆人,但是,结果事与愿违,导致更严重的滞后,本章节作者用一系列的数据和严谨的推论告诉读者这种条件反射只会火上浇油。人和月的互换只能是一个神话,就像"一个孕妇怀胎十月,十个孕妇怀胎一月就能生孩子"。

《人月神话》中的人月意味着什么?人和月是软件开发中估计和安排进度中使用的工作量单位。Brooks 认为,用人月衡量一项工作的规模是一个危险和带有欺骗性的神话。它暗示着人员数量和时间是可以相互替换的。

本书涉及的任务还包括:项目团队的构建和运行、设计及贯彻执行、沟通和项目管理、变更控制和项目维护、层次设计和系统测试、里程碑的建立与软件文档支撑等。

复杂性、一致性、可变性以及不可变性这四个根本特性决定了软件开发中很难出现银弹。而且作者甚至觉得人们对银弹的追求,有点类似古往今来对炼金术的追求。

同时,作者指出面向对象这一颗"铜弹"的前途——强制的模块化和清晰的接口等可以提高软件开发效率和软件产品的质量。

软件过程

导读

了解了什么是"软件工程",那么,软件开发需要经历哪些阶段? 每个阶段又需要做哪些事情呢?

软件过程是主要针对软件生产和管理而进行的研究。对于一个特定的项目,不仅涉及工程开发,而且还涉及工程支持和工程管理。可以通过剪裁过程定义所需的活动和任务,并可使活动并发执行。

与任何事物一样,一个软件产品或软件系统也要经历孕育、诞生、成长、成熟、衰亡等阶段,一般称为软件生命周期(Software Life Cycle,SLC)。

在软件项目开发过程中,无论软件项目大小,都需要选择一个适合开发的软件过程模型。软件过程模型有许多种类,且仍在实践中不断补充。在选择软件过程模型时,要考虑软件项目和应用的性质、采用的方法、需求的控制以及要交付的软件产品的特点。实际的软件开发过程中,传统模型仍占有一席之地,它将整个软件生命周期划分为若干阶段,每个阶段任务明确,将规模大、结构和管理复杂的软件过程变得易于控制和管理。

确定了软件开发模型后,在实施过程中必须有严格和明确的过程管理策略,以确保软件项目付诸实施。如果开发团队将关注点放在软件项目的开发过程中,那么,不管开发者是谁,也不管需求由哪个用户提出,只要经过同一过程开发的软件项目,其最终软件产品的质量是一样的。因此,软件开发过程的管理非常重要。在管理过程中涌现出各种管理方法,且在不断探索和完善中。其中,国内外许多企业都比较认可的是 CMMI 和 ISO 9000。

通过本章学习,你会大致了解软件生命周期(软件项目开发的一般步骤)、软件过程以及软件工程的表示框架,即软件过程模型。在项目启动篇和实施篇中你将会体会到各个软件过程模型的特点和适用场所或范围。

2.1 软件生命周期

软件生命周期是指软件从构思之日起,到报废或停止使用的生命周期。周期内有问题定义、可行性分析、需求分析、系统设计、编码和单元测试、综合测试、验收与运行、维护升级到废弃等阶段。这种按时间分程的思想方法是软件工程中的一种思想原则,即按部就班、逐步推进,每个阶段都要有定义、过程、审查并形成文档,文档便于交流或备查,以提高软件的质量且便于软件的维护。

概括地说,软件生命周期由软件定义、软件开发和运行维护 3 个时期组成,每个时期又进一步划分成若干个阶段。

软件定义时期的任务是确定软件开发工程必须完成的总目标;确定工程的可行性;导出实现工程目标应该采用的策略及系统必须完成的功能;估计实现该工程需要的资源和成本,并制定工程进度表。这个时期的工作通常称为系统分析,由系统分析师完成。软件定义时期又可以进一步划分为问题定义、可行性研究和需求分析 3 个阶段。

软件开发时期具体设计和实现在前一个时期定义的软件,通常由总体设计、详细设计、编码和单元测试、综合测试组成。其中,前两个阶段统称为系统设计,后两个阶段称为系统实现。

运行维护时期的主要任务是使软件持久地满足用户的需要。具体地说,当软件在使用过程中发现错误时,应该加以改正;当环境改变时,应该修改软件,以适应新的环境;当用户有新要求时,应该及时改进软件,满足用户的新需要。通常,对运行维护时期不再进一步划分阶段,但是每次维护活动本质上都是一次压缩和简化了的定义和开发过程。

下面扼要介绍软件生命周期每个阶段的基本任务和结束标志。

1. 问题定义

问题定义阶段必须回答的关键问题,即"要解决的问题是什么?"尽管确切地定义问题的必要性十分明显,但是在实践中它却最容易被忽视。

通过对系统用户的访问调查,系统分析师扼要地写出关于问题性质、过程目标和过程规模的书面报告,讨论和修改之后这份报告应该得到用户的确认。

2. 可行性研究

这个阶段要回答的关键问题是"对于上一个阶段所确定的问题有行得通的解决办法吗?"为了回答这个问题,系统分析师需要进行一次大大压缩和简化了的系统分析和设计的过程,即一个较抽象的高层次上进行的分析和设计过程。可行性研究阶段的任务不是具体解决问题,而是研究问题的范围,探索这个问题是否值得解,是否有可行的解决办法。此外,系统分析师需要准确地估计系统的成本和效益,对建议的系统进行仔细的成本/效益分析是这个阶段的主要任务之一。

可行性研究必须给出结论,即软件项目是否值得开发,可行性研究过程和结论将记录在《软件可行性研究报告》中。

3. 需求分析

这个阶段的任务仍然不是具体地解决问题,而是进一步确定"为了解决这个问题,目标系统必须做什么",主要是确定目标系统必须具备的功能。

系统分析师在需求分析阶段必须和用户密切配合,充分交流信息,以得出经过用户确认的系统逻辑模型。通常用数据流图、数据字典和简要的算法描述表示系统的逻辑模型。

在需求分析阶段确定的系统逻辑模型是以后设计和实现目标系统的基础,因此,必须准确完整地体现用户的要求。

《软件需求规格说明书》是这个阶段一个重要的正式文档,也是下一阶段的基线。此外,它也是确认测试计划的依据。

4. 总体设计

这个阶段必须回答的关键问题是"应该如何解决这个问题?",总体设计又称为概要设计。总体设计的首要任务是考虑几种可能的解决方案。通常,至少应该设计出低成本、中成本和高成本 3 种方案。软件工程师用适当的表达工具描述每种方案,在权衡各种方案的利弊基础上,推荐一个最佳方案。此外,还应该制订出实现最佳方案的详细计划。

软件设计的一条基本原理是程序应该模块化,总体设计阶段的第二项主要任务就是设计软件的结构。也就是说,确定软件的模块组成、模块之间的关系以及合理的软件层次结构。

《概要设计说明书》则是此阶段需要交付的文档,是集成测试计划的依据。

5. 详细设计

总体设计阶段以比较抽象概括的方式提出了解决问题的办法。详细设计阶段的任务是把解法具体化,也就是回答了"应该怎样具体地实现这个系统?"这个阶段的任务还不是编写程序,而是设计出软件结构中各个功能模块的详细规格说明。这种规格说明的作用类似于工程蓝图,它们应该包含必要的细节,程序员可以根据它们写出实际的程序代码。

《详细设计说明书》将记录各个功能模块实现的逻辑结构,与编码阶段产生的源代码一起构成单元测试计划的依据。

6. 编码和单元测试

该阶段的关键任务是写出正确的、易理解、易维护的程序模块。程序员应该根据目标系统的性质和实际环境,选取一种适当的程序设计语言,把详细设计阶段中设计的模块算法和数据结构翻译成用选定的语言书写的程序,并且仔细测试编写出的每个模块。

《模块开发说明》和《单元测试报告》是这个阶段应交付的文档。

7. 综合测试

这个阶段的关键任务是通过各种类型的测试使软件达到预定的要求。

最基本的测试是集成测试和验收测试。所谓集成测试,是根据设计的软件结构,把经过单元测试检验的模块按某种选定的策略装配起来,在装配过程中对程序进行必要的测试。所谓验收测试,则是按照软件需求规格说明书(需求分析阶段交付的文档)的规定,在用户积极参加下对目标系统进行验收。必要时还可以通过现场测试或平行运行等方法对目标系统进行进一步测试检验。通过对软件测试结果的分析可以预测软件的可靠性;反之,根据对软件可靠性的要求也可以决定测试和调试过程什么时候可以结束。

应该用正式的文档资料《软件测试计划》和《软件测试报告》等把测试计划、详细测试方案以及实际测试结果保存下来,作为软件配置的一个组成成分。

8. 软件维护

维护阶段的关键任务是通过各种必要的维护活动使系统持久地满足用户的需要。

通常有四类维护活动:改正性维护,也就是诊断和改正在使用过程中发现的软件错误;适应性维护,即修改软件,以适应环境的变化;完善性维护,即根据用户的要求改进或扩充软件,使它更完善;预防性维护,就是修改软件,为将来的维护活动做准备。

虽然没有把维护阶段进一步划分成更小的阶段,但是实际上每项维护活动都应该经过提出维护要求(或报告问题)、分析维护要求、提出维护方案、审批维护方案、确定维护计划、修改软件设计、修改程序、测试程序以及复查验收等一系列步骤。因此,软件维护实质上是经历了一次压缩和简化了的软件定义和开发的全过程。

软件维护阶段的依据是前面所有阶段提供的文档资料,维护过程中也需要将这些文档资料进行相应的更新,以确保软件维护可持续进行。

《软件问题报告》和《软件修改报告》是维护阶段产生的主要文档。

根据完成任务的性质,可把软件生命周期划分成 8 个阶段。在实际开发中,软件规模、种类、开发环境及开发时使用的技术方法等因素都影响软件开发阶段的划分。事实上,不同软件项目完成的任务会有差异,没有一个适用于所有软件项目的任务集合。

2.2 软件过程的定义

软件过程(Software Procedure)是为了获得高质量软件所需要完成的一系列任务的框架,它规定了完成各项任务的工作步骤。概括地说,软件过程描述为了开发出用户需要的软件,什么人(Who)在什么时候(When)做什么事(What)以及怎么做(How)这些事,以实现某一个特定的具体目标。

ISO/IEC 中定义的软件过程可概括为 3 类:基本过程、支持过程以及组织过程,如图 2.1 所示。

过程定义了运用方法的顺序、应该交付的文档资料、为保证软件质量和协调变化所需要采取的管理措施,以及标志软件开发各个阶段任务完成的里程碑。为获得高质量的软件产品,软件过程必须科学、有效。

软件过程的研究对象是软件生产和管理。完成软件项目,不仅涉及项目开发,还涉及工程管理和工程支持。对于特定的项目,通过裁剪过程定义所需要的活动和任务,并可并发执行活动。软件项目不同,软件需求和目标也不一样,可以采用不同的过程、活动和任务。

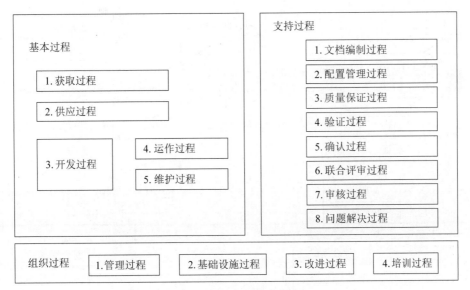

图 2.1　软件过程分类示意图

2.3　软件过程模型

软件过程模型就是一种开发策略,这种策略针对软件工程的各个阶段提供了一套泛型,使工程的进展达到预期的目的。对一个软件的开发无论其大小,都需要选择一个合适的软件过程模型,这种选择基于项目和应用的性质、采用的方法、需要的控制,以及要交付的产品的特点。通常使用生命周期模型简洁地描述软件工程。生命周期模型规定了把生命周期划分成各个阶段以及各个阶段的执行顺序,因此也称为过程模型。

2.3.1　瀑布模型

1970 年,温斯顿·罗伊斯(Winston Royce)提出了著名的"瀑布模型",直到 20 世纪 80 年代早期,它一直是唯一被广泛采用的软件开发模型。

瀑布模型示意图如图 2.2 所示(实线箭头表示开发过程,虚线过程表示维护过程)。

瀑布模型的核心思想是按工序将问题化简,将功能的实现与设计分开,便于分工协作,即采用结构化的分析与设计方法将逻辑实现与物理实现分开。将软件生命周期划分为图 2.2 所示的 6 个基本活动,并且规定了这些基本活动自上而下、相互衔接的固定次序,如同瀑布流水,逐级下落。

瀑布模型是最早出现的软件开发模型,在软件工程中占有重要地位。其过程是从上一项活动接收该项活动的工作对象作为输入,利用这一输入实施该项活动应完成的内容,给出该项活动的工作成果,并作为输出传给下一项活动。同时,评审该项活动的实施,若确认,则继续下一项活动;否则返回到前面的活动,甚至更前面的活动。因此,对于需求经常变化的项目而言,瀑布模型毫无价值。

瀑布模型主要有以下优点:

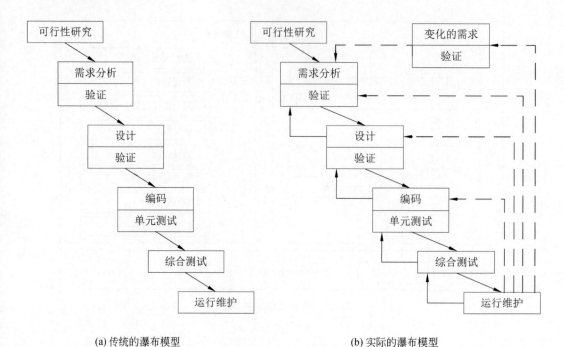

(a) 传统的瀑布模型   (b) 实际的瀑布模型

图 2.2　瀑布模型示意图

（1）可强迫开发人员采用规范的方法。

（2）严格地规定了每个阶段必须提交的文档。

（3）要求每个阶段交出的所有产品都必须经过质量保证小组的仔细验证。

瀑布模型有以下缺点：

（1）只能通过文档了解产品，不经过实践的需求是不切实际的。

（2）固定的顺序导致纠正前期错误的代价越来越高。

（3）需求变动带来很大的风险。

瀑布模型适用于：

（1）需求是预知的。

（2）软件实现方法是成熟的。

（3）项目周期较短。

2.3.2　快速原型模型

快速原型是快速建立起来的可以在计算机上运行的程序，它能完成的功能往往是最终产品能完成的功能的一个子集。

快速原型模型如图 2.3 所示（实线箭头表示开发过程，虚线箭头表示维护过程）。

快速原型模型允许在需求分析阶段对软件的需求进行初步而非完全的分析和定义，快速设计开发出软件系统的原型，该原型向用户展示待开发软件的全部或部分功能和性能。

快速原型是利用原型辅助软件开发的一种新思想。经过简单快速的分析，快速实现一个原型,用户与开发者在试用原型过程中加强通信与反馈,通过反复评价和改进原型,减少误解,弥补漏洞,适应变化,最终提高软件质量。

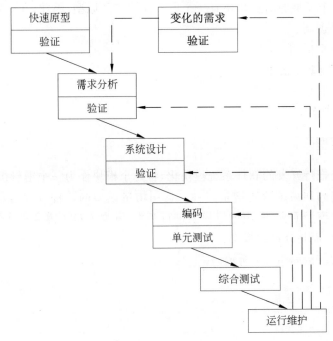

图 2.3　快速原型模型

快速原型模型有三种类型。

(1) 探索型原型。把原型用于开发的需求分析阶段,目的是弄清用户的需求,确定所期望的特性,并探索各种方案的可行性。它主要针对开发目标模糊,用户与开发人员对项目都缺乏经验的情况,通过对原型的开发明确用户的需求。

(2) 实验型原型。这种原型主要用于设计阶段,考核实现方案是否合适,能否实现。对于一个大型系统,若对设计方案没有把握,可通过这种原型证实设计方案的正确性。

(3) 演化型原型。这种原型主要用于及早向用户提交一个原型系统,该原型系统或者包含系统的框架,或者包含系统的主要功能,在得到用户的认可后,将原型系统不断扩充演变为最终的软件系统。它将原型的思想扩展到软件开发的全过程。

快速原型模型的优点主要体现在以下几个方面:

(1) 克服瀑布模型的缺点,减少由于软件需求不明确带来的开发风险。

(2) 通过建立原型,可以更好地和客户进行沟通,解决对一些模糊需求的澄清,并且对需求的变化有较强的适应能力。

(3) 可以减少技术、应用的风险,缩短开发时间,减少费用,提高生产率。

(4) 提供了用户直接评价系统的方法,促使用户主动参与开发活动,加强了信息的反馈,促进了各类人员的协调交流,减少误解,能够适应需求的变化,最终有效提高软件系统的质量。

快速原型模型的缺点主要体现在以下几点:

（1）所选用的开发技术和工具不一定符合主流的发展。

（2）快速建立起来的系统结构加上连续的修改可能导致产品质量低下。

（3）使用这个模型的前提是要有一个展示性的产品原型,因此,在一定程度上可能会限制开发人员的创新。

快速原型模型适用于:

（1）预先不能确定需求。

（2）软件实现方法是成熟的。

（3）项目周期较短。

2.3.3 增量模型

增量模型是把待开发的软件系统模块化,将每个模块作为一个增量组件,从而分批次地分析、设计、编码和测试这些增量组件。运用增量模型的软件开发过程是递增式的过程。相对于瀑布模型而言,采用增量模型进行开发,开发人员不需要一次性地把整个软件产品提交给用户,而是分批次提交。

增量模型的结构如图 2.4 所示。

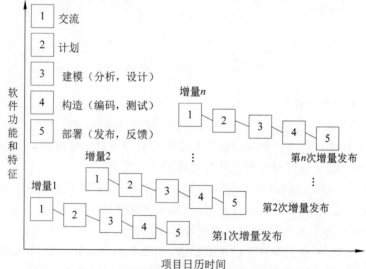

图 2.4　增量模型的结构

增量模型又称为渐增模型,即有计划的产品改进模型,它从一组给定的需求开始,通过构造一系列可执行中间版本实施开发活动。第一个版本纳入一部分需求,下一个版本纳入更多的需求,以此类推,直到系统完成。每个中间版本都要执行必需的过程、活动和任务。

增量模型的最大特点是将待开发的软件系统模块化和组件化。基于这个特点,增量模型具有以下优点:

（1）将待开发的软件系统模块化,可以分批次地提交软件产品,使用户可以及时了解软件项目的进展。

（2）以组件为单位进行开发降低了软件开发的风险。一个开发周期内的错误不会影响整个软件系统。

（3）开发顺序灵活。开发人员可以对组件的实现顺序进行优先级排序,先完成需求稳定的核心组件。当组件的优先级发生变化时,还能及时对实现顺序进行调整。

实现增量模型的难点包括以下几点:

（1）要求待开发的软件系统可以被模块化。

（2）软件体系结构必须是开放的。

（3）模型本身是自相矛盾的:整体—独立构件。

（4）不同的构件并行地构建有可能加快工程进度,但是要承担无法集成到一起的风险。

增量模型适用于具有以下特征的软件开发项目。

（1）软件产品可以分批次地进行交付。

（2）待开发的软件系统能够被模块化。

（3）软件开发人员对应用领域不熟悉或开发人员不确定,难以一次性进行系统开发。

（4）项目管理人员把握全局的水平较高。

（5）软件开发过程中需求经常会变动。

2.3.4　螺旋模型

1988 年,巴利·玻姆(Barry Boehm)正式发表了软件系统开发的"螺旋模型",强调了其他模型忽视的风险分析,特别适合于大型复杂且昂贵的系统级应用软件。

螺旋模型的结构如图 2.5 所示。

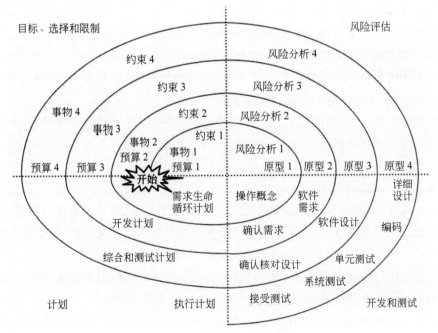

图 2.5　螺旋模型的结构

螺旋模型沿着螺旋线进行若干次迭代,图2.5中的四个象限代表了以下活动。

(1) 制订计划。确定软件目标,选定实施方案,弄清项目开发的限制条件。

(2) 风险分析。分析评估所选方案,考虑如何识别和消除风险。

(3) 实施工程。实施软件开发和验证。

(4) 客户评估。评价开发工作,提出修正建议,制订下一步计划。

螺旋模型采用一种周期性的方法进行系统开发,会导致开发出众多的中间版本。该模型是快速原型法,以进化的开发方式为中心,在每个项目阶段使用瀑布模型法。这种模型的每个周期都包括需求定义、风险分析、工程实现和评审4个阶段,由这4个阶段进行迭代。软件开发过程每迭代一次,软件开发就前进一个层次。

螺旋模型的基本做法是在"瀑布模型"的每个开发阶段前引入一个非常严格的风险识别、风险分析和风险控制,它把软件项目分解成一个个小项目。每个小项目都标识一个或多个主要风险,直到所有的主要风险因素都被确定。

因此,螺旋模型是在瀑布模型和快速原型模型的基础上增加了风险分析活动。

螺旋模型的优点主要体现在以下几个方面:

(1) 螺旋模型是一个风险驱动的模型,强调可选方案和约束条件,从而支持软件的重用,有助于将软件质量作为特殊目标融入产品开发中。

(2) 设计上的灵活性,可以在项目的各个阶段进行变更。

(3) 以小的分段构建大型系统,使成本计算变得简单容易。

(4) 客户始终参与每个阶段的开发,保证了项目不偏离正确方向以及项目的可控性。

(5) 对可选方案和约束条件的强调有利于已有软件的重用,也有助于把软件质量作为软件开发的一个重要目标。

(6) 维护只是模型的另一个周期,维护和开发之间没有本质区别。

螺旋模型的缺点表现为以下几个方面:

(1) 采用螺旋模型需要有相当丰富的风险评估经验和专业知识,在风险较大的项目开发中如果未及时标识风险,势必造成重大损失。

(2) 建设周期长,而软件技术发展比较快,所以经常出现软件开发完毕后,和当前的技术水平有了较大的差距,无法满足当前用户的需求。

(3) 过多的迭代次数会增加开发成本,延迟提交时间。

螺旋模型的项目适用于以下几个方面:

(1) 新近开发,需求不明确的情况,适合用螺旋模型开发,便于风险控制和需求变更。

(2) 螺旋模型强调风险分析,但要求许多客户接受和相信这种分析,并做出相关反应是不容易的。因此,这种模型往往适应于内部的大规模软件开发。

(3) 如果执行风险分析将大大影响项目的利润,则进行风险分析毫无意义。因此,螺旋模型只适合于大规模软件项目。

(4) 开发人员应该擅长寻找可能的风险,准确地分析风险,否则将会带来更大的风险。

2.3.5　喷泉模型

喷泉模型是一种以用户需求为动力,以对象为驱动的模型,主要用于描述面向对象的软件开发过程。该模型中,软件开发过程自下而上周期的各阶段是相互迭代和无间隙的。

喷泉模型如图 2.6 所示。

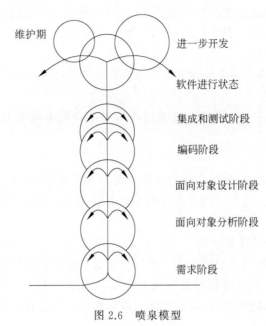

图 2.6　喷泉模型

在喷泉模型中,软件的某个部分常常被重复工作多次,相关对象在每次迭代中随之加入渐进的软件成分。无间隙指在各项活动之间无明显边界,如分析和设计活动之间没有明显的界线。由于对象概念的引入,表达分析、设计、实现等活动只用对象类和关系,从而可以较为容易地实现活动的迭代和无间隙,使其开发自然地包括复用。

喷泉模型的优点主要体现在以下几个方面:

(1) 该模型的各个阶段没有明显的界线,开发人员可以同步进行开发。

(2) 多次反复地增加或明确目标系统,而不是本质性的改动,降低错误的可能性。

(3) 可以提高软件项目的开发效率,节省开发时间。

喷泉模型的缺点主要体现在以下几个方面:

(1) 由于喷泉模型在各个开发阶段是重叠的,因此在开发过程中需要大量的开发人员,这样很不利于项目的管理。

(2) 要求严格管理文档,使得审核的难度加大,尤其是面对可能随时加入各种信息、需求与资料的情况。

喷泉模型适用于面向对象的软件开发过程。

2.3.6 统一过程

Rational 统一过程(Rational Unified Process,RUP)是由 Rational 公司三位杰出的软件工程大师 Grady Booch,Ivar Jacobson,James Rumbaugh(UML 的三大创始人)推出的一种完整而且完美的软件过程方法,它提供了在开发组织中分派任务和责任的纪律化方法。它的目标是在可预见的日程和预算前提下,确保满足最终用户需求的高质量产品。

统一过程模型是一种"用例驱动、以软件架构为核心、迭代及增量"的软件过程框架,由 UML 方法和工具支持。

RUP 总结了经过多年商业化验证的 6 条最有效的软件开发经验,称为"最佳实践"。

(1) 迭代式开发。

通过一系列细化、若干个渐进的反复过程而得出有效解决方案,此方法更能规避风险,更好地获取用户需求。

(2) 管理需求。

RUP 描述了如何提取、组织系统的功能性需求和约束条件,并把它们文档化。经验表明,使用用例和脚本是捕获功能性需求的有效方法,RUP 采用用例分析捕获需求,并由它们驱动设计和实现。

(3) 使用基于构件的体系结构。

所谓构件,就是功能清晰的模块或子系统。系统可以由已经存在的、由第三方开发商提供的构件组成,因此,构件使软件重用成为可能。RUP 提供了使用现有的或新开发的构件定义体系结构的系统化方法,从而有助于降低软件开发的复杂度,提高软件重用率。

(4) 可视化建模。

所谓模型,就是为了理解事物而对事物做出的一种抽象,是对事物的一种无歧义的描述。模型可以是文字、图形或数学表达式等,一般来说,可视化图形更容易被人理解。复杂的软件通过 UML 这样的建模语言进行抽象和可视化不但能够简化沟通,而且能简化开发人员对系统的理解。

(5) 持续不断地验证软件质量。

缺陷越早被发现,解决起来越节约成本,因此,应该在整个软件生命周期内不断验证质量。在 RUP 中,软件质量评估不再是事后型的或由单独小组进行的孤立活动,而是内建于贯穿在整个开发过程的、由全体成员参与的所有活动中。

(6) 控制软件变更。

如果不能控制和变更版本,多人、分布式的开发必然陷入混乱,软件变更的控制是开发有序进行的必要条件。RUP 描述了如何控制、跟踪和监控修改,以确保迭代开发的成功。

RUP 是可以剪裁的,包含针对不同项目特征进行剪裁的指南。同时,RUP 也是不断演化的,Rational 不断发布 RUP 的新版本。RUP 包括了 4 个阶段和 9 个核心工作流,而各个阶段都是迭代的过程。其开发生命周期是一个二维的模型,如图 2.7 所示。

图 2.7 中,RUP 的二维开发生命周期模型中,横轴通过时间组织,是过程展开的生命周期特征,体现开发过程的动态结构,用来描述它的术语主要有周期(Cycle)、阶段

（Phase）、迭代（Iteration）和里程碑（Milestone）；纵轴通过内容组织自然的逻辑活动，体现开发过程的静态结构，用来描述它的术语主要有活动（Activity）、产物（Artifact）、工作者（Worker）和工作流（Workflow）。

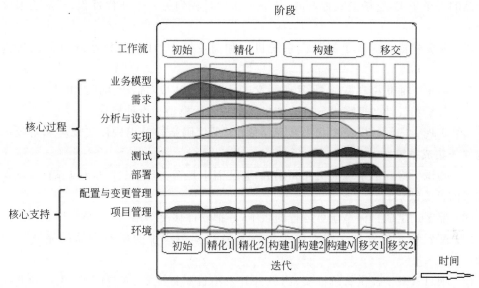

图 2.7　RUP 开发模型

RUP 中的软件生命周期在时间上被分解为 4 个阶段。

（1）初始（Inception）阶段。

建立业务模型，定义最终产品视图，并且确定项目的范围。初始阶段结束时是第一个重要的里程碑：生命周期目标（Lifecycle Objective）里程碑，评价项目基本的生存能力。

（2）精化（Elaboration）阶段。

设计并确定系统的体系结构，指定项目计划，确定资源需求。精化阶段结束时是第二个重要的里程碑：生命周期结构（Lifecycle Architecture）里程碑，为系统的结构建立了管理基准，并使项目小组能够在构建阶段中进行衡量。

（3）构建（Construction）阶段。

开发出所有构件和应用程序，把它们集成为客户需要的产品，并详尽地测试所有功能。构建阶段结束时是第三个重要的里程碑：初始功能（Initial Operational）里程碑，决定了产品是否可以在测试环境中进行部署。

（4）移交（Transition）阶段。

重点是确保软件是可用的。交付阶段可以跨越几次迭代，包括为发布做准备的产品测试，基于用户反馈的少量的调整。在移交阶段的终点是第四个里程碑：产品发布（Product Release）里程碑，既要确定目标是否实现，又要判断是否应该开始另一个开发周期。

RUP 中有 9 个核心工作流，分为 6 个核心过程工作流（Core Process Workflows）和 3 个核心支持工作流（Core Supporting Workflows）。虽然 6 个核心过程工作流类似传统瀑布模型中的几个阶段,但是,迭代过程中的阶段是完全不同的,这些工作流在整个生命周期中一次又一次地被访问。9个核心工作流在项目中轮流被使用,在每次迭代中以不同的重点和强度重复。一个迭代是一个完整的开发循环,产生一个可执行的产品版本,是最终产品的一个子集,它增量式地发展,从一个迭代过程到另一个迭代过程,到成为最终的系统。

(1)业务建模。深入了解目标系统机构和商业运作,评估目标系统对使用机构的影响。

(2)需求。捕获用户需求,并且使开发人员和用户达成对需求描述的共识。

(3)分析和设计。把需求分析的结果转化成分析模型和设计模型。

(4)实现。把设计模型转化为实现结果(定义代码结构→用构件实现类和对象→测试构件→集成系统)。

(5)测试。检查子系统的交互和集成;验证需求是否实现;识别、确认缺陷,并确保软件部署前消除缺陷。

(6)部署。生成目标系统可运行的版本,并把软件移交给用户。

(7)配置和变更管理。跟踪并维护在开发过程中产生的所有产品的完整性和一致性。

(8)项目管理。提供管理框架,为软件开发项目制订计划、人员配备、执行和监控等方面的使用准则,并为风险管理提供框架。

(9)环境。向软件开发机构提供软件开发环境,包括过程管理和工具支持。

RUP的主要优点有以下几个:

(1)基于UML驱动的开发框架,可以可视化建模。

(2)迭代无缝隙,进行需求管理。

(3)结构严谨,有文档支持。

RUP的缺点主要有以下几个:

(1)没有涵盖所有软件工程过程,丢失了维护和技术支持这两个重要的阶段。

(2)不支持组织内的多项目开发,导致组织内的大范围的重用无法实现。

(3)缺少开发商的支持。

RUP的适用场合主要有以下几种:

(1)易适应需求变化。

(2)具有一定的风险控制措施。

(3)适合开发中大型软件项目。

2.3.7 敏捷过程与极限编程

1. 敏捷过程

为了使软件开发团队具有高效工作和快速响应变化的能力,17位著名的软件专家于2001年2月联合起草了敏捷软件开发宣言。

敏捷软件开发宣言由下述4个简单的价值观声明组成。

（1）个体和交互胜过过程和工具。团队成员的合作、沟通以及交互能力要比单纯的软件编程能力更重要。

（2）可以工作的软件胜过面面俱到的文档。开发人员把精力放在创建可工作的软件上面，迫切需要的内部文档尽量简明扼要、突出主题。

（3）客户合作胜过合同谈判。能指导合作团队与客户协作工作的合同才是最好的合同。

（4）响应变化胜过遵循计划。计划必须有足够的灵活性和可塑性，及时调整，以适应业务和技术等方面发生的变化。

在理解上述 4 个价值观声明时应注意这些声明只不过是对不同因素在保证软件开发成功方面所起作用大小做了比较，声明一个因素重要并不是说其他因素不重要，或者说某个因素可以被其他因素代替。

上述价值观提出的软件过程统称为敏捷过程，其中有代表性的是极限编程。

2. 极限编程

极限编程（eXtreme Programming，XP）是由 Kent Beck 在 1996 年提出的，在一种软件工程方法学，在敏捷软件开发中可能是最富有成效的几种方法学之一。如同其他敏捷方法学，极限编程和传统方法学的本质不同在于它更强调可适应性，而不是可预测性。

极限编程技术以沟通、简单、反馈、勇气和尊重为价值准则。

（1）沟通。强调在开发小组的成员之间迅速构建基于项目的共识，还包括开发者和系统最终用户的交流。

（2）简单。鼓励从最简单的解决方式入手，再通过不断重构达到更好的结果。简单的编码实现简单的设计，可以更加容易地被开发小组中的每个程序员所理解。

（3）反馈。反馈与"交流""简单"这两条价值紧密联系。沟通中收集到的反馈信息以及程序测试中发现的缺陷等，有待于在下一次迭代过程中被处理或更正。

（4）勇气和尊重。只为今天的需求设计以及编码，不要考虑明天的用户需求。重新审查现有系统，并完善它，会使得以后出现的需求变化更容易被实现。

基于敏捷的核心思想和价值目标，XP 要求项目团队遵循 12 个核心实践。

（1）现场客户。用户必须在开发现场，确定需求、回答问题，并且设计功能测试方案。

（2）小发行版。通过快速交付用户开发小版本，并将收集的反馈良性循环到下一个小版本的迭代开发中，保证项目不走歪路。

（3）简单的设计。通过在简单的设计上重构出另一种简单的设计不断改变设计、提高设计质量。

（4）规划策略。计划应该是灵活的、循序渐进的。既然需求都很有可能改变，那么架构与整体项目规划也不是一成不变的。

（5）系统隐喻。通过隐喻描述系统如何运作，以及新功能以何种方式加入系统中，包括可参照和比较的类和设计模式。

（6）重构。不改变系统行为的前提下，重新调整和优化系统的内部结构，降低复杂性、消除冗余、增加灵活性和提高性能。

（7）结对编程。由两个程序员在同一台计算机上共同编写解决同一问题的代码，一人负责写编码，另一人负责代码的正确性和可读性。

（8）集体所有权。小组成员都有更改代码的权利，每个成员都对全部代码的质量负责。

（9）编码规范。强调通过指定严格的代码规范进行沟通，尽可能减少不必要的文档。

（10）一周 40 小时。要求开发团队成员每周工作时间不超过 40 小时，不主张加班，否则会影响生产率。

（11）测试驱动开发。强调"测试先行"。编码前先设计测试方案，如何编程，直至测试通过后结束工作。

（12）持续集成。主张一天内多次集成系统，而且随着需求的变更，应不断进行回归测试。

XP 的整体开发过程和迭代开发过程分别如图 2.8 和图 2.9 所示。

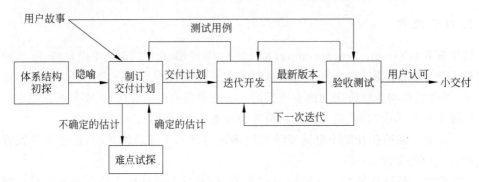

图 2.8　XP 的整体开发过程

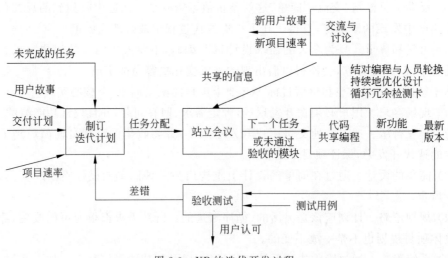

图 2.9　XP 的迭代开发过程

XP 的优点主要体现在以下几个方面：

（1）重视用户的参与，重视团队合作和沟通。

（2）制订计划前做出合理预测，多次反复地增加或明确目标系统，而不是本质性地改动，降低错误的可能性。

（3）让编程人员参与软件功能的管理。

（4）简单设计，递增开发，重视质量。

（5）高频率的重新设计和重构，高频率及全面的测试。

（6）对过去的工作持续不断的检查，连续的过程评估。

XP 的缺点包括以下几点：

（1）以代码为中心，忽略了设计。

（2）缺乏设计文档，对已完成工作的检查步骤缺乏清晰的结构。

（3）缺乏质量规划，质量保证依赖于测试。

（4）没有提供数据的收集和使用的指导，开发过程不详细。

（5）全新的管理手法带来的认同度问题，缺乏过渡时的必要支持。

因此，XP 适用于开发周期短的小规模项目。

2.4 软件过程管理

能力成熟度模型（CMM）奠基人瓦茨·汉费莱（Watts Humphrey）提出，要解决软件危机，首要任务是要把软件活动视作可控的、可度量的和可改进的过程。软件过程越透明，过程越容易得到控制，从而更容易及时发现问题。为确保软件质量，提高产品竞争力，软件组织需要规范软件开发过程，实施软件过程管理。

所谓的软件过程管理，就是分阶段地通过计划、组织和控制等一系列活动，合理地配置和使用各种资源，定期达到既定目标。常见的软件过程改进方法有 ISO 9000、SW-CMM 和由多种能力模型演变而来的 CMMI。

能力成熟度模型集成（Capability Maturity Model Integration，CMMI）也称为软件能力成熟度集成模型，是美国国防部（United States Department of Defense）的一个设想，1994 年由美国国防部与卡内基-梅隆大学（Carnegie-Mellon University）下的软件工程研究中心（Software Engineering Institute）以及美国国防工业协会（National Defense Industrial Association）共同开发和研制，把所有现存实施的与即将被发展出来的各种能力成熟度模型集成到一个框架中，申请此认证的前提条件是该企业具有有效的软件企业认定证书。

CMMI 的目的是帮助软件企业对软件工程过程进行管理和改进，增强开发与改进能力，从而能按时地、不超预算地开发出高质量的软件。其依据的想法是：只要集中精力持续努力建立有效的软件工程过程的基础结构，不断进行管理的实践和过程的改进，就可以克服软件开发中的困难。CMMI 为改进一个组织的各种过程提供了一个单一的集成化框架，新的集成模型框架消除了各个模型的不一致性，减少了模型间的重复，增加了透明度和理解，建立了一个自动的、可扩展的框架，因而能够从总体上改进组织的质量和效率。CMMI 的主要关注点是成本效益、明确重点、过程集中和灵活性四个方面。

CMMI 是世界公认的软件产品进入国际市场的通行证，它不仅是对产品质量的认证,更是一种软件过程改善的途径。这种成熟度分级的优点在于,这些级别明确而清楚地反映了过程改进活动的轻重缓急和先后顺序。

（1）初始级。

软件过程是无序的,有时甚至是混乱的,对过程几乎没有定义,成功取决于企业自制的一些软件工程规范,而这些规范未能覆盖关键过程,且执行没有政策、资源等方面的保证。管理是反应式的。

（2）管理级。

建立了基本的项目管理过程来跟踪费用、进度和功能特性。制定了必要的过程纪律,能重复早先类似应用项目取得的成功经验,包括需求管理、项目规划、项目监控、供应商协议管理、度量分析、过程和产品质量保证、配置管理7个过程域。

（3）定义级。

已将软件管理和工程两方面的过程文档化、标准化,并综合成该组织的标准软件过程。所有项目均使用经批准、剪裁的标准软件过程开发和维护软件,软件产品的生产在整个软件过程中是可见的,包括需求开发、技术方案、产品集成、验证、确认、组织过程焦点、组织过程定义、组织培训、集成化项目管理、风险管理、决策分析与解决方案11个过程域。

（4）定量管理级。

分析对软件过程和产品质量的详细度量数据,对软件过程和产品都有定量的理解与控制。管理已做出结论的客观依据,管理能够在定量的范围内预测性能,包括组织过程绩效、定量项目管理2个过程域。

（5）优化级。

过程的量化反馈和先进的新思想、新技术促使过程持续不断改进,包括组织革新和推广、原因分析与解决方案等过程域。

CMMI每个等级都被分解为过程域、特殊目标和特殊实践、通用目标、通用实践和共同特性;每个等级都由几个过程域组成,这几个过程域共同形成一种软件过程能力;每个过程域都有一些特殊目标和通用目标,通过相应的特殊实践和通用实践实现这些目标;当一个过程域的所有特殊实践和通用实践都按要求得到实施,就能实现该过程域的目标。

2.5 随堂笔记

一、本章摘要

_____

_____

_____

_____

_____

_____

二、练练手

(1) 以下关于螺旋模型的叙述中,不正确的是(　　)。

　　A. 它是风险驱动的,要求开发人员必须具有丰富的风险评估知识和经验

　　B. 它可以降低过多测试或测试不足带来的风险

　　C. 它包含维护周期,因此维护和开发之间没有本质区别

　　D. 它不适用于大型软件开发

(2) 在选择开发方法时,不适合使用原型法的情况是(　　)。

　　A. 用户需求模糊不清　　　　　　　　B. 系统设计方案难以确定

　　C. 系统使用范围变化很大　　　　　　D. 用户数据资源缺乏组织和管理

(3) XP 是一种轻量级软件开发方法,(　　)不是它强调的准则。

　　A. 持续的交流和沟通　　　　　　　　B. 用测试驱动开发

　　C. 用最简单的设计实现优化需求　　　D. 关注用户反馈

(4) 以下关于喷泉模型的叙述中,不正确的是(　　)。

　　A. 喷泉模型是以对象作为驱动的模型,适合于面向对象的开发方法

　　B. 喷泉模型克服了瀑布模型不支持软件重用和多项开发活动集成的局限性

　　C. 模型中的开发活动常需要重复多次,在迭代过程中不断地完善软件系统

　　D. 各开发活动(如分析、设计和编码等)之间存在明显的边界

(5) 若采用新技术开发一个大学记账系统,替换原有系统,则宜采用(　　)进行开发。

　　A. 瀑布模型　　　　B. 演化模型　　　　C. 螺旋模型　　　　D. 原型模型

(6) 统一过程(UP)是一种用例驱动的迭代式增量开发过程,每次迭代过程中主要的工作流包括捕获需求、分析、设计、实现和测试等。这种软件过程的用例图(UseCase Diagram)是通过(　　)得到的。

　　A. 捕获需求　　　　B. 分析　　　　　　C. 设计　　　　　　D. 实现

(7) CMMI 模型将软件过程的成熟度分为 5 个等级。在(　　)使用定量分析持续改进和管理软件过程。

　　A. 优化级　　　　　B. 管理级　　　　　C. 初始级　　　　　D. 量化管理级

(8) RUP(Rational Unified Process)分为 4 个阶段,每个阶段结束时都有重要的里程碑,其中生命周期架构是在(　　)结束时的里程碑。

　　A. 初启阶段　　　　B. 精化阶段　　　　C. 构建阶段　　　　D. 交付阶段

(9) (　　)阶段是软件生命周期中花费最多,持续时间最长的阶段。

　　A. 需求分析　　　　B. 维护　　　　　　C. 设计　　　　　　D. 测试

(10) 为保证软件质量,在软件生命周期的每个阶段结束前,都需要进行(　　)工作。

　　A. 制订计划　　　　B. 测试　　　　　　C. 审查　　　　　　D. 交接

三、动动脑

(1) 研究一下 XP,理解测试如何驱动开发,并举例说明。

(2) 为什么说喷泉模型较好地体现了面向对象软件开发过程无缝和迭代的特点,并举例说明。

四、读读书

《解析极限编程——拥抱变化》

作者:〔美〕Kent Beck,Cynthia Andres

书号:9787111357957

出版社:机械工业出版社

Kent Beck 一向挑战软件工程教条,是软件开发方法学的泰山北斗,他是最早研究软件开发的模式和重构的人之一,也是敏捷开发的开创者之一,更是极限编程和测试驱动开发的创始人;同时,他还是 JUnit 的作者,对当今世界的软件开发影响深远。

《解析极限编程——拥抱变化》介绍了 XP 背后的思想,包括它的根源、哲学、情节等,它将帮助读者选择是否在项目中使用 XP 时做出明智的决策。

XP 是一个轻量级的、灵巧的、适合小团队开发的软件开发方法;同时,它也是一个非常严谨和周密的方法。它的基础和价值观是交流、朴素、反馈和勇气。任何一个软件项目都可以从 4 个方面入手进行改善:加强交流;从简单做起;寻求反馈;勇于实事求是。

XP 是一种近螺旋式的开发方法,它将复杂的开发过程分解为一个个相对比较简单的小周期;通过积极的交流、反馈以及其他一系列方法,开发人员和客户可以非常清楚开发进度、变化、待解决的问题和潜在的困难等,并根据实际情况及时调整开发过程。

XP 的主要目标是降低因需求变更而带来的成本。在传统的系统开发方法中,系统需求在项目开发的开始阶段就确定下来,并在之后的开发过程中保持不变。这意味着项目开发进入之后的阶段时出现的需求变更(而这样的需求变更在一些发展极快的领域中是不可避免的)将导致开发成本急速增加。XP 通过引入基本价值、原则、方法等概念达到降低变更成本的目的。一个应用了 XP 方法的系统开发项目在应对需求变更时将显得更为灵活。

对程序员而言,XP 做出的承诺是他们每天能够处理真正重要的工作,而不必单独面对令人担忧的状况;他们将能够集中全力使系统获得成功;他们将做出最适合由他们做的决策。

对于客户和管理人员而言,XP 的承诺是他们将从每个编程周期中获得最多的利益。他们将能够在开发的中途更改项目的方向,而不用承担太高的成本。

第 2 篇　项目启动阶段

项目可行性研究

导读

　　做任何软件项目前，都必须进行可行性研究，即确定项目是否能开发、是否值得开发等。可行性研究是在项目建议书被批准后，对项目在技术上和经济上是否可行所进行的科学分析和论证。因为项目开发是一个综合技术、经济和管理等活动的过程，涉及多方面的因素与利益，后期维护比较频繁。所以，在软件项目开发前，必须对其进行全面分析与研究，最终以最小的代价在尽可能短的时间内达到用户满意、开发方赢利的双赢目的。

　　可行性研究主要从技术、经济、社会以及操作等方面出发，对以后的行动方针提出建议。技术上的研究，需要分析能否使用现有的技术实现项目；经济上的研究，需要分析开发项目获取的经济效益是否超过开发成本；社会上的研究，则应该从法律、社会效益等更广泛的方面考虑各种解决方案的可行性；操作上的研究，需要解决项目的操作方式能否在这个用户组织内行得通。

　　软件项目可行性研究意义重大，它既是项目投资决策的基础与依据，同时也是项目开发筹集资金和资源的重要依据；可行性研究是项目考核和之后评估的重要依据。此外，项目的管理者会根据可行性分析编制每个阶段的执行计划。

问题定义是指在对拟研发软件进行可行性分析和立项之前,对相关主要需求问题进行初步调研、确认和描述的过程。主要包括：提出问题、初步调研、定义问题、完成"问题定义报告"等。其目的是弄清用户需要计算机解决的问题根本所在,以及项目所需的资源和经费。

对于拟研发的新软件,输入(准备/基础/要求)是经过初步调研之后形成的一系列软件问题要求(业务处理等具体需求)和软件的结构框架等描述,以及预期软件支持业务过程的说明,最后的输出(完成结果)是"问题定义报告"。

"问题定义报告"主要包括：软件(项目)名称、项目提出的背景、软件目标、项目性质、软件服务范围、基本需求、软件环境、主要技术、基础条件等。

"对于问题定义阶段所确定的问题有行得通的解决方案吗?",为了回答这个问题,必须对系统进行可行性研究,因此,可行性研究实质上是要进行一次大大压缩简化了的系统分析和设计过程。

3.1　可行性研究任务

并非任何问题都有简单、明显的解决办法。事实上,许多问题不可能在预定的系统规模或时间实现内得到解决。如果问题没有可行的解决方案,那么花费在软件项目上的时间、人力、资源和经费都是无谓的浪费。

可行性研究的目的,就是用最小的代价在尽可能短的时间内确定问题是否得到解决。因此,可行性研究之后必须下一个结论,即软件项目是否值得开发。

可行性研究需要分析几种主要的可能解决方法的利弊,从而判定原定的系统模型和目标是否现实,系统完成后所带来的效益是否值得投资开发这个系统。因此,可行性研究的实质是在较高层次上以比较抽象的方式进行系统分析和设计过程。

概括而言,可行性研究的任务是：首先,进一步分析和澄清问题定义,导出系统的逻辑模型;然后,从系统逻辑模型出发,探索若干种可供选择的主要解决方法(即系统实现方案);最后,研究每种解法的可行性。主要从以下几个方面研究每种解法的可行性。

(1) 技术可行性。

对要开发软件项目的功能、限制条件和技术特点进行分析。确定在现有的资源条件下,项目是否能够开发。现有资源包括硬件和软件资源、技术人员和管理人员水平等。主要从以下几个方面判断技术可行性：

① 开发风险。在已有的条件下,能否实现软件项目的功能和性能。

② 资源风险。现有的资源是否满足软件项目开发的需求。

③ 技术风险。开发过程中新技术的引进是否可以达到软件项目的需要。

(2) 经济可行性。

对软件项目开发的成本以及效益进行估算,确定项目是否值得开发。对于大多数项目,衡量经济可行性,需要考虑一个"底线",权衡公司长期经营策略及潜在市场前景等因素。

(3) 社会可行性(法律可行性)。

应考虑项目是否存在任何侵权、责任等问题,考虑在现有的法规、制度下是否行得通,包括责任、法律和合同等多种因素。

必要时,可行性研究也要从操作可行性和方案选择等方面研究每种解法的可行性。

(4) 操作可行性。

操作可行性是指软件项目在具体实施前及过程中的组织管理程序、方法在运用起来是否好用、是否流畅,以至于最后项目得以实现。操作可行性更侧重于组织管理。

(5) 开发方案可行性。

开发方案可行性是指对备选的解决问题的方案排队、筛选,劣中选好,好中选优,最后对要投入实施的方案进行决断的过程。

分析师应该为每个可行的解法制定一个粗略的实现进度。如果问题没有可行的解,分析师应该建议停止这项开发工程,以避免时间、资源、人力和金钱的浪费;如果问题值得解,系统分析师应该推荐一个较好的解决方案,并且为工程制订一个初步的计划。

可行性研究需要的时间取决于工程的规模。一般来说,可行性研究的成本只是预期工程总成本的 $5\%\sim10\%$。

3.2　可行性研究过程

怎样进行可行性研究呢? 典型的可行性研究过程步骤如下。

(1) 复查系统规模和目标。

对问题定义阶段书写的关于规模和目标的报告书进一步复查确认。

(2) 研究目前正在使用的系统。

新目标系统必须也能完成旧系统的基本功能;新系统必须能解决旧系统中存在的问题。

(3) 导出新系统的高层逻辑模型。

优秀的设计过程通常从现有的物理系统出发,导出现有系统的逻辑模型;再参考现有系统的逻辑模型设想目标系统的逻辑模型;最后根据目标系统的逻辑模型建造新的物理系统。

通常,使用数据流图和数据字典能共同定义新系统的逻辑模型,再从这个逻辑模型出发设计新系统。

(4) 进一步定义问题。

分析师应该和用户一起再次复查问题定义、工程规模和目标。可行性研究的前 4 个步骤实质上构成一个循环。

(5) 导出和评价供选择的解法。

首先,从技术角度出发排除不可行方案;其次,考虑操作可行性,放弃用户不能接受的方案;接下来,考虑经济可行性,估计余下的每个可能的系统的开发成本和运行费用,进行成本/效益分析;最后,为每个在各方面都可行的系统制订实现进度表。

(6) 推荐行动方针。

根据可行性研究的结果应该做出一个关键性决定,是否继续进行这项开发工程。若继续开发,则选择一种最好的解法,说明选择解决方案的理由。

(7) 草拟开发计划。

分析师应该为所推荐的方案草拟一份开发计划,制订工程进度表、估计对各类开发人员和各种资源的需要情况、估计系统生命周期每个阶段的成本、给出下一个阶段(需求分析)的详细进度表和成本估计。

(8) 书写文档提交审查。

把可行性研究各个步骤的工作结果写成清晰的文档,请用户、客户组织的负责人及评审组审查,以决定是否继续这项工程,以及是否接受分析员推荐的方案。

3.3 数据流图和数据字典

3.3.1 数据流图

数据流图或数据流程图(Data Flow Diagram,DFD)是描述系统中数据流程的一种图形化技术,它描绘信息流和数据从输入移动到输出过程中所经受的变换。在数据流图中没有任何具体的物理部件,它只是描绘数据在软件中流动和被处理的逻辑过程,描述的是业务数据的来龙去脉及加工规则。

数据流图是系统逻辑功能的图形表示,即使不是专业的计算机技术人员,也容易理解它,因此,数据流图是系统分析师和用户之间极好的沟通工具。此外,设计数据流图时只需要考虑必须完成的基本逻辑功能,完全不需要考虑如何具体实现这些功能,所以,数据流图也是软件设计的基础。

在结构化开发方法中,数据流图是需求分析阶段产生的结果。根据具体的转换方式,可以将数据流图转化为软件结构图,因此,分层数据流图是结构化开发方法的核心和基础。

1. 数据流图的基本符号

数据流程图有以下几种基本符号,如图 3.1 所示。

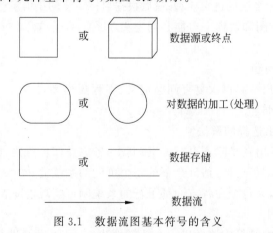

图 3.1 数据流图基本符号的含义

(1) 数据流。

数据流是数据在系统内传播的路径,因此,数据流由一组成分固定的数据组成,如订票单由旅客姓名、身份证号、航班号、日期、出发地和目的地等数据项组成。由于数据流是流动中的数据,所以,数据流必须有流向,除与数据存储之间的数据流不用命名外,数据流应该用名词或名词短语命名。

(2) 数据源或终点。

数据源或终点代表系统之外的实体,可以是人、物或其他软件系统(不能是自身系统)。

(3) 对数据的加工(处理)。

加工就是对数据进行处理,它接收一定的数据输入,对其进行处理,并产生输出。加工不一定是一个程序,可以代表一系列程序、单个程序或某个模块。通常,在数据流图中忽略出错处理,基本要点是描绘“做什么”,而不是“怎么做”。

(4) 数据存储。

数据存储表示信息的静态存储,可以代表文件、文件的一部分、数据库的元素等。

注意,数据流图与程序流程图中用箭头表示的控制流有本质区别。在数据流图中应该描述所有可能的数据流向,而不应该描绘出现某个数据流的条件。

除了上述 4 种基本符号外,有时也使用几种附加符号,如图 3.2 所示。

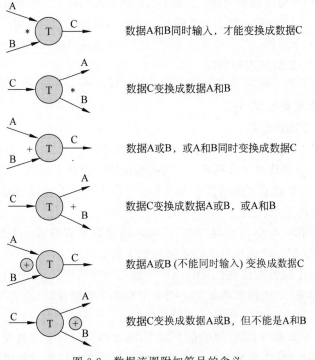

图 3.2　数据流图附加符号的含义

2. 数据流图的绘制方法

数据流图依据“自顶向下、从左到右、由粗到细、逐步求精”的基本原则进行绘制。分层数据流图如图 3.3 所示。

图 3.3 中,0 层数据流图(也叫顶层数据流图)中的加工 S 有 1 个输入和 2 个输出,1层数据流图中将加工 S 分解成 3 个加工 1、2、3。加工 S 的输入作为分解后加工 1 的输

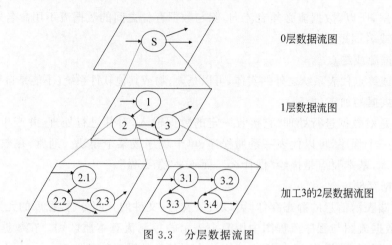

0层数据流图

1层数据流图

加工3的2层数据流图

图 3.3　分层数据流图

入,S 的两个输出分别由分解后的加工 2 和加工 3 承担。1 层数据流图中的加工 3 有 1 个输入和 1 个输出,可再分解为 4 个加工:加工 3.1、加工 3.2、加工 3.3 和加工 3.4,加工 3 的输入作为分解后加工 3.1 的输入,加工 3 的输出由分解后的加工 3.4 承担。由此可以得出,在分层的数据流图中,下层图(子图)要和高层图(父图)在数据流输入和输出上保持平衡。

(1) 顶层(0 层)数据流图的绘制。

0 层数据流图只有 1 张图,1 个加工,即系统自身作为一个加工。图中只需要指明数据源、输入流、输出流及数据终点。

(2) 1 层数据流图的绘制。

1 层数据流图中也只有 1 张图,把 0 层数据流图中的一个加工分解成若干个加工,这些加工之间可以有 0 条或多条数据流。1 层数据流图中包括 0 层数据流图中的输入数据流和输出数据流、各个加工之间的数据流以及 1 个以上加工需要读或写的文件。

(3) 加工的内部绘制。

把每个加工看作一个小系统,把加工的输入输出数据流看成小系统的输入输出流。于是,可以像画 0 层图一样画出每个小系统的加工的 DFD。

一个子图对应上层数据流图(父图)的一个加工的分解。子图中包括父图中对应加工的输入输出数据流、子图内部各加工之间 0 个或多个数据流,以及读写文件数据流。

(4) 画子加工的分解图。

对第(3)步分解出来的 DFD 中的每个加工,重复(3)和(4)分解过程,直到图中尚未分解的加工都足够简单(即不可再分解),至此便可得到一套分层的数据流图。

(5) 对数据流图和加工编号。

对于一个软件系统,其数据流图可能有许多层,每层又有许多张图。为了区分不同的加工和不同的 DFD 子图,应该对每张图进行编号,以便于管理。

① 0 层图(顶层图)只有一张,图中的加工也只有一个,所以不必为其编号。

② 1 层图也只有一张,0 层图中的分解加工号分别是 1、2、3 等。

③ 1 层以下子图中的加工号由父图号、圆点和序号组成,如 1 层加工 1 的 3 个子加工的编号分别为 1.1、1.2、1.3,子加工 1.1 的子加工号则分别为 1.1.1、1.1.2、1.1.3 等。

3. 绘制数据流图的注意事项

绘制数据流图时,要注意以下几个事项:

(1) 命名。

不论数据流、数据存储,还是加工,合适的命名使人们易于理解其含义。

(2) 画数据流,而不是控制流。

数据流反映系统"做什么",不反映"如何做",因此,箭头上的数据流名称只能是名词或名词短语,整个图中不反映加工的执行顺序。

(3) 一般不画物质流。

数据流反映能用计算机处理的数据,因此,目标系统的数据流图一般不画物质流。

(4) 保证数据守恒。

每个加工至少有一个输入数据流和一个输出数据流,反映出此加工数据的来源与加工的结果,且输入流不同于输出流(否则,加工相当于一个管道,毫无意义)。

(5) 编号。

如果一张数据流图中的某个加工分解成另一张数据流图时,则上层图为父图,直接下层图为子图。子图及其所有的加工都应按层次级别编号。

(6) 父图与子图的平衡。

子图的输入输出数据流必须同父图相应加工的输入输出数据流一致(在数量和名字上相同),此即父图与子图的平衡。

(7) 局部数据存储。

当某层数据流图中的数据存储不是父图中相应加工的外部接口,而只是本图中某些加工之间的数据接口,则称这些数据存储为局部数据存储。

(8) 提高数据流图的易懂性。

注意合理分解,要把一个加工分解成几个功能相对独立的子加工,这样可以减少加工之间输入、输出数据流的数目,增加数据流图的可理解性。

(9) 分解要掌握适度。

当分解涉及具体的实现一个功能时就不应该再分解了;每次只对一个功能进行分解。

4. 实例分析

下面通过案例具体说明怎样绘制数据流图。

【案例】 为方便旅客,某航空公司拟开发一个"机票预订系统"。旅客把自己的信息(姓名、身份证号码、出发时间、出发地和目的地等)输入到该系统,系统为旅客安排航班,印出取票通知和账单,旅客在起飞的前一天可以凭取票通知和账单交款取票,系统校对无误即印出机票给旅客。

绘制该案例的数据流图,可以分 4 个步骤进行描述。

(1) 从案例的描述中提取数据流图中的 4 种成分。

① 确定数据源点和数据终点。从案例描述中可以得出,数据源点和数据终点都是旅客。

② 确定加工(处理)。根据案例描述,可以得出一个明确的加工,即"安排航班";航班

确定后,才能通知取票和账单、缴款和取票,因此,这些内容可以汇总为另一个加工"产生机票"。注意,在案例的描述中没有明确的加工时,可以根据需要抽象一种加工,在分层的数据流图中再进行细化。

③ 确定数据流。旅客将自己的信息输入到系统,显然,旅客信息是一个数据流;安排航班后,印出的取票通知、账单、款额和机票也是数据流。

④ 确定数据存储。既然要安排航班,航班信息必不可少,航班信息可视为来自另一个子系统产生的数据文件;系统为旅客安排航班后,产生一个订票信息,订票信息也是一个数据存储,由该信息可以导出取票通知、账单、款额和机票等数据流;此外,旅客信息经过审核后,主要的信息必须进行存储。为了区别数据流,将数据存储定义为"×××表"。

表 3.1 总结了步骤(1)中分析的结果。

表 3.1　案例数据流图中的 4 种成分(加" * "标记的是在问题叙述中隐含的成分)

源点/终点		加工	
旅客		安排航班、产生机票	
数据流		数据存储	
旅客信息 　姓名 　身份证号码 　出发时间 　出发地 　目的地 账单 　身份证号码 　姓名 　手机号码 * 　出发时间 　到达时间 * 　航班号 * 　出发地 　目的地 　票数 * 　金额 *	取票通知 　身份证号码 　姓名 　手机号码 * 　出发时间 　到达时间 * 　航班号 * 　出发地 　目的地 款额 　付款额 　支付类型 * 机票 　姓名 　出发时间 　到达时间 * 　航班号 * 　出发地 　目的地 　单价 *	旅客表 　姓名 　手机号码 * 　身份证号码 　出发时间 　到达时间 * 　出发地 　目的地 航班表 * 　航班号 　航班名称 　出发时间 　到达时间 * 　出发地 　目的地 　票数 * 　余票 * 　单价 *	订票表 　身份证号码 　姓名 　手机号码 * 　出发时间 　到达时间 * 　航班号 * 　航班名称 　出发地 　目的地 　单价 * 　票数 * 　金额 *

注意,并不是所有的数据流和数据存储都能从案例问题描述中提取出来,在确定数据流和数据存储时,需要将问题描述中隐式的数据流或数据存储补充到数据流图中。

(2)绘制 0 层数据流图。

把系统当一个加工,输入流是旅客信息,输出流是取票通知、账单和机票,图中的输入和输出都来源于表 3.1 中的数据流或数据存储,如图 3.4 所示。

(3)绘制 1 层数据流图。

1 层数据流图中包括步骤(1)中产生的两个加工,即"安排航班"加工和"产生机票"加工。这两个加工需要进一步分解,因此,必须给这两个加工标注序号,便于引用和跟踪。

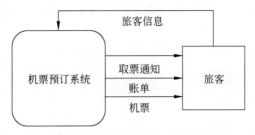

图 3.4　"机票预订系统"的 0 层数据流图

"安排航班"加工的一个输入来源于 0 层数据流图中的旅客信息（与父图保持平衡），另一个输入是航班表；输出是旅客表和订票表。

"产生机票"加工的一个输入是"安排航班"加工的输出，即订票表，另一个输入是款额；输出则是取票通知、账单和机票（与父图保持平衡）。

同样，图 3.4 中的输入和输出都来源于表 3.1 中的数据流或数据存储，数据流和数据存储可以是同样数据的两种不同形式。

"机票预订系统"的 1 层数据流图如图 3.5 所示。

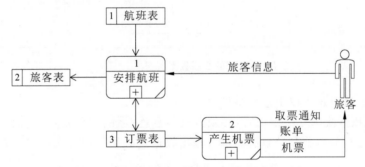

图 3.5　"机票预订系统"的 1 层数据流图

（4）绘制 2 层数据流图。

接着，对（3）中的 1 层数据流图进一步细化。

① 细化"安排航班"加工。考虑到旅客信息筛选后，才能产生旅客表，因此，细化出"安排航班"加工的第 1 个子加工"审核信息"，它的输入为旅客信息（来自 1 层数据流图，与父图保持平衡），输出为旅客表（与父图保持平衡），加工编号为 1.1。

"安排航班"加工的第 2 个子加工是"订票"加工，它的输入为旅客表和航班表（与父图的一个输出和一个输入保持平衡）；输出为订票表（与父图的一个输出保持平衡），其加工编号为 1.2。

既然有了"订票"加工，在此可以添加第 3 个"退票"加工（虽然案例陈述中没有此功能，根据信息管理系统中数据操作的特点，应该补充），以维持系统的完整性；当然，此加工输入和输出都是订票表，加工编号为 1.3。同理，也可以添加"查询订单"加工（这里不再赘述）。

② 细化"产生机票"加工。根据案例问题描述，"产生几篇"加工可以细化为 3 个子加工，分别是"印出通知"加工、"印出账单"以及"印出机票"加工，它们的输入都是订票表，输出分别是取票通知、账单和机票，加工编号分别是 2.1、2.2 和 2.3。

细化后的加工都能产生表 3.1 中的数据流或数据存储,已经没必要进一步分解 2 层数据流图了。

最终得到的"机票预订系统"的数据流图如图 3.6 所示。

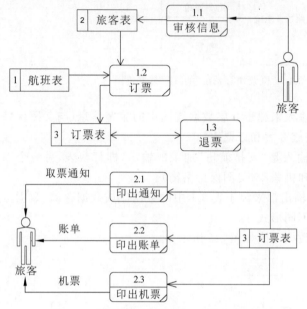

数据流图的绘制

图 3.6 "机票预订系统"的 2 层数据流图

通过实例,可以得出以下几个结论:

(1) 当对数据流图分层细化时,必须保持信息连续性,也就是说,当把一个加工分解为一系列加工时,分解前和分解后的输入输出数据流必须相同。在步骤(3)和(4)中都有详细说明。

(2) 注意加工的编号方法。把 0 分解成 1 和 2。把 1 进一步分解成 1.1、1.2 和 1.3;把 2 进一步分解为 2.1、2.2 和 2.3。

(3) 应该把握分解的尺度。当分解后的加工能够直接通过模块设计和实现,就无须分解;否则会增加系统的复杂度。

(4) 每次分解一个加工。一些调查表明,一张数据流图中的加工应在 5~9 个,否则会难于理解。

5. 数据流图的用途

数据流图是结构化方法描述系统功能的有效模型。

(1) 利用数据流图作为用户和开发人员交流信息的工具,共同理解现行系统和规划系统的框架;并且,绝大多数用户都可以理解和评价它。

(2) 数据流图的另一个主要作用是它可以作为分析和设计的工具,着重描绘系统需要完成的功能,而不是系统的物理实现方案。

(3) 此外,数据流图对更详细的设计步骤也有帮助。在结构化方法中,结构化设计阶段将从数据流图出发映射出软件结构。因此,结构化方法是一种面向数据流的设计方法。

3.3.2　数据字典

数据字典(Data Dictionary)是关于数据的信息集合,也就是对数据流图中包含的所有元素的定义的集合。

数据流图和数据字典共同构成系统的逻辑模型,没有数据字典,数据流图就不严格;然而,没有数据流图,数据字典也就失去了解释的内容,难以发挥其作用。只有将数据流图以及数据流图中每个元素的精确定义结合在一起,才能共同构成系统的规格说明。

1. 数据字典的用途和内容

数据字典最重要的用途是作为分析阶段的工具。在数据字典中建立的一组严密一致的定义有助于改进分析员和用户之间的通信,因此会消除许多可能的误解,同时也有助于改进在不同的开发人员或不同的开发小组之间的通信;此外,如果要求所有开发人员都根据公共的数据字典描述数据和设计模块,则能避免许多麻烦的接口问题。

数据字典对数据流图中的每个构成要素做出具体的定义和说明,是系统分析阶段的重要文档。数据字典一般由 4 类元素的定义组成:数据流、数据文件、数据项和加工。

2. 定义数据字典

1) 数据流定义

数据流定义主要说明数据流由哪些数据项组成,包括数据流编号、名称、来源、去向、组成、时间、数量以及峰值等。其中,数据流名、组成(包含的数据项)必不可少。

常用的表示数据流组成的符号有以下几个。

(1) a+b:表示 a 与 b。

(2) [a|b]:表示 a 或 b,即选择括号中的某一项。

(3) m{a}n:表示 a 可以重复出现,至少出现 m 次,最多出现 n 次。

(4) (a):表示 a 可以出现 0 次或 1 次,即括号中的项可选可不选。

数据流定义示例见表 3.2。

表 3.2　数据流定义示例

项目名称	说明或定义		
系统名称	机票预订系统	数据流名称	机票
别名	无	编号	X0001
说明	旅客订票后,系统核对信息并收到款额后,通知旅客取票		
来源	旅客,航班	去向	旅客
数据流组成	机票＝姓名＋航班号＋出发地＋目的地＋出发时间＋到达时间＋单价 时间＝年＋月＋日 年＝1{[0..9]}4 月＝[1..12] 日＝[1..31]		

2）数据文件定义

数据文件定义用于描述数据文件的内容及组织方式，一般包括系统名称、文件编号、别名、说明、组织方式、主关键字、记录数以及记录组成等。数据文件的组成可以使用与数据流组成相同的符号。

数据文件定义示例见表 3.3。

表 3.3　数据文件定义示例

项目名称	说明或定义		
系统名称	机票预订系统		
文件名称	订票表	别名	预定表
说明	存储旅客预订航班的信息，每次下单一条记录		
编号	Y0002		
组织方式	以航班号为主升序、预订时间为次升序		
主关键字	身份证	记录数	30000
记录组成	记录＝身份证＋姓名＋出发地＋航班号＋航班名称＋目的地＋出发时间＋到达时间＋单价＋票数＋金额		

3）数据项定义

数据项定义是对数据流、文件和加工中所列的数据项进一步描述，主要说明数据项的类型、长度、组成以及取值范围等。

数据项定义示例见表 3.4。

表 3.4　数据项定义示例

项目名称	说明或定义		
系统名称	机票预订系统		
数据项名称	身份证	别名	无
说明	符合身份证编码规则		
数据类型	字符串	长度	18
数据项组成	身份证＝地址码＋出生日期码＋顺序码＋校验码 地址码＝6{[0..9]}6 出生日期码＝年＋月＋日 年＝1{[0..9]}4　　月＝[1..12]　　日＝[1..31] 顺序码＝3{[0..9]}3 校验码＝[0..9|X]		

4）加工定义

加工定义是针对数据流图中不能再分的加工进行描述，由加工名称、加工编号、处理逻辑、输入输出数据流等组成，其中加工编号与数据流图中的加工编号一致。

加工定义示例见表3.5。

表3.5　加工定义示例

项目名称	说明或定义		
系统名称	机票预订系统		
加工名称	订票	加工编号	1.2
输入数据流	旅客表、航班表	输出数据流	订票表
加工逻辑	旅客选中具体航班,输入预订票数即可完成预订信息的填写		
说明	通过身份验证的旅客,对有余票的航班进行订票操作		

3.4　项目可行性分析报告格式

软件可行性研究之后,需要编制一份详细的分析报告,详细记录可行性分析的内容和过程,为决策者做出决策提供依据。软件项目开发可行性研究报告格式的参考模板如下所示。

1　引言

1.1　编写目的

1.2　背景

1.3　定义

1.4　参考资料

2　可行性研究的前提

2.1　要求

2.2　目标

2.3　条件、假定和限制

2.4　进行可行性研究的方法

2.5　评价尺度

3　对现有系统的分析

3.1　处理流程和数据流程

3.2　工作负荷

3.3　经费开支

3.4　人员

3.5　设备

3.6　局限性

4　所建议的系统

4.1　对所建议系统的说明

4.2　软件系统处理流程和数据流程

4.3　影响

4.4　局限性

4.5　技术条件方面的可行性

可行性研究
报告示例

3.5　成本/效益分析

开发软件是一种投资,对开发商来说,希望获得更大的经济效益。经济效益通常表现为减少运行费用或增加收入。投资开发新系统往往需要冒一定风险,随着开发的深入,一些无法预测的行为,如开发人员的流动、资金投入的延缓、用户需求的变更等,会使新系统的开发成本比预期的高,效益自然会随之降低。

成本/效益的分析目的是从经济的角度出发,分析和判断新系统的开发是否值得,进而帮助项目投资人正确做出是否投资开发新项目的决定。为了对比成本和效益,必须估算它们的数量。

3.5.1　成本估计技术

软件开发的成本主要表现人力消耗(乘以平均工资,则得到开发费用)。成本的估计不是精确的科学,因此应该使用几种不同的估计技术以便相互校验。

1. 代码行技术

代码行技术是比较简单的定量估算方法,它把开发每个软件功能的成本和实现这个功能需要用的源代码行数关联起来。通常,根据经验和历史数据估计实现一个功能需要的源代码行数。当有开发类似工程的历史数据做参考时,这个方法还是比较有效的。

一旦估计出源代码行数后,每行代码的平均成本×行数=软件的成本,而每行代码的平均成本主要取决于软件的复杂程度和工资水平。

2. 任务分解技术

这种方法首先把软件开发过程分解为几个相对独立的任务;其次,分别估算每个单独任务的开发成本;最后,累加得出软件开发总成本。在估算每个任务的成本时,通常先估计完成任务需要的人力(以人·月为单位),乘以每人每月的平均工资后便是每个任务的成本。

典型环境下各个开发阶段使用的人力百分比例见表 3.6。

表 3.6　典型环境下各个开发阶段使用的人力百分比例

任　务	人力/%
可行性研究	5
需求分析	10
设计	25
编码和单元测试	20
集成测试	40
总　计	100

3. 自动估计成本技术

采用自动估计成本的软件工具可以减轻人的劳动,并且使得估计的结果更客观。不过,采用该技术需要有长期搜集的历史数据,并且要有良好的数据库系统支撑。

3.5.2　成本/效益分析的方法

成本/效益分析的第一步是估计开发成本、运行费用和新系统将带来的经济效益。运行费用取决于系统的操作费用(如操作人员数、工作时间、消耗的物资等)和维护费用。新系统的经济效益等于因使用新系统而增加的收入加上使用新系统可以节省的运行费用。效益和软件生命周期的长度有关,因此,第二步要合理估算软件的寿命。预期的寿命越长,废弃的可能性越大,保险起见,在进行成本/效益分析时,假设软件生命周期为 5 年。

应该比较新系统的开发成本和经济,从经济角度判断系统是否值得开发。但是,目前的投资和未来的效益,不能简单比较成本和效益,应考虑货币的时间价值。现以实例说明,如何计算货币的时间价值、投资回收期、纯收入以及投资回收率等因素。

【例 3-1】　修改一个已有的库存清单系统,使它每天给采购员一份订货报表。修改已有的库存清单程序并且编写产生报表的程序,估计共需 5000 元。系统修改后能及时订货,这将消除零件短缺问题,估计每年可省 2500 元。

1. 货币的时间价值

通常,用利率的形式表示货币的时间价值。假设年利率为 i,如果现在存入 P 元,则 n 年后可得到 F 元。

$$F = P \times (1+i)^n \qquad ①$$

F 是 P 在 n 年后的价值。反之,如果 n 年后输入 F 元,那么现在的价值是

$$P = F/(1+i)^n \qquad ②$$

因此,5 年后库存清单系统可节省的钱并不是 12500 元,假定年利率为 12%,利用公式①和②,可以算出修改库存清单系统后每年预计节省的钱的现在的价值,见表 3.7。

表 3.7 库存清单系统将来的收入折算为现在值

年	将来值/元	$(1+i)^n$	现在值/元	累计的现在值/元
1	2500	1.1200	2232.14	2232.14
2	2500	1.2544	1992.98	4225.12
3	2500	1.404928	1779.45	6004.57
4	2500	1.57351936	1588.80	7593.37
5	2500	1.7623416832	1418.57	9011.94

2. 投资回收期

投资回收期是使累计的经济效益等于最初投资所需要的时间。显然，投资回收期越短，就能越快获得效益。

例 3-1 中，修改库存清单系统两年后可省 4225.12 元，比最初投资 5000 元少了 774.88 元，第 3 年再省 1779.45 元，那么，投资回收期是 2＋774.88/1779.45＝2.44（年）。

投资回收期仅是一项经济指标，为了衡量软件项目的价值，应考虑别的经济指标。

3. 纯收入

衡量软件项目价值的另一个经济指标是项目的纯收入，也就是整个软件生命周期内系统的累计经济效益(折合成现在值)与投资值之差。如果纯收入小于零，那么软件项目显然不值得投资。

例 3-1 中，修改库存清单系统项目的纯收入预计是 9011.94－5000＝4011.94（元）。

4. 投资回收率

投资回收率可以衡量投资效益的大小，并且可以把它和年利率比较，在衡量项目的经济效益时，它是重要的参考数据。设想把投资额存入银行，每年从银行中取回的钱就是系统每年预期可获得的效益。在投资时间等于系统寿命时，这个假象的年利率就是投资回收率。因此不难推测出：

$$P = F_1/(1+j) + F_2/(1+j)^2 + \cdots + F_n/(1+j)^n$$

其中，P 是现在的投资额；F 是第 i 年年底的效益($i=1,2,\cdots,n$)；n 是系统的使用寿命；j 是投资回收率。假设系统的使用寿命为 5 年，则例 3-1 中，修改库存清单系统的项目投资回收率为 41％～42％。

3.6 随堂笔记

一、本章摘要

_____

_____

_____

_____

_____

_____

_____

_____

_____

二、练练手

(1) 可行性研究要进行一次(　　)需求分析。

  A. 详细的   B. 全面的

  C. 简化的、压缩的   D. 彻底的

(2) 可行性研究的目的是用最小的代价在尽可能短的时间内确定问题(　　)。

  A. 人员配置   B. 具体实施过程

  C. 时间长短   D. 能否解决

(3) 在软件项目开发过程中评估软件项目风险时,(　　)与风险无关。

  A. 高级管理人员是否正式承诺支持该项目

  B. 开发人员和用户是否充分理解系统的需求

  C. 最终用户是否统一部署已开发的系统

  D. 开发需求的资金是否能按时到位

(4) 分层数据流图是一种比较严格又易于理解的描述方式,它的顶层(0层)数据流图描绘了系统的(　　)。

  A. 总貌   B. 细节   C. 抽象   D. 软件的作者

(5) 绘制数据流图时,遵循父图与子图平衡的原则,所谓平衡,是指(　　)。

  A. 父图和子图都不改变数据流的性质

  B. 子图不改变父图数据流的一致性

  C. 父图的输入输出数据流与子图的输入输出数据流一致

  D. 子图的输出数据流完全由父图的输入数据流确定

(6) 数据字典是软件需求分析阶段的重要工具之一,它的基本功能是(　　)。

  A. 数据定义   B. 数据维护   C. 数据通信   D. 数据库设计

(7) 结构化分析(SA)方法最常见的图形工具是(　　)。

  A. 数据流图   B. 实体联系图   C. 程序流图   D. 结构图

(8) 数据流图描述的是实际系统的(　　)。

  A. 逻辑模型   B. 物理模型   C. 程序流程   D. 数据结构

(9) CVS是一种(　　)工具。

  A. 需求分析   B. 版本控制   C. 程序编码   D. 编译

(10) 任务分解技术中最常用的是按(　　)划分任务。

    A. 开发阶段　　　B. 开发目标　　　　C. 设计过程　　　　D. 以上都不正确

(11) 可行性研究中所指的投资是(　　)。

    A. 所有投资　　　B. 直接投资　　　　C. 间接投资　　　　D. 纯金融投资

(12) 研究开发项目需要的成本和资源属于可行性研究中的(　　)。

    A. 技术可行性　　B. 经济可行性　　　C. 社会可行性　　　D. 操作可行性

(13) 在数据流图中,(　　)说法不正确。

    A. 加工必须有 1 个或多个输入

    B. 加工必须有 1 个或多个输出

    C. 加工的输入和输出不能相同

    D. 加工之间必须有 1 个或多个数据流

(14) 关于数据流图中加工的命名规则,正确的是(　　)。

    A. 加工的名字要说明对数据进行的处理和算法

    B. 加工的名字要说明被加工的数据以及产生的结果

    C. 加工的名字既要说明被加工的数据,又要说明对数据的处理

    D. 加工的名字应该与输出结果一致

(15) 下列阶段中,(　　)的主要目的是判断项目是否有生命力,是否值得投入更多的人力和资金进行可行性研究。

    A. 初步可行性研究　　　　　　　　B. 投资机会研究

    C. 项目前评估　　　　　　　　　　D. 项目申请报告

三、动动脑

(1) 根据 3.3.1 节中案例的数据流程图初步绘制出软件结构图。

(2) 完成案例《机票预订系统》的可行性研究报告。

四、读读书

计算机软件文档编制规范 GB/T 8567—2006

实施日期:2006-7-1

颁布部门:中华人民共和国国家质量监督检验检疫总局、中国国家标准化管理委员会

本标准对软件的开发过程和管理过程应编制的主要文档及其编制的内容、格式规定了基本要求。本标准原则上适用于所有类型的软件产品的开发过程和管理过程。

软件工程标准化涉及的方面包括:

(1) 软件设计的标准化:包括设计方法、设计表达方法、程序结构、程序设计语言、程序设计风格、用户接口设计、数据结构设计、算法设计等。

(2) 文件编写的标准化:包括管理文件、项目实施计划、质量保证计划、开发进程月表、分析文件、设计文件说明书、用户文件、系统实现文件等。

(3) 项目管理标准:包括开发流程、开发作业、计划与进度管理、人员组织、质量管理、成本管理、维护管理、配置管理等。

　　软件工程标准应对软件生命周期中各个阶段的工作(包括技术性和管理性工作)做出合理的、统一的规定,包括对软件的对象、特性、配置、状态、动作、过程、方法、责任、义务、权限等做出具体的规定。

　　软件工程标准化的意义主要体现在以下几个方面:

　　(1) 提高软件的可靠性、可维护性和可移植性,即软件工程的标准化可以提高软件产品的质量。

　　(2) 提高软件的生产率。

　　(3) 提高软件人员的技术水平。

　　(4) 改善软件开发人员之间的通信效率,减少差错。

　　(5) 有利于软件管理。

　　(6) 有利于减少软件成本,缩短软件开发周期。

　　使用者可根据实际情况对本标准进行适当剪裁(可剪裁所需的文档类型,也可对规范的内容做适当裁剪)。

　　软件文档从使用的角度大致可分为软件的用户需要的用户文档和开发方在开发过程中使用的内部文档(开发文档)。供方应提供的文档的类型和规模,由软件的需方和供方在合同中规定。

　　总之,没有规矩不成方圆,《计算机软件文档编制规范》能规范软件开发过程、展示阶段性开发过程内容、增进开发者之间的沟通,从而为软件维护提供依据。

软件需求分析

导读

根据业内数据统计,50%～80%的软件项目是失败的。CHAOS 报告总结的"软件项目十大败因"中,有五项是与软件需求直接相关的。需求分析阶段位于软件生命周期的前期,其分析质量的高低直接影响软件产品的质量。因此,为用户开发软件产品的前提是必须清楚用户的需求,即准确回答"系统必须做什么"?

软件需求分析就是把软件计划期间建立的软件可行性分析求精和细化,分析各种可能的解法,并且分配给各个软件元素。需求分析是软件定义阶段中的最后一步,是确定系统必须完成哪些工作,也就是对目标系统提出完整、准确、清晰和具体的要求。

明确了软件需求的目的后,要深刻体会需求分析的任务、分析方法以及用具体分析方法实施需求分析的过程。本章重点介绍以数据流图为中心的结构化分析(Structure Analysis,SA)方法,目前比较流行的面向对象分析(Object Oriented Analysis,OOA)方法将在后面章节中介绍。

在软件开发过程中需求变更的不可控往往是导致软件项目最终失败的关键因素,因此,需求分析完成后,在软件后续开发过程中还需要对需求进行管理,控制需求变更,并采取相应的措施降低需求变化给开发带来的风险。

软件需求规格说明书记录了软件需求分析任务(包括功能性和非功能性任务)和用具体分析方法进行需求分析的过程,它既是开发人员设计与编码的根本依据,也是用户验收软件产品的标准;此外,它还是控制需求变更的有效文档。

软件需求分析是软件生命周期中至关重要的环节。

4.1　需求分析概述

需求分析(Requirements Analysis)主要是搞清软件应用用户的实际具体需求,包括功能需求、性能需求、数据需求、安全及可靠性要求、运行环境和将来可能的业务变化及拓展要求等,并建立系统的逻辑模型,写出"软件需求规格说明书(SRS)"等文档。

需求分析是软件定义时期的最后一个阶段,它的基本任务是准确回答"系统必须做什么"这个问题。虽然在可行性研究阶段已经粗略做了一次简要的需求分析,提出了一些解决问题的可行方案。但是,可行性研究的基本目的是用小成本在短期内确定是否有可行的解决方案,有许多细节是被忽略的。所以,可行性研究并不能代替需求分析。需求分析的任务不是确定如何完成软件项目,而是确定系统必须完成哪些工作,也就是对目标系统提出完整、准确、清晰、具体的要求。

在需求分析阶段结束之前,系统分析师应该写出软件需求规格说明书,以书面形式准确地描述软件需求。

在获取软件需求和书写软件需求规格说明书的过程中,分析员和用户之间的沟通必不可少,起到关键的作用。用户不知道怎么用软件实现自己的需求,但是必须提供准确、具体的需求描述;而分析员不清楚用户的需求,但是,只要用户提出精确的需求,就能用软件实现需求。因此,需求的获取和进行需求的规格说明是一项十分艰巨复杂的工程。此外,需求在软件开发的工程中还会变动,因此必须对需求进行管理。

需求管理是一种获取、组织并记录系统需求的系统化方案,以及一个使客户与项目团队不断变更的系统需求达成并保持一致的过程。现代需求过程包括需求的获取、分析、处理、验证、实现和全过程的需求管理。需求管理覆盖软件工程的整个过程。

4.2　需求分析任务

4.2.1　确定对系统的综合要求

(1) 功能需求。

功能需求指定系统必须提供的服务,通过需求分析划分出系统必须完成的所有功能。

(2) 性能需求。

性能需求指定系统必须满足的定时或容量约束,通常包括速度(相应时间)、信息容量和查询速率、主存容量、磁盘容量及安全性等方面的需求。

(3) 可靠性和可用性需求。

可靠性需求定量地指定系统的可靠性,如"机场雷达系统在一个月内不能出现两次以上的错误";可用性与可靠性密切相关,它量化了用户可以使用系统的程度,如"在任何时候主机或备份机上的机场雷达系统应该至少有一个是有用的,而且一个月内在任何一台计算机上该系统不可用的时间不能超过总时间的 2%"。

（4）出错处理需求。

这类需求说明系统对环境错误或输入错误的应变能力，对应用系统本身错误的检测应该仅限于系统的关键部分，而且应该尽可能少。

（5）接口需求。

接口需求描述应用系统与环境通信的格式。常见的接口需求有用户接口需求、硬件接口需求、软件接口需求以及通信接口需求等。

（6）约束。

设计约束或实现约束描述在设计或实现应用系统时应遵守的限制条件。常见的约束有精度、工具和语言约束、设计约束、使用的标准以及应使用的硬件平台。

（7）逆向需求。

逆向需求说明系统不应该做什么。选择能澄清真实需求且可消除可能发生误解的那些逆向需求。

（8）将来可能提出的要求。

明确指出那些不属于当前系统开发范畴，但是将来有可能会提出的需求，为系统可能的扩充和修改做准备。

4.2.2　分析系统的数据要求

任何一个软件本质上是信息处理系统，系统必须处理的信息和系统应该产生的信息很大程度上决定了系统的面貌，对软件设计有深远影响，因此，必须分析系统的数据要求，这是软件需求分析的一个重要任务。

分析系统的数据要求通常采用建立数据模型的方法。数据结构表示数据元素之间复杂的逻辑关系；利用数据字典可以全面、准确地定义数据；为了增强其形象性与直观性，通常使用图形工具辅助描述数据结构；此外，在用文件保存信息时，为了减少冗余、避免插入或删除异常，通常需要规范数据结构。

4.2.3　导出系统的逻辑模型

综合上述两项分析的结果可以导出系统的详细的逻辑模型，包括 3 个模型：数据模型，用实体-联系图（E-R 图）表示；功能模型，用数据流图和数据字典描述；行为模型，用状态转换图描述主要的处理算法。

4.2.4　修正系统开发计划

根据在分析过程中获得的对系统的更深入、更具体的了解，可以比较准确地估计系统的成本和进度，修正以前制订的开发计划。

4.3　需求分析过程

软件需求分析的过程也称为需求开发，可分为需求获取、分析与综合、编制需求分析阶段文档、需求分析评审等，是一个不断深入与完善的迭代过程，如图 4.1 所示。

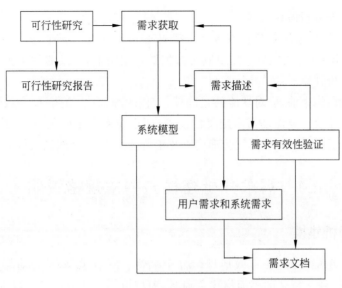

图 4.1　软件需求分析过程

通常,从用户获取的初步需求存在不够精确、模糊、片面等问题。通过进一步调研、修改、补充、细化、删减、整合和完善,最后得出全面且可行的软件需求。需求分析应有用户参加,随时进行沟通交流,并最终征得用户认可。

需求分析阶段的工作,可以分成以下 4 个过程。

(1) 需求获取。

首先,系统分析师要确定目标系统的综合需求,包括功能需求和非功能需求,提出这些需求实现的条件;此外,还要建立分析所需要的通信途径,以保证能顺利对问题进行分析。软件需求分析的通信途径如图 4.2 所示。

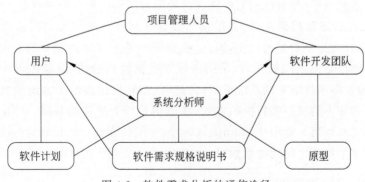

图 4.2　软件需求分析的通信途径

(2) 分析与综合。

系统分析师从信息流和信息结构出发,逐步细化数据流和加工,建立需求分析模型,即数据模型、功能模型以及行为模型。最终综合成系统的解决方案,给出目标系统的详细逻辑模型。

（3）编制需求分析阶段文档。

描述已确定下来的系统需求,完成软件需求规格说明书。同时,为了确切表达用户对软件的输入、输出和操作的要求,需要制定数据要求说明书,以及编写初步的用户手册。

（4）需求分析评审。

需求分析阶段结束前,应对功能的正确性,文档的准确性、清晰性、一致性和完备性,以及其他需求给予评价。为保证需求定义的质量,评审应有指定的负责人,并按规程严格进行。除了系统分析师外,用户、开发管理员以及相关设计、实现和测试人员也应该参加评审。

4.4 需求分析建模与需求规格说明

4.4.1 需求分析建模

建立事物模型能更好、更有效地理解复杂事物。所谓建模,就是对事物做出一种抽象,是对事物的一种无歧义的书面描述。通常,模型由一组图形符号和组织这些符号的规则组成。

结构化分析实质上是一种创建模型的活动。为了开发出复杂的软件系统,系统分析师应从不同角度抽象出目标系统的特性;使用精确的表示方法构造系统的模型;验证模型是否满足用户对目标系统的需求;并在设计过程中逐渐把和实现有关的细节加进模型中,直至最终用程序实现模型。

根据结构化分析准则,需求分析过程需要建立 3 个模型。

（1）数据模型。实体-联系图(E-R 图)描绘数据对象及数据对象之间的关系。

（2）功能模型。数据流图描绘数据在系统中移动时被变换的逻辑过程。

（3）行为模型。状态转换图描绘了系统的各种行为模式和在不同状态间转换的方式。

数据字典是分析模型的核心,它描述软件使用或产生的所有数据对象。

3.3.1 节已经叙述过数据流图,它描绘当数据在软件系统中移动时被变换的逻辑过程,指明系统具有的变换数据的功能,因此,数据流图是建立功能模型的基础。E-R 图描绘数据对象及数据对象之间的关系,是用于建立数据模型的图形;描述行为模型的状态图,指明了作为外部事件结果的系统行为,为此,状态转换图描绘了系统的各种行为模式(称为"状态")和在不同状态间转换的方式,状态图是行为建模的基础。E-R 图和状态图的绘制将在第 7 章和第 8 章中使用 PowerDesigner 工具详细介绍绘制的方法。

需求分析 3 个模型之间的关系如图 4.3 所示。

4.4.2 软件需求规格说明

需求分析阶段结束前,要交付的文档包括以下几个(视软件规模大小可做裁剪)。

（1）项目开发计划。

（2）软件需求规格说明书。

（3）数据要求说明书。

（4）确认测试计划。

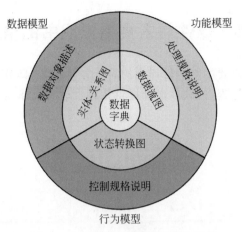

图 4.3　需求分析 3 个模型之间的关系

（5）用户手册。

（6）开发进度月报。

软件需求规格说明书（Software Requirement Specification，SRS）是需求分析阶段得出的最主要的文档，它记录了 3 个模型的建模过程，是软件设计和维护的依据和基础。当需求发生变化时，需要对软件需求规格说明进行修正和测试。

通常用自然语言完整、准确地描述系统的数据要求、功能需求、性能需求、可靠性和可用性要求、出错处理需求、接口需求、约束、逆向需求以及将来可能提出的要求。

SRS 作为可交付文件，具有下列基本特征：

（1）准确性。必须保证需求准确。准确性是软件需求规格说明书最重要的属性，每项需求都必须准确地陈述其要开发的功能。

（2）简明性。需求的描述应该简洁明了、易读和易懂。

（3）无歧义性。消除需求的歧义性，对需要说明的内容要有明确和统一的解释。由于自然语言极易导致二义性，因此，每项需求应尽量用简明的用户性的语言进行表达。

（4）完整性。

① 具备全部有意义的需求（功能、性能、设计约束，属性和外部接口等方面）。

② 定义所有可能出现的输入数据，并对合法和非法输入值的响应做出规定。

③ 要符合 SRS 的内容要求。个别章节不适用，在 SRS 中要保留章节号。

④ 填写 SRS 中全部图、表、图示的标记和参照，定义全部术语和度量单位。

（5）一致性。SRS 中各个需求的描述必须不相矛盾。

（6）可修改性。SRS 的结构和内容必须是易于实现的、一致的、完整的，最好不存在冗长描述，要在开发进程中不断进行调整和修正。

（7）可追踪性。要求每个需求的源流必须是清晰的，进一步产生和改变文件编制时，可方便地引证每个需求。

（8）必要性。如果没有某项需求，系统仍能满足优化的需求，则该项需求不必描述。

（9）可验证性。需求在系统的实现中是可以得到验证的。

4.5 软件需求规格说明书的格式

软件需求分析阶段需要编制一份详细的需求分析报告(即软件需求规格说明书),详细记录需求分析内容和过程,为软件设计提供依据。软件需求规格说明书的参考模板如下所示。

1 引言

1.1 目的

1.2 背景

1.3 定义及缩略语

1.4 基线

2 项目概述

2.1 目标

2.2 用户的特点

2.3 假定与约束

3 需求规定

3.1 系统功能结构

3.1.1 建立功能模型 用分层 DFD 表述

3.1.2 功能列表 对 DFD 中的加工进行简要描述、输入输出要求说明

3.2 对功能的规定

3.2.1 功能 1 描述

3.2.2 功能 2 描述

······

3.2.n 功能 n 描述

3.3 对性能的规定 包括精度、时间性要求、灵活性、可靠性、安全保密要求等

3.4 数据管理能力要求

3.5 故障处理要求

3.6 其他专门要求

4 外部接口需求

4.1 用户接口

4.2 硬件接口

4.3 软件接口

4.4 通信接口

5 设计约束

5.1 其他标准的约束

5.2 硬件的限制

5.3 子系统的约束

6 运行环境设定

6.1 设备

6.2 支持软件

6.3 接口

6.4 控制

4.6　需求管理

　　Frederick Brooks 在《人月神话》中引用斯威夫特的经典名句"不变只是愿望,变化才是永恒"。在软件开发过程中,需求的变更是不可避免的,正是因为需求的重要性,所以要引进需求管理活动,对需求的变更进行严格控制。

　　需求管理包括在软件开发过程中维持需求约定集成性和精确性的所有活动,包括控制变更控制、版本控制、需求跟踪以及需求状态跟踪 4 项活动,如图 4.4 所示。

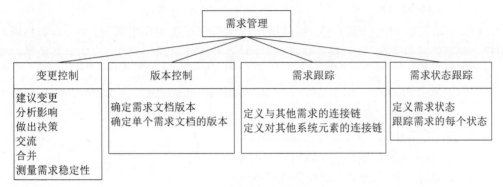

图 4.4　需求管理活动示意图

需求管理强调以下几点:

（1）控制需求基线的变动。

（2）保持项目计划与需求一致。

（3）控制单个需求和需求文档的版本情况。

（4）管理需求和联系链之间的联系,管理单个需求和项目可交付产品之间的依赖关系。

（5）跟踪基线中需求的状态。

4.7　随堂笔记

一、本章摘要

_____

_____

_____

_____

_____

_____

_____

_____

二、练练手

(1) 简单地说,需求分析的目的是弄清系统要(   )。

    A. 做什么   B. 怎么做   C. 何时做   D. 在哪做

(2) 需求分析规格说明书的内容不应该包括(   )的描述。

    A. 主要功能   B. 算法的详细过程

    C. 用户的界面   D. 软件性能

(3) 需求包括 11 个方面的内容,其中网络和操作系统的要求属于(   ),如何隔离用户之间的数据属于(   ),执行速度、相应时间及吞吐量属于(   ),规定系统平均出错时间属于(   )。

    A. 质量保证   B. 环境需求

    C. 安全保密需求   D. 性能需求

(4) 以下内容中,(   )应写入操作手册。

    A. 描述系统对各种输入数据的处理方法

    B. 描述系统升级时厂商提供的服务

    C. 描述系统处理过程的各个界面

    D. 说明系统各部分之间的接口关系

(5) 结构化分析方法以数据流图、(   )和加工说明等描述工具,即用直观的图和简洁的语言描述软件系统模型。

    A. DFD 图   B. PAD 图   C. IPO 图   D. 数据字典

(6) 在软件工程中,高质量的文档标准是完整性、一致性和(   )。

    A. 统一性   B. 安全性   C. 无二义性   D. 组合性

(7) 逆向工程在软件工程中主要用于(   )阶段。

    A. 分析   B. 设计   C. 编码   D. 维护

(8) 需求分析是由系统分析师经了解用户的要求,认真细致地调研、分析,最终应建立目标系统的逻辑模型,并写出(   )。

    A. 模块说明书   B. 软件需求规格说明书

    C. 项目开发计划   D. 合同文档

(9) 结构化分析中,使用(   )建立数据模型。

    A. 数据流图   B. 实体关系图   C. 用例图   D. 系统流程图

(10) 需求分析的重要工作之一是(   )。

    A. 数据定义   B. 数据库设计   C. 数据结构实现   D. 数据维护

(11) 常用的需求分析方法有面向数据流的 SA 方法和 OOA 方法,下列的(   )不是 SA 方法的图形工具。

    A. 决策树   B. 数据流图   C. 数据字典   D. 快速原型

(12) 在传统的软件工程中,需求分析阶段应建立 3 种模型,它们分别是数据模型、功能模型、行为模型。以下几种图形中,(　　)属于功能模型;(　　)属于数据模型;(　　)属于行为模型。

  A. E-R 图　　　　　　B. DFD　　　　　　C. STD　　　　　　D. 鱼骨图

(13) 常用的动态分析方法不包括(　　)。

  A. 状态迁移图　　　B. 层次方框图　　　C. 时序图　　　　　D. Petri 网

(14) 需求分析阶段的文档包括(　　)。

  A. 软件需求规格说明书

  B. 数据要求说明书

  C. 初步的用户手册

  D. 修改、完善与确定软件开发实施计划

  E. 以上全是

(15) 需求验证应该从(　　)几个方面进行验证。

  A. 可靠性、可用性、易用性

  B. 可维护性、可移植性、可重用性、可测试性

  C. 一致性、现实性、完整性、有效性

  D. 功能性、非功能性

三、动动脑

(1) 某学校欲开发一个学生跟踪系统,以便更自动、更全面地对学生在校情况(到课情况和健康状态等)进行管理和追踪,使家长能及时了解子女的到课情况和健康状态,并在有健康问题时及时与医护机构对接。

该系统的主要功能如下所示。

① 采集学生状态。通过学生卡传感器,采集学生心率、体温(摄氏度)等健康指标及其所在位置等信息并记录。每张学生卡有唯一的标识(ID)与一个学生对应。

② 健康状态告警。学生健康状态出问题时,系统向班主任、家长和医护机构健康服务系统发出健康状态警告,由医护机构健康服务系统通知相关医生进行处理。

③ 到课检查。综合比对学生状态、课表以及所处校园场所之间的信息对学生到课情况进行判定。对旷课学生,向其家长和班主任发送旷课警告。

④ 汇总在校情况。定期汇总在校情况,并将报告发送给家长和班主任。

⑤ 家长注册。家长注册使用该系统,指定自己子女,存入家长信息,待审核。

⑥ 基础信息管理。学校管理人员对学生及其所用学生卡和班主任、课表(班级、上课时间及场所等)、校园场所(名称和所在位置区域)等基础信息进行管理;对家长注册申请进行审核,更新家长状态,将家长 ID 加入学生信息记录中使家长与其子女进行关联,向家长发送注册结果。一个学生至少有一个家长,可以有多个家长。课表信息包括班级、班主任、时间和位置等。

要求:用结构化方法对学生跟踪系统进行分析与设计,并绘制 0 层和 1 层数据流图。

(2) 完成案例《机票预订系统》的软件需求规格说明书。

四、读读书

《需求工程——实践者之路》

作者：［德］Christof Ebert

书号：9787111439868

出版社：机械工业出版社

Christof Ebert 在多家监管机构和专家委员会任职，同时，在德国斯图加特大学讲授需求工程的课程，出版了多部学术著作。他具有丰富的技术和管理经验，是 IREB 认证需求工程专家和 SEI 认证的 CMMI（能力成熟度模型集成）授课老师，并在2005 年的国际需求工程委员会上被评选为最佳实践经验贡献者。

从系统角度对需求工程中的主要概念、方法、原理和技术进行全面介绍，涵盖面向目标的需求工程、基于场景的需求工程、面向方案的需求工程以及需求抽取、文档化、协商、确认和管理等需求工程活动，是一本内容丰富、结构完整的需求工程教科书。

本书系统地论述了贯穿产品研发全过程的需求分析和管理的最佳实践，详细描述了需求工程的方法、过程、工具和术语，并用一个例子贯穿全书，帮助读者更深入地理解所论述的内容。书中还涉及合同中的法律约束、业界新趋势（如敏捷开发）、商业软件模块的选取和应用。每章包括可直接应用的核查清单、实践建议和深入思考的问题。

此书不仅适合需求分析工程师阅读，而且适合产品经理/项目经理、系统分析师、架构师和开发人员以及质量和流程负责人阅读。

项目计划与团队建设

导读

"计划赶不上变化""计划阻碍了人的主观能动性",那么,为什么还要做软件项目计划呢?凡事预则立,不预则废。任何事情,事前有准备就可以成功;反之,就会失败。在哲学上,计划反映的是原因和结果的关系。

项目计划是根据对未来的项目决策,项目执行机构选择制订包括项目目标、工程标准、项目预算、实施程序及实施方案等的活动。在一个具体的项目环境中,项目计划可以说是预先确定的行动纲领。制订项目计划旨在消除或减少不确定性、改善经营效率、对项目目标有更好的理解,以及为项目监控提供依据。

项目计划主要有以下几个方面的工作内容:项目目标的确立、实施方案的制订、预算的编制、预测的进行、人员的组织、政策的确立、执行程序的安排及标准的选用。

项目计划应既有系统性,又有灵活性,还能发现遗漏,也有利于监督和管理。

在制订项目计划时,还有一个重要的组织随之建立,那就是项目团队。一个企业之所以知名,不仅因为它的创业经历,令人敬仰的业绩,著名的品牌;更为名贵的是,它有优秀的团队。微软前 CEO 比尔·盖茨曾说"纵然失去现有的统统财产,只要留下这个团队,我能再造一个微软!"。通用电气前 CEO 杰克·韦尔奇曾说"失去最优秀的前 20% 是领导的失败,留住最差的 10% 是一种过错"。

团队建设是指为了实现团队绩效及产出最大化而进行的一系列结构设计及人员激励等团队优化行为。软件项目团队一般包括市场人员、项目管理人员、软件开发人员、软件测试人员、销售人员等。

团队规模大小要根据软件生命周期长短而定。

5.1 制订项目计划

5.1.1 制订项目计划的目的

在软件项目实施前,制订项目计划是必需的。软件项目计划(Software Project Planning)是软件项目进入系统实施的启动阶段。项目计划的各个组成部分可能由项目团队成员中的部分专家进行编制,但对此负责的人是项目经理。软件项目计划的主要内容包括以下几个方面:

(1) 确定项目实施范围。

(2) 定义阶段性成果。

(3) 评估项目实施中主要的风险。

(4) 制订项目实施进度计划表。

(5) 计划成本和预算。

(6) 定义项目组织,计划人力等资源。

软件项目计划的制定,是软件开发的第一步。项目计划的目标是为项目负责人提供一个可实施的框架,既能合理估算软件项目开发需要的资源、经费和开度,又能控制开发过程。

软件项目计划包括研究和估算。通过研究能确定软件项目的主要功能、性能、出错处理措施、接口、系统约束以及系统界面等;通过估算预测软件项目的成本和收益,在做项目计划时,必须就需要的人力、项目持续时间以及成本做出估算。

5.1.2 项目计划的制订

项目计划就是要确定软件项目的范围和实施路径,其包含项目工作分解结构(Work Breakdown Structure,WBS)、项目的进度计划、任务分配表、项目里程碑的标识、风险标识以及服务变更管理流程。

1. 制订项目计划的步骤

1) 明确目标

项目目标必须是具体的、可度量的、可行的、相关性的以及能截止的,必须符合SMART(Specific、Measurable、Attainable、Relevant、Time-based)原则。

(1) 目标必须是具体(Specific)的。要用具体的语言清楚地说明要达成的行为标准。

(2) 目标必须是可以衡量(Measurable)的。有一组明确的数据,衡量是否达成目标。

(3) 目标必须是可以达到(Attainable)的。目标是要能够被执行人所接受的。

(4) 目标必须和其他目标具有相关性(Relevant)。实现此目标与其他目标的关联。

(5) 目标必须具有明确的截止期限(Time-based)。目标是有时间限制的。

无论是制订团队的工作目标,还是员工的绩效目标,都必须符合上述原则,五个原则缺一不可。制订的过程也是自身能力不断增长的过程,项目经理必须和项目组成员一起在不断制订高绩效目标的过程中共同提高绩效能力。

2）制订项目工作范围

对照项目计划的目标，将需要完成的工作进行分析和梳理，列出完成目标需要进行的所有活动一览表，即确定项目的工作范围。一般地，范围的制订有两种方法。

（1）对于小型项目，建议使用"头脑风暴"法。它是一种集体开发创造性思维的方法。"直接头脑风暴"法是在项目组专家决策基础上尽可能激发创造性，产生尽可能多的设想的方法；"质疑头脑风暴"法是对已提出的设想和方案逐一质疑，发现其现实可行性的方法。

（2）对于中大型项目，好的方法是使用 WBS(Work Break-down Structure)生成一份项目分解清单。归纳和定义了项目的整个工作范围每下降一层代表对项目工作的更详细定义。WBS 总是处于计划过程的中心，也是制订进度计划、资源需求、成本预算、风险管理计划和采购计划等的重要基础；同时，它也是控制项目变更的重要手段。

3）分配任务职责

利用责任分配矩阵(Responsibility Assignment Matrix，RAM)将项目分解结构要素要求的工作和负责完成该工作的职能组织相结合而形成的矩阵结构是分配任务职责较好的方法。

4）统筹规划项目各活动之间的关联

确定各个项目活动需要的时间、人力和物力，明确各项活动之间的先后逻辑关系，通常通过工程网络完成（将在第 13 章软件项目管理中叙述）。

完成以上 4 个步骤后，项目经理还可以为项目计划添加一些支持性文档以及备注等。所有这些资料将作为项目计划成为项目的信息中心。

2. 制订项目计划的原则

制订项目计划的原则主要包括以下 5 个方面。

（1）不应过分拘泥于细节。应制订出已通过批准、总体结构准确且具有指导意义的项目计划书。计划的完善是一项贯穿于整个项目生命周期的持续改进过程。

（2）短期计划和长期计划相结合。短期计划需要做出周密的规划，长期计划只给出指导性规划即可。

（3）项目计划的确定可以采用目标管理法，即强调上下交互来制订项目的目标和任务，增加项目组成员的责任感，以便于项目工作的开展。

① 由项目经理把项目的整体计划制订出来。

② 由项目成员根据整体计划指导各自任务的制订（通过协商和小范围集体讨论讨论）。

（4）不可忽视重要信息。主要包括组织架构图、各关键部门的组织结构和部门职能。

（5）在项目的初期，项目关系人的要求往往是模糊的。作为项目经理，在指定项目计划时要充分认识到这一点，要清晰定义项目，并注意平衡不同的项目关键关系人的需求。指定的项目计划一定要得到项目关键关系人的正式书面批准。

3. 制订项目计划的工具 WBS

WBS 将项目的"交付物"自顶向下逐层分解成易于管理的若干因素,结构化组织和定义了项目的工作范围。

WBS 的制定没有固定模式,但可以参考以下原则:

(1) 大任务分层原则。将任务分解成层次结构,便于项目开发、实施和管理。

(2) 80 小时原则。80 个小时就是 10 个工作日,在任务分层过程中,最小级别的任务的工期应控制在 10 个工作日内,以便于检查和监控。同时,任务的工期也不能太短,控制的粒度过细会影响项目组成员的积极性。

(3) 责任到个人原则。任务分解中,最小级别的任务应分配到人。如果一个任务必须由若干成员完成,为了更好地控制项目,建议将任务细化,责任到人;否则,一旦任务在执行中出现问题,不利于问题的排查。

(4) 风险分解原则。在任务分解中,若存在较大风险的任务,要将任务分解,既能一定程度上化解风险,也能便于缓解风险和解决风险。

(5) 逐步求精原则。高质量的任务分解需要花费很长时间,在项目开始前期可粗放分解任务,待到任务准备执行时再做细化分解。

(6) 团队工作原则。在任务分解过程中,项目组成员参与并职责到人,尽可能避免在任务分解和项目执行过程中产生分歧。

图 5.1 是 WBS 的一个示例。

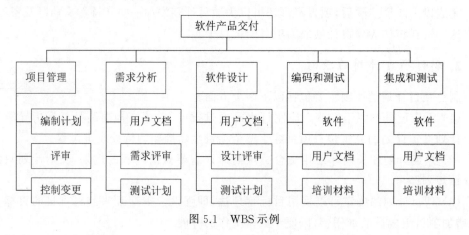

图 5.1 WBS 示例

4. 制订项目计划的工具 RAM

RAM 是以表格形式表示完成工作分解结构中任务与项目成员的职责关系。通过RAM,可以对项目组成员进行责任分工,确定每个成员的角色和职责;此外,项目组成员还能通过它了解与自己相关的其他成员的具体职责,以便于沟通和协作。

RAM 中,纵向表示项目工作单元,横向表示项目组成员或部门单元,纵横交叉处表示项目组成员或部门的任务职责,见表 5.1。

表 5.1　RAM 示例

序号	工作单元	项目成员 1	项目成员 2	项目成员 3	项目成员 4	项目成员 5	项目成员 6
1	需求分析	D	d			d	
2	总体设计	D	d				
3	详细设计	D	d,X	X			
4	编码		X	X	X		
5	设计测试计划	d				D,X	d,X
6	设计测试用例	d				D,X	X
7	执行单元测试		X	X	X		
8	执行集成测试					X	X
9	执行系统测试					X	X
10	执行验收测试					X	X

D—决定性决策;d—参与决策;X—执行任务

5.1.3　设计项目计划

好的项目计划能指导软件项目按部就班地被实施。项目计划一般包括项目概述、项目团队组织以及实施计划等内容。通过以下的项目计划模板,能理解项目计划的设计内容。

1　引言
1.1　编写目的
1.2　背景
1.3　定义及缩略语
1.4　基线
2　项目概述
2.1　项目工作内容
2.2　项目开发环境
2.3　项目验收方式与依据
3　项目团队组织
3.1　组织结构
3.2　人员分工
3.3　协作与沟通
3.4　进度和完成的最后期限
3.5　经费预算
3.6　关键问题
3.7　独立确认测试工作计划和安排
3.8　风险评估

项目计划示例

4 实施计划

4.1 风险评估及对策

4.2 工作流程

4.3 总体进度计划

5 质量保证

5.1 质量审核

5.2 加强软件测试

5.3 对软件的变更进行控制

5.4 对软件质量进行度量

6 应交付成果

6.1 需要完成的软件

6.2 需要提交用户的文档

7 软件配置管理

7.1 基本要求

7.2 配置表示规则

7.3 配置控制

7.3.1 更改控制

7.3.2 更改流程

制订项目计划的有效经验主要包括以下几点：

（1）注重项目计划的层次性。

（2）重视与客户的沟通。

（3）把握详细和简略的尺度。

（4）制订的项目计划要实现。

（5）运用过程化的思想指导开发。

（6）利用成熟的项目管理工具。

5.1.4　项目计划的修改与维护

项目计划实施过程中的一些改动,包括资源(包括人力和物力资源等)的变动、时间的限制以及市场需求的变化,需要对开发项目做必要的调整。相应地,软件开发计划也要做相应的变更。

一般地,需要修改的文档应该由某个人进行维护,或把文档放在项目控制版本文件中,可以避免因多人修改而造成版本错误或内容的不一致。在修改时,应对改动项进行标注,并且在版本信息里添加索引。当其他人员看到版本改动时,就能根据索引定位改动位置,提高工作效率。

5.2　建立项目团队

5.2.1　项目团队的定义

项目团队不同于一般的群体或组织,它是为实现项目目标而建设的,一种按照团队模式开展项目工作的组织,是项目人力资源的聚集体。

根据立信会计出版社 2008 年 8 月出版的《项目管理》所述,按照现代项目管理的观点,项目团队是指项目的中心管理小组,由一群人集合而成,并被看作一个组,共同承担项目目标的责任,兼职或者全职地向项目经理进行汇报。

5.2.2　建立项目团队的目的

软件项目(特别是大型软件项目)不是由一个人独立完成的,往往分成多个子系统,由多人并行或协作开发。甚至,从立项到发布,软件项目需要多个部门的参与。

因此,组建项目团队有效地协调工作直接决定软件项目的成功与否。Tom DeMarco 与 Timothy Lister 曾在《人件》中表达"本质上,我们工作中的主要问题,与其说是技术问题,不如说是社会学问题"。

高效项目团队的特点主要体现在以下 4 点。

(1) 共同的目标和价值观是前提。

以目标为向导的行为能促使项目成员遵循项目计划、步调一致,逐步完成阶段性任务,直至项目成功;能增强团队的凝聚力,激励项目成员为项目付出智慧、时间和努力。此外,共同的价值观形成团队精神去规范个体成员的行为,按照项目进度实施项目目标。

(2) 合理的分工和协作是关键。

在项目计划阶段,团队对如何完成任务、由谁完成任务、完成怎样的任务、完成的期限、所需技能等方面通过 RAM 得到清晰的界定。团队成员分工明确、权责对等,每个成员都清楚自己在项目中的角色、职责、与上下级的关系,以及与团队成员之间的协作关系。在冲突和问题面前能分担责任、集思广益听取他人意见,为共同目标而努力。

(3) 高度的信任和有效的沟通是保证。

团队成员之间的高度信任、相互尊重,能增强团队凝聚力,有助于成员之间的沟通;及时发现问题、解决问题,取长补短,帮助团队实现项目目标。

(4) 超强的执行能力和生产力是标志。

高效项目团队体现的标志是能低成本、少投入,更快捷地生产出高质量、高标准的软件项目。高效的生产力源自团队成员超强的执行能力和成员之间的精诚协作和通畅沟通。

5.2.3　建立和管理项目团队

组建一支高效的项目团队主要通过以下几项措施。

(1) 加强项目团队领导。

组建一支基础广泛的团队是建立高效项目团队的前提。在组建项目团队时,除考虑每个人的教育背景、工作经验外,还须考虑其兴趣爱好、个性特征以及年龄、性别的搭配,确保团队队员优势互补、人尽其才。项目经理要为个人和团队设定明确而有感召力的目标,阐明实现项目目标的衡量标准,让每个成员明确理解他的工作职责、角色、应完成的工作及其质量标准。进行开放性的沟通并积极地倾听,充分授权,民主决策。营造以信任为基础的工作环境,尊重与关怀团队成员,视团队成员为团队的财富,强化个人服从组织、少数服从多数的团队精神。根据队员的不同发展阶段实施情境领导,鼓励队员积极主动地分担项目经理的责任,创造性地完成任务,以争取项目的成功。

(2) 鼓舞项目团队士气。

项目团队士气依赖于项目组成员对项目工作的热情及意愿,为此,项目经理必须采取有效措施激发成员的工作热情与进一步发展的愿望,创造出信任、和谐而健康的工作氛围。鼓励成员相互协调、彼此帮助,开诚布公地表达自己的思想,设身处地地提供反馈帮助自己和队员与项目一道成长。提倡与支持不断学习的气氛,使团队成员有成长和学习新技术的机会,能够获得职业和人生上的进步。灵活多样而丰富多彩的团队建设活动是培养和发展个人友谊、鼓舞团队士气的有效方式。另外,通过定期召开项目团队会议,也能充分讨论关于建设高效团队的有益话题。

(3) 提高项目团队效率。

建设高效项目团队的最终目的是提高团队的工作效率。项目团队的工作效率依赖于团队的士气和合作共事的关系,依赖于成员的专业知识和掌握的技术,依赖于团队的业务目标和交付成果,依赖于依靠团队解决问题和制定决策的程度。高效项目团队必定能在领导、创新、质量、成本、服务、生产等方面取得竞争优势,必定能以最佳的资源组合和最低的投入取得最大的产出。

加强团队领导、鼓舞团队士气、提高团队效率,鼓励队员依照共同的价值观达成目标。依靠团队的聪明才智和力量解决项目问题,是取得高效项目成果的必由之路。

5.2.4 项目团队的组织结构

软件项目团队包括市场人员、项目管理人员、软件开发人员、软件测试人员、售后人员等,其职责见表5.2。当然,项目团队的组织结构规模与项目规模大小有关,项目规模大小根据软件周期决定。

表 5.2 团队成员职责

角色名	简称	职　责	必选
项目经理	PM	负责整个项目的计划、执行、跟踪、发布,是项目的最终决策人和负责人	是
技术经理	TM	负责项目代码开发管理:预估开发工作量、分配开发任务、发布开发日报、详细设计、BUG跟踪、发布前的准备,技术开发方面的最终负责人	是
产品设计经理	PDM	负责项目的功能性需求与产品设计,是产品功能与交互设计的最终负责人	是
运营经理	POM	负责项目的非功能性需求,主要是运营、推广方面的设计与实施	
测试经理	QAM	负责项目的测试计划、测试任务分配、BUG跟踪,是项目最终是否通过测试,是否可以上线的最终决策人	是
客服经理	CSM	是项目的来自客户需求的管理者	
开发组长	TL	负责某一个开发小组的管理任务,受TM领导	

续表

角色名	简称	职　责	必选
架构师	PA	负责整体架构,代码审核	
开发工程师	DE	负责具体的设计、编码、测试,受 TL 或 TM 领导	是
数据库管理员	DBA	负责项目的数据库设计的审核、变更,SQL 语句的审核,数据订正,测试或上线数据准备	
系统管理员	SA	负责环境部署、维护;网站流量或压力监控	
界面设计师	UI	负责用户界面设计与交互设计	
产品运营师	PO	负责产品的运营活动	
产品设计师	PD	负责需求的收集与分析,产品设计与交互设计,受 PDM 领导	
测试工程师	QA	负责软件的集成测试,包括测试环境、预发布环境、线上环境	是
产品配置管理员	PCM	负责本项目的分支管理,代码合并,版本控制	是
发布员	PB	负责发布程序到:开发环境,测试环境,线上环境	是
软件工程专员	SQA	负责监督项目的过程计划与执行情况,协助项目的规范化以及风险告警	是

项目团队组织结构图如图 5.2 所示。

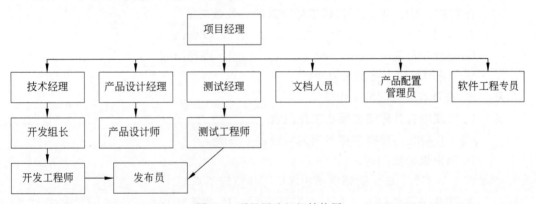

图 5.2　项目团队组织结构图

5.3　随堂笔记

一、本章摘要

_____

_____

_____

_____

_____

_____

_____

_____

_____

_____

二、练练手

（1）IT 企业对专业程序员的素质要求中，不包括（　　）。

    A. 能千方百计缩短程序，提高运行效率

    B. 与企业文化高度契合

    C. 参与软件项目开发并解决遇到的问题

    D. 诚信、聪明、肯干

（2）以下关于软件开发相关的叙述中，不正确的是（　　）。

    A. 专业程序员应将复杂的问题分解为若干个相对简单的、易于编程的问题

    B. 移动互联网时代的软件开发人员应注重用户界面设计，提高用户体验

    C. 软件测试时应对所有可能导致软件运行出错的情况进行详尽的测试

    D. 软件设计者应有敏锐的产品感觉，不因枝节而影响产品的迭代和上线

（3）在软件开发中，有利于发挥集体智慧的一种做法是（　　）。

    A. 设计评审   B. 模块化

    C. 主程序员制   D. 度控制

（4）责任分配矩阵不被用来说明（　　）。

    A. 谁负责哪方面的工作

    B. 实现项目目标需要哪些工作因素

    C. 工作单元间哪些关键界面需要管理上协调

    D. 谁向谁汇报

（5）（　　）工具为确定必须安排进度的工作奠定了基础。

    A. 工作分解结构   B. 预算

    C. 主进度计划   D. 甘特图

（6）（　　）就是将知识、技能、工具和技术应用到项目活动，以达到组织的要求。

    A. 项目管理   B. 项目组管理

    C. 项目组合管理   D. 需求管理

（7）对于风险比较大的项目，最好选择生命周期模型中的（　　）。

    A. 瀑布模型   B. 原型模型   C. 螺旋模型   D. V 模型

（8）项目管理最主要的关注点是（　　）、时间、成本和质量。

    A. 空间   B. 范围   C. 效益   D. 资源

（9）（　　）可以避免一次性投资太多带来的风险。

    A. 瀑布模型   B. 原型模型   C. 增量模型   D. 喷泉模型

(10) 为了创建一个组织结构图,项目管理者须首先明确项目需要的(　　　)。

    A. 资源类型　　　　B. 人员类型　　　　C. 部门结构　　　　D. 双下级关系

三、动动脑

(1) 完成案例"机票预订系统"的项目计划。

(2) 如果要开发一个支持多种操作系统的手机阅读软件,如何组织开发小组?

四、读读书

《人件》

作者:[美]汤姆·迪马可,蒂姆·李斯特

书号:9787302063841

出版社:清华大学出版社

Tom DeMarco 和 Timothy Lister 是大西洋系统协会(www.atlsysguild.com)的负责人。从 1979 起,他们就在一起演讲、写作,从事国际性的咨询工作,主要涉及软件工程、生产力、估算、管理学和公司文化。

字面理解"人件",有点匪夷所思。但是,从 Peopleware 联想到 Software 和 Hardware,应该是同出一辙吧。

"本质上,我们工作中的主要问题,与其说是技术问题,不如说是社会学问题"。IT 业中最大的成本是人力,所以作者在这本书中详细论述了如何"以人为本"地管理人力资源,组建团队以及改善环境。

"社会因素高于技术,甚至高于金钱",两位 IT 界大师所言非虚。

全书从管理人力资源、创建健康的办公环境、雇用并留用正确的人、高效团队形成、改造企业文化和快乐工作等多个角度阐释了如何思考和管理软件开发的最大问题——人(而不是技术),以得到高效的项目和团队。

Joel Spolsky 对此书的评论是"微软成功的原因之一是公司的所有人都读过《人件》。我推荐软件经理每年重读一遍这本书"。

自 1987 年出版以来,《人件》已成为软件图书中的经典之作。它和《人月神话》共同被誉为软件图书中"两朵最鲜艳的奇葩"。如果说《人月神话》关注"软件开发"本身;那么,《人件》则关注软件开发中的"人"。

因此,在成千上万的书架上,《人件》永远和《人月神话》并列在一起。

第3篇　项目实施阶段

统一建模语言

导读

统一建模语言(Unified Modeling Language,UML)是非专利的第三代建模和规约语言。UML 是一种用于说明、可视化、构建和编写一个正在开发的、面向对象的、软件密集系统的、制品的开放方法。

UML 展现了一系列最佳工程实践,这些最佳实践在对大规模、复杂系统进行建模方面,特别是在软件架构层次已经被验证有效。

UML 最适合数据建模、业务建模、对象建模以及组建建模等,已被对象管理组织(Object Management Group,OMG)采纳作为业界的标准。

PowerDesigner 最初由 Xiao Yun Wang(王晓昀)在 SDP Technologies 公司开发完成。1989 年开发出的第一个版本 AMC * Designor 在法国销售,而且卖得很好。当时,SDP 公司的所有软件都使用此工具进行软件开发。AMC * Designor 经过继续开发和完善后,将市场拓展到了美国,1991 年开始在美国销售(产品名字叫作 S-Designor)。

1995 年,Powersoft 公司买下了 SDP 公司,同年,Sybase 公司又买下了 PowerSoft,S-Designor 和 AMC* Designor 的名字改为 PowerDesigner 和 PowerAMC。从 1995 年起,王晓昀一直负责 PowerDesigner 的设计和开发。

PowerDesigner 是 Sybase 的企业建模和设计解决方案。它采用模型驱动方法,将业务与 IT 结合起来,可帮助部署有效的企业体系架构,并为生命周期管理提供强大的分析与设计技术。PowerDesigner 独具匠心地将多种标准数据建模技术(UML、业务流程建模以及市场领先的数据建模)集成一体,并与 .NET、WorkSpace、PowerBuilder、Eclipse 等主流开发平台集成起来,从而为传统的软件开发周期管理提供业务分析和规范的数据库设计解决方案。此外,它支持 60 多种关系数据库管理系统(RDBMS)/版本。PowerDesigner 运行在 Microsoft Windows 平台上,并提供了 Eclipse 插件。

本章将在 PowerDesigner 中介绍如何建立 UML 中的 9 种图,并将在后面几章中陆续介绍面向对象软件工程中软件开发过程中 3 个重要模型(对象模型、功能模型以及动态模型)的建模过程。

6.1　UML 概述

UML 在 1997 年 11 月 17 日被对象管理组织（Object Management Group，OMG）采纳为基于面向对象技术的标准建模语言，它不仅统一了面向对象方法中的符号表示，而且在其基础上进一步发展，并最终成为被人们广泛接受的标准。

UML 适合于以体系结构为中心的、用例驱动的、迭代式和渐增式的软件开发过程，其应用领域颇为广泛，除了可用于具有实时性要求的软件系统建模以及处理复杂数据的信息系统建模外，还可用于描述非软件领域的系统。

UML 适用于系统开发过程中从需求分析到完成测试的各个阶段：在需求分析阶段，可以从模型视图捕获用户需求；在分析和设计阶段，可以用静态结构和行为模型视图描述系统的静态结构和动态行为；在实现阶段，可以将 UML 模型自动转换为用面向对象程序设计语言实现代码。

6.1.1　可视化建模和 UML

模型是对现实客观世界的形状或状态的抽象模拟和简化，它提供了系统的骨架和蓝图。模型给人们展示系统的各个部分是如何组织起来的，既可以包括详细的计划，也可以包括从很高的层次考虑系统的总体计划。一个好的模型包括有广泛影响的主要元素，而忽略那些与给定的抽象水平不相关的次要元素。每个系统都可以从不同的方面用不同的模型描述，因而每个模型都是一个在语义上闭合的系统抽象。模型可以是结构性的，强调系统的组织，也可以是行为性的，强调系统的动态方面。

建模的目标是要为正在开发的系统制定一个精确、简明且易理解的面向对象模型。

建模是所有建造优质软件活动中的中心环节，也是软件成功的一个基本因素，它在软件开发中是不可或缺的，也是为了能够更好地理解正在开发的系统。

通过建模，要达到以下 4 个目的。

（1）模型有助于按照实际情况或按照所需要的样式对系统进行可视化操作。

（2）模型能够规约系统的结构或行为。

（3）模型给出了指导构造系统的模板。

（4）模型可对做出的决策进行文档化。

模型主要包含两个方面：语义方面的信息和可视化的表达方法。

（1）语义。用一套逻辑组件表达应用系统的含义，如类、关联、状态、用例和消息。语义模型元素携带了模型的含义，即它们表达了语义，用于代码生成、有效性验证、复杂度的度量等，其可视化的外观与大多数处理模型的工具无关。一个语义模型具有一个词法结构、一套高度形式化的规则和动态执行结构。这些方面通常分别加以描述，但它们紧密相关，并且是同一模型的一部分。

（2）可视化。以可供人观察、浏览和编辑的形式展示语义信息。表达式元素携带了模型的可视化表达方式，即语义是用一种可被人直接理解的方式表达的。它们并未增添新的语义，但用一种有用的方式对表达式加以组织，以强调模型的排列，因此它们对模型的理解起指导作用。表达式元素的语义来自语义模型元素,但是,由于是由人绘制模型图,所以表达式元素并不完全来自模型的逻辑元素。表达式元素的排列可以表达出语义关系的其他含义。

面向对象软件工程的概念由 Booch 提出,Booch 也是面向对象方法最早的倡导者之一。Booch 1993 表示法比较适用于系统的设计和构造。Rumbaugh 等人提出了面向对象的建模技术(OMT)方法,采用面向对象的概念,并引入各种独立于语言的表示符。用对象模型、动态模型、功能模型和用例模型共同完成对整个系统的建模,所定义的概念和符号可用于软件开发的全过程,软件开发人员不必在不同阶段进行概念和符号的转换。1994 年,Jacobson 提出了 OOSE 方法,其最大特点是面向用例,并在用例的描述中引入外部角色的概念。

1996 年 10 月,UML 获得了 700 多个公司支持。到 1996 年年底,UML 已稳占面向对象技术市场的 85%,成为可视化建模语言事实上的工业标准。1997 年年底,OMG 采纳 UML 1.1 作为基于面向对象技术的标准建模语言,目前最新版本为 UML 2.X。UML 的发展趋势图如图 6.1 所示。

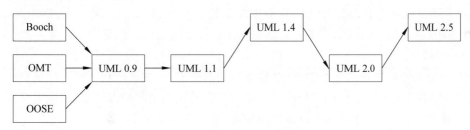

图 6.1　UML 的发展趋势图

图 6.1 中,UML 1.1 和 UML 2.0 是 UML 历史上两个具有里程碑意义的版本,UML 1.1 是 OMG 正式发布的第一个标准版本,UML 2.0 是目前最成熟、稳定的版本。

UML 作为一种可视化的建模语言,提供了丰富的基于面向对象概念的模型元素及其图形表示元素。

(1) 对于软件系统用户来说,软件的开发模型向他们描述了软件开发者对软件系统需求的理解。需求分析阶段的错误将会导致大量的修复成本,让系统用户一开始就指出一些需求错误并修正它们,能够在很大程度上节约这些成本。

(2) 对于软件开发团队而言,软件的对象模型有助于帮助他们对软件的需求以及系统的架构和功能进行沟通。需求和架构的一致理解对于软件开发团队是非常重要的,可以减少不必要的麻烦,且便于他们在协作时进行沟通。软件对象建模的受益者不仅包括代码的编写者,还包括软件的测试者和文档的编写者。

(3) 对于软件的维护者和技术支持者,在软件系统开始运行后相当长的一段时间内,软件的对象模型有助于理解程序的架构和功能,迅速对软件所出现的问题进行修复。

6.1.2　UML 的组成

UML 是通用的可视化标准建模语言,由构造块、公共机制、构架三部分组成。

(1) 构造块。包括基本的 UML 建模元素(如类、接口、用例等)、关系(关联关系、依赖关系、聚合关系、组合关系、泛化关系、实现关系)和图(9 种图形,分静态模型和动态模型两种类型)。

(2) 公共机制。包括规格说明、修饰、公共分类、扩展机制等。

(3) 构架。包括系统的五个视图,即用例视图、逻辑视图、组件视图、并发视图和部署视图。

1. 构造块

UML 由图和元模型组成,图是语法,元模型是语义。UML 主要包括三个基本构造块:事物(建模元素)、关系和图。

(1) 事物是实体抽象化的最终结果,是模型中的基本成员。UML 中的事物包含结构事物、行为事物、分组事物和注释事物。

(2) 关系是将事物联系在一起的方式。UML 中主要定义了 6 种关系:依赖、关联、聚合、组合、泛化和实现。

(3) 图是事物集合的分类,UML 中包含常见的 9 种图:类图、对象图、用例图、顺序图、状态图、活动图、协作图(在 PowerDesigner 中称为通信图)、组件图以及部署图。

1) 事物

事物是实体抽象化的最终结果,是模型中的基本成员,主要包括下列 4 种事物。

(1) 结构事物(Structural Things)。结构事物是模型中的静态部分,用以呈现概念或实体的表现元素,是软件建模中最常见的元素,共有以下 7 种。

① 类(Class)。类是指具有相同属性、方法、关系和语义的对象的集合。

② 接口(Interface)。接口是指类或组件所提供的服务(操作),描述了类或组件对外可见的动作。

③ 协作(Collaboration)。协作描述合作完成某个特定任务的一组类及其关联的集合,用于对使用情形的实现建模。

④ 用例(Use Case)。用例定义了执行者(在系统外部和系统交互的人)和被考虑的系统之间的交互,从而实现业务目标。

⑤ 活动类(Active Class)。活动类的对象有一个或多个进程或线程。活动类和类很像,只是它的对象代表的元素的行为和其他的元素是同时存在的。

⑥ 组件(Component)。组件是物理的、可替换的部分,包含接口的集合。

⑦ 节点(Node)。节点是系统在运行时存在的物理元素,代表一个可计算的资源,通常占用一些内存,具有处理能力。

(2) 行为事物(Behavioral Things)。行为事物指的是 UML 模型中的动态部分,代表语句里的"动词",表示模型里随着时空不断变化的部分,包含两类事物。

① 交互(Interaction)。交互是由一组对象在特定上下文中,为达到特定的目的而进行的一系列消息交换而组成的动作。

② 状态机(State Machine)。状态机由一系列对象的状态组成。

(3) 分组事物(Grouping Things)。可以把分组事物看成一个"盒子",模型可以在其中被分解。目前只有一种分组事物,即包(package)。包纯粹是概念上的,只存在于开发阶段,而组件在运行时存在。

(4) 注释事物(Annotation Things)。注释事物是 UML 模型的解释部分。

2) 关系

关系是将事物联系在一起的方式。UML 定义的关系主要有 6 种。

(1) 依赖(Dependency)。元素 A 的实现要依赖元素 B 的辅助,反之不成立。

(2) 泛化(Generalization)。即继承(特殊和一般)关系。

(3) 实现(Realize)。元素 A 定义一个约定,元素 B 实现这个约定,则 B 和 A 的关系是 Realize。这个关系常用于接口。

(4) 关联(Association)。元素间的结构化关系是一种弱关系,被关联的元素通常可以被独立考虑。

(5) 聚合(Aggregation)。关联关系的一种特例,表示部分和整体的关系。

(6) 组合(Composition)。组合是聚合关系的变种,表示元素间更强的组合关系。如果是组合关系,一旦整体被破坏,则个体一定会被破坏;而聚合的个体则可能是被多个整体所共享的,个体不一定会随着整体的破坏而被破坏。

3) 图

图是事物集合的分类。UML 中包含多种图,常用的有 9 种。

(1) 类图(Class Diagram)。描述系统所包含的类、类的内部结构及类之间的关系。

(2) 对象图(Object Diagram)。是类图的一个具体实例。

(3) 组件图(Component Diagram)。描述代码部件物理结构以及部件之间的依赖关系。

(4) 部署图(Deployment Diagram)。定义系统中软硬件的物理体系结构。

(5) 用例图(Use Case Diagram)。从用户的角度出发描述系统的功能、需求,展示系统外部的各类角色与系统内部的各种用例之间的关系。

(6) 顺序图(Sequence Diagram)。用二维图表示对象之间的交互顺序关系。

(7) 协作图(Communication Diagram)。描述对象之间的协作关系。

(8) 状态图(State Diagram)。描述对象的状态以及事件或条件发生时状态的迁移。

(9) 活动图(Activity Diagram)。描述系统中各种活动的执行顺序。

2. 公共机制

公共机制是指到达特定目标的公共 UML 方法,主要包括下列 4 种机制。

(1) 规格说明。规格说明是元素语义的文本描述,它是模型真正的"肉"。

(2) 修饰。UML 为每个模型元素设置了一个简单的记号,还可以通过修饰表达更多的信息。

(3) 公共分类。包括类元素和实体(类元素表示概念,而实体表示具体的实体)、接口和实现(接口用来定义契约,而实现就是具体的内容)两组公共分类。

(4) 扩展机制。包括约束(添加新规则,以扩展元素的语义)、构造型(用于定义新的 UML 建模元素)、标记值(添加新的特殊信息,以扩展模型元素的规格说明)。

3. 构架

构架是系统的组织结构,包括系统分解的组成部分,组成部分的关联性、交互、机制和指导原则。这些提供系统设计的信息,具体来说,就是5个系统视图。

(1)用例视图(Use-Case View)。从用户角度表示系统,描述用户方面需要的系统功能,是最基本的需求分析建模,是其他视图的核心,它的内容直接驱动其他视图的开发。用UML中的用例图描述,它的使用者是设计人员、用户以及开发人员。

(2)逻辑视图(Logical View)。从系统的静态结构和动态行为角度出发,描述如何实现系统功能。用UML中的类图、对象图以及动态图(活动图、状态图、顺序图以及协作图)进行描述,它的使用者是设计人员和开发人员。

(3)并发视图(Concurrent View)。主要考虑资源的有效利用、代码的并行执行以及系统环境中异步事件的处理。除了将系统划分为并发执行的控制外,并发视图还需要处理线程之间的通信和同步。可由UML中的状态图、协作图、顺序图以及活动图进行描述,它的使用者是开发人员和系统集成人员。

(4)组件视图(Component View)。组件是不同类型的代码模块,它是构造应用的软件单元。组件视图描述系统的实现模块以及它们之间的依赖关系。组件视图中也可以添加组件的其他附加信息,例如资源分配或者其他管理信息。用UML中的组件图表示,它的使用者主要是开发人员。

(5)部署视图(Deployment View)。把组件部署到一组物理的、可计算的节点上,描述节点上的运行实例部署情况;还允许评估分配结果和资源分配。用UML中的部署图进行描述,它的使用者是开发人员、系统集成人员以及测试人员。

"4+1"视图是对逻辑架构进行描述,最早由 Philippe Kruchten 提出,他在1995年的 *IEEE Software* 上发表了题为 The 4+1 View Model of Architecture 的论文,引起业界的极大关注,并最终被 RUP 采纳,现在已经成为架构设计的结构标准。

"4+1"视图中各视图之间的关系如图6.2所示。

图6.2所描述的模型包括5个主要的视图。

(1)逻辑视图(Logical View)。设计的对象模型。

(2)过程视图(Process View)。捕捉设计的并发和同步特征。

(3)开发视图(Implementation View)。描述了在开发环境中软件的静态组织。

(4)配置视图(Development View)。描述了软件到硬件的映射,反映了分布式特征。

(5)用例视图(Use-Case View)。又称场景视图,前4个视图是以它为核心组织的,该视图确定了系统边界、系统用户、功能以及场景,是其他视图的冗余(因此"+1")。

图6.2中每个视图只关心系统的一个侧面,5个视图结合在一起才能反映系统的软件体系结构的全部内容。

6.1.3　UML中的图

UML图大致可分为静态图和动态图两种。UML 2.0 的组成如图6.3所示。

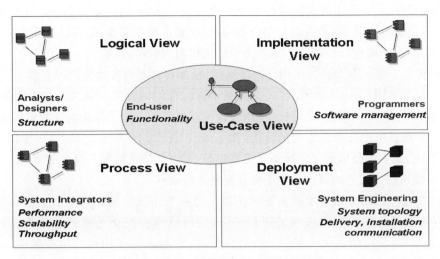

图 6.2 "4＋1"视图中各视图之间的关系

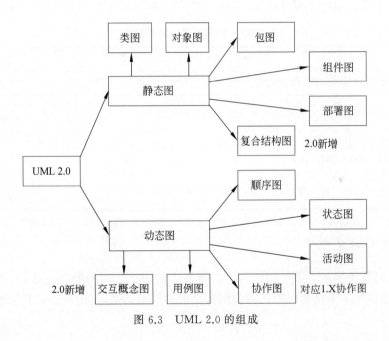

图 6.3 UML 2.0 的组成

1. 用例图

一个用例图定义一组用例实例,并确定了与用例实例进行交互的参与者。用例图描述外部执行者所理解的系统功能,是系统的"蓝图",表明了开发者和用户对软件需求规格达成的共识。用例图通常在需求分析阶段进行建模。

用例图中的元素主要有以下几个。

(1) 角色(Actor)。也称为参与者,代表参与系统用例实例的任何事物或人,或子系统,但不能是系统本身,代表某一特定功能的参与角色,用"小人"图标表示。

（2）用例（Case）。用例实例是在系统中执行的一系列动作，是对系统行为的动态描述，可以促进设计人员、开发人员与用户的沟通，理解正确的需求，还可以划分系统与外部实体的界限，是系统设计的起点。用例图中的用例用"椭圆"表示。

（3）关联。表示参与者与用例之间的通信，任何一方都可发送或接收消息。

（4）包含。用 include 表示，在包含关系中被包含用例对基用例来说是必需的，如果没有被包含用例，基用例就不完整。使用包含关系的目的是为了提高组件的重用性。

（5）扩展。用于分离出不同的行为，用 extend 表示。在扩展关系中，一个用例由多个用例组成，其中部分用例并不是每次都发生的，可将在特定情况下发生的用例定义为扩展用例。使用扩展关系的目的是为了提高用例的稳定性。

（6）泛化。泛化关系表示的是继承关系。当多个用例共同拥有类似的结构和行为时，可以将它们的共性抽象成为父用例，其他的用例作为泛化关系的子用例。在用例的泛化关系中，子用例是父用例的一种特殊形式，它继承了父用例的所有结构、行为和关系。

用例图中的关系类型见表 6.1。

表 6.1　用例图中的关系类型

关系	功　　能	表示法
关联	参与者与其参与执行的用例之间的通信途径	——
扩展	在基础用例上插入基础用例不能说明的扩展部分	- - - - ▶ <<extend>>
泛化	用例之间的一般和特殊关系，特殊用例继承了一般用例的特性，并增加了新的特性	—▷
包含	在基础用例上插入附加的行为，并且具有明确的描述	- - - - ▶ <<include>>

2. 类图和对象图

类图和对象图揭示了系统的结构。类图描述类和类之间的静态关系，它不仅显示信息的结构，还描述了系统的行为。对象图是类图的一个实例，常用于表示复杂的类图的一个实例。

类图包括 3 个组成部分。

（1）类名。类的名称，一般用"名词"表示，可参考具体编程语言中的命名规范；如果是接口，在 UML 中的图标和连接线会有区别。

（2）属性。描述类的所有对象共同特征的一个数据项，对于任何对象实例，它的属性名是相同的。

（3）服务。也称"方法"。施加在类属性上的一组操作。服务的对象可以是本类中的数据，也可以是别的相关类中的数据，便于实现类与类之间的通信。

属性和服务都具有 3 种访问权限：public（用"＋"表示）、private（用"－"表示）以及 protected（用"♯"表示）。

类之间的关系主要包括以下 6 种。

（1）依赖关系。如果元素 A 的变化会引起元素 B 的变化，则称元素 B 信赖于元素 A，使用"带箭头的虚线-----▶"表示依赖关系。

（2）泛化关系。描述一般事物与该事物特殊种类之间的关系，是继承关系的反关系，使用"带空心三角箭头的实线——▷"表示泛化关系，箭头指向父类。泛化关系有三个要求：一是父类所具有的关联、属性和操作，子类都应具有；二是子类除了包含父类的信息外，还包括额外的信息；三是可以使用父类实例的地方，也可以使用子类实例替换。

（3）关联关系。表示两个类的实例之间存在的某种语义上的联系，用"带箭头的实线——▶"表示关联。A 类关联 B 类，则实线由 A 类出发，箭头指向 B 类，B 类成为 A 类的一个数据成员。关联关系可分为聚合和组合两种关系。

（4）聚合关系。关联关系的一种特例，表示的是整体与部分，即 has-a 的关系，此时整体与部分之间是可分离的，可以具有各自的生命周期，部分可以属于多个整体对象，也可以为多个整体对象共享。聚合关系用"一端是空心菱形，另一端是箭头的实线◇——▶"表示，整体类由空心菱形出发，箭头指向部分类，表现在代码层面，和关联关系是一致的，只能从语义级别区分。

（5）组合关系。也是关联关系的一种特例，体现的是一种 contains-a 的关系，这种关系比聚合更强，也称为强聚合。它同样体现整体与部分间的关系，但此时整体与部分是不可分的，整体的生命周期结束也就意味着部分的生命周期结束。组合关系用"一端是实心菱形，另一端是箭头的实线◆——▶"表示，整体类由实心菱形出发，箭头指向部分类，表现在代码层面，和关联关系是一致的，只能从语义级别区分。

（6）实现关系。用来规定接口与实现接口的类或组件之间的关系，接口是操作的集合，用来规定类或组件的服务，用"带空心箭头的虚线----▷"表示。

对象图和类图一样反映系统的静态过程，但它是从实际的或原型化的情景表达的。对象图是类图的实例，几乎使用与类图完全相同的标识。它们的不同点在于对象图显示类的多个对象实例，而不是实际的类。

3. 顺序图和协作图

这两种图都是交互图，表示各组对象如何进行协作的模型，通常用来表示和说明一个用例的行为。顺序图和协作图本质上没有不同，只是排版方式不同，顺序图强调对象交互行为的时间顺序，协作图则强调对象之间的协作关系。

1）顺序图

顺序图描述对象之间动态的交互关系，将交互关系表示为一张二维图，着重体现对象间消息传递的时间顺序。顺序图可以直观地表示出对象的生存期，在生存期内，对象可以对输入消息做出响应，也可以发送消息。

顺序图中的主要因素包括：

① 活动者。交互活动的发起者，也可以理解为参与者的一个实例，用"小人"表示。

② 对象。参与交互的对象，可以是类实例、界面对象，也可以是实现交互时参与的某类职责对象，如控制对象、服务对象以及数据库访问接口等，用"矩形框"表示。对象一般

按交互时间顺序排列,构成了顺序图的水平轴。

③ 生命线。生命线与对象相连,是顺序图中的垂直轴,表示时间,代表对象的生命期,用"虚线"表示。

④ 消息。消息是对象之间通信的一种机制,用从一个对象的生命线到另一个对象的生命线的箭头表示,箭头以时间的顺序在图中上下、左右排列。消息需要命名,可以是一个事件,或者一个具体的服务(与类图中服务、用例图中的用例对应)。

⑤ 激活条。代表对象被"激活"的状态,用"矩形条"表示。"激活"状态从输入消息触发开始,到对象参与交互完成结束。如果一个对象在交互中不断被激活(不连续),生命线上就会出现不连续的激活条。

2) 协作图

协作图是顺序图的同构图,描述合作的对象间的交互关系和链接关系,侧重体现交互对象间的连接关系。协作图由对象和消息组成,具体的图标表示与顺序图中的相同。

4. 状态图

状态图描述对象状态和事件之间的关系,通常用来描述单个对象的行为,不适合表述包括若干协作的对象行为,通常不需要对每个类编制状态图,只有那些重要的交互行为的类,如在业务流程、控制对象、用户界面的设计方面适合用状态图描述。

状态图的元素包括以下 4 方面内容。

(1) 状态。又称为中间状态,用圆角矩形表示。

(2) 初始状态。又称为初态,用一个黑色的实心圆表示。一张图中只能有一个初始状态。

(3) 结束状态。又称为终态,在黑色的实心圆外套上一个空心圆。一张状态图中可能有多个结束状态。

(4) 状态转移。用箭头说明状态的转移,用文字说明引发状态变化的事件或条件。

5. 活动图

活动图用来表示系统中各种活动的次序,既可用来描述用例的工作流程,也可用来描述类中某个方法的操作行为。活动图依据对象状态的变化捕获动作与动作的结果。活动图是由状态图变化而来的,也包括初始状态、终止状态、中间活动状态等。

活动图的元素包括以下 4 方面内容。

(1) 活动。用圆角矩形表示非原子的或原子的动作状态。

(2) 动作流。用箭头说明从一个活动转入另一个活动。

(3) 起始节点。实心黑色圆点表示活动开始。

(4) 终止节点。圆圈+内部实心黑色圆点表示整个活动结束。

活动图可分为基本活动图和带泳道的活动图。基本活动图描述系统发生了什么,带泳道的活动图更进一步描述活动由哪个类完成。

6.组件图

组件图是面向对象系统的物理方面进行建模的图之一,可以有效地显示组件以及它们之间的逻辑关系。组件图可对源代码、可执行体、物理数据库进行建模。

组件图中通常包括以下 3 个元素。

(1)组件。系统设计的模块化部分,它隐藏了内部的实现,对外提供了一组接口。组件是一个封装完好的物理实现单元,它具有自己的身份标识和定义明确的接口,并且由于它对接口的实现过程与外部元素独立,所以组件具有可替换性,一般指源代码文件、二进制文件和可执行文件等,用"带小图标的矩形框"表示。

(2)接口。有两类接口,即提供接口与需求接口。提供接口又被称为导出接口或供给接口,是组件为其他组件提供服务的操作的集合。需求接口又被称为引入接口,是组件向其他组件请求相应服务时要遵循的接口。

(3)关系。表示组件之间的关系,包括泛化、依赖和实现 3 种关系,含义与类关系类似。

7.部署图

部署图也称为实施图,是面向对象系统的物理方面建模的图之一。组件图用于说明构件之间的逻辑关系,部署图则在此基础上更进一步描述系统硬件的物理拓扑结构,以及在此结构上执行的软件。部署图常用于帮助理解分布式系统,可以使系统的安装、部署更简单,主要元素包括节点和连接、接口和构件。

利用面向对象方法开发软件,通常使用 UML 中的各类图在软件的各个开发阶段进行建模。

6.2 PowerDesigner 概述

PowerDesigner 最初由王晓昀在 SDP Technologies 公司开发完成,现是 Sybase 公司的 CASE 工具集,使用它可以方便地对管理信息系统进行分析设计,几乎包括数据库模型设计的全过程。利用 Power Designer 可以制作数据流图、概念数据模型、物理数据模型,还可以为数据仓库制作结构模型,也能对团队设计模型进行控制。使用 PowerDesigner 建立面向对象模型(Object-Oriented Modeling,OOM),自动生成面向对象编程语言源代码,如 Java 文件、C++ 文件和 C# 文件等,或能通过 OOM 逆向生成物理数据模型(PDM)对象,进行数据库分析与设计。

PowerDesigner 建模引导界面如图 6.4 所示。

在 PowerDesigner 中,OOM 中提供了 12 种图模型。这 12 种图或以独立形式或以组合形式(视图),从不同角度展现面向对象分析和设计过程中的对象之间的关系和通信,完成面向对象软件系统的逻辑建模和物理实现。

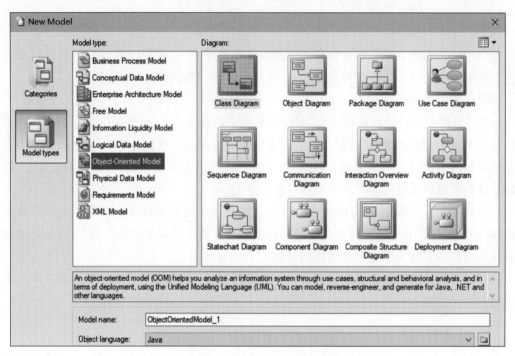

图 6.4　PowerDesigner 建模引导界面

6.2.1　PowerDesigner 的发展历程

PowerDesigner 率先实现了业务流程模型(Business Process Model,BPM)、统一建模语言和数据库模型的无缝集成,集 BPM、UML、E-R 精华于一身。

PowerDesigner 主要具有两大类功能:数据库建模和 UML 面向对象建模,其发展历程主要分为两个阶段。

(1) 第一阶段,主要采用 E-R 理论建立数据库模型。

(2) 第二阶段,功能逐渐完善,可以完成业务流程建模、数据建模以及模型驱动应用程序生成。

PowerDesigner 的发展历程如图 6.5 所示。

6.2.2　PowerDesigner 功能模型

PowerDesigner 16 支持 10 种模型。PowerDesigner 16 中的模型定义如下。

(1) 企业架构模型(Enterprise Architecture Model,EAM)。使用适当的方式从一个或多个角度对一个企业的体系结构进行描述,从而产生一系列能代表企业实际状况的模型。

(2) 需求模型(Requirements Model,RQM)。一种文档式模型,通过恰当准确地描述开发项目的功能行为,展示待开发项目的概貌。

(3) 业务处理模型(Business Process Model,BPM)。它是从用户角度对业务逻辑和业务规则进行描述的一种模型,可以分析不同层级的系统,关注控制流(执行顺序)或数据流。

第一阶段:数据建模

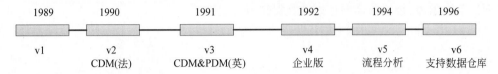

第二阶段:支持软件设计各阶段的建模

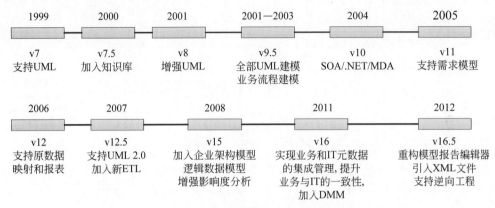

图 6.5　PowerDesigner 的发展历程

(4) 概念数据模型(Conceptual Data Model,CDM)。分析信息系统的概念结构,识别主要的实体及其属性,以及它们之间的关系。利用实体-关系图(E-R 图)的形式组织数据。CMD 不考虑物理实现细节,只考虑实体之间的关系。由 CDM 转换成 PDM 后,便将抽象的实体、属性与关系对应到实际数据库的数据表、字段、主键、外部索引键等。

(5) 逻辑数据模型(Logical Data Model,LDM)。对 CDM 进一步分解和细化,独立于任何特定的物理数据库实现,是交通的 DBMS 所支持的数据模型,如网状数据模型、层次数据模型、关系数据模型等。

(6) 物理数据模型(Physical Data Model,PDM)。叙述数据库的物理实现,与具体的 DBMS 相关。PDM 是在 CDM 和 LDM 的基础上,把 CDM 中建立的现实世界模型生成特定的 DBMS 脚本,产生数据库中保存信息的存储结构,保证数据的完整性和一致性。

(7) 面向对象模型(Object-Oriented Model,OOM)。涵盖之前介绍的 UML 中的 9 种图,还包括包图(Package Diagram)、交互概念图(Interaction Overview Diagram)和复合结构图(Composite Structure Diagram),共 12 种图。其中通信图(Communication Diagram)就是协作图。利用 UML 进行面向对象分析与设计建模,可利用类图生成不同语言的源文件(如 Java、C♯、PowerBuilder 等);反之,也可以利用逆向工程将不同类型的源文件转换成相应的 PDM。

(8) XML 模型(XML Model,XM)。XML 是可扩展的标记语言,是一种简单的数据存储语言,使用一系列简单的、便于建立的标记描述数据。

（9）自由模型（Free Model,FEM）。自由模型可以为任何模型的对象或系统建模提供一个上下文环境,允许自定义概念和图形符号。

（10）数据移动模型（Data Movement Model,DMM）。描述模型之间的数据流动,分析和记录数据源、数据移动路径以及数据转换方式。

PowerDesigner 16 的模型架构如图 6.6 所示。

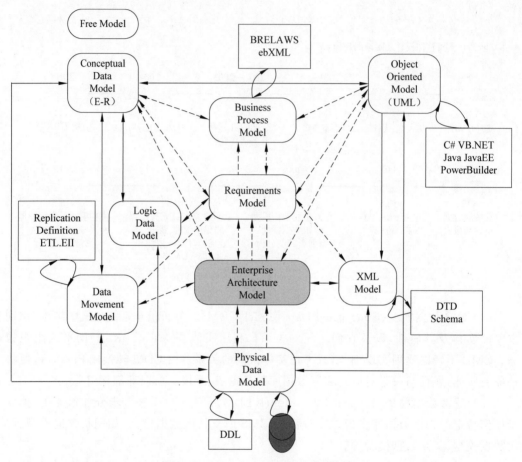

图 6.6 PowerDesigner 16 的模型架构

6.2.3 PowerDesigner 与其他建模平台的比较

目前比较流行的面向对象分析建模工具有 IBM 的 Rational Rose、Sybase 公司的 PowerDesigner 以及 Microsoft 公司的 Visio 等,它们有不同的定位和功能。

1. PowerDesigner

Sybase 公司的 PowerDesigner 最初侧重点在数据库建模,之后逐渐向面向对象建模、业务逻辑建模以及需求分析建模等方向发展,发展到最近的 PowerDesigner 版本,能完成软件分析建模的全部工作。

(1) 模型组织以及设计环境精细。

(2) 用户体验好。

(3) 开发速度快、效率高,且稳定性好。

(4) 功能完善,易于扩展。

(5) 可批量生成测试数据,为初期项目的开发测试提供便利。

2. Rational Rose

Rational Rose 是目前应用最广泛的 UML 建模工具。它的侧重点是 UML 建模,新版本已经加入了数据库建模的功能。

(1) 界面良好,支持多种平台,可与多种语言及开发环境无缝集成。

(2) 整体感觉大而全、不精细,略显笨拙。

(3) 对数据库建模的支持能力有限。

(4) 在用户操作体验上尚需改进。

3. Visio

Visio 是 Microsoft 公司的产品,最初仅是一种画图工具。从 Visio 2000 开始引入从软件分析设计到代码生成的全部功能。

(1) 图形质量最好,绘图功能强大。

(2) 操作便捷、易于使用,用户体验好。

(3) 与 Microsoft 公司的 Office 产品兼容性好,可直接复制或嵌入,便于便捷。

(4) 不适合面向对象软件开发迭代过程,适合对前两种产品的图形功能提供补充。

通过对三种建模工具的综合比较,可以得出以下几点。

(1) 从应用系统规模上看,PowerDesigner 和 Rational Rose 适合于大中型系统的开发,而 Visio 适合于中小型系统的开发。

(2) 从编程语言上看,Visio 只支持 Microsoft 支持的编程语言,而其他两种工具还支持其他多种编程语言。

(3) 从双向工程代码生成以及数据库生成角度看,PowerDesigner 支持得最好。

(4) 从支持 UML 角度看,Rational Rose 的性能最好。

(5) 从数据库建模的角度看,数据库建模一直是 PowerDesigner 的亮点。

(6) 从软件设计的韧性和易用角度看,Visio 最棒。

(7) 从图形质量看,Visio 最好。

(8) 从模型设计效果看,PowerDesigner 效率最高。

(9) 从文档生成角度看,PowerDesigner 最精细。

(10) 从跨平台角度看,Rational Rose 的性能最好,其他两种工具仅支持 Windows。

(11) 从性价比角度看,PowerDesigner 的性价比最高。

6.3 UML 初步实践

了解 UML 基础知识后,下载 PowerDesigner 16.X(或者 PowerDesigner 15.X),根据安装说明进行安装,就可以进行项目实践了。

这里简要介绍 UML 中 9 种常见模型图的基本绘制过程,后续章节中将结合具体项目进一步建模实践。

(1) 打开 PowerDesigner,新建一个项目,准备绘制 9 种基本模型图。

(2) 单击 File,选择 New Project,在新建项目对话框中输入项目名称 newProject,并选择保存地址,然后单击 OK 按钮。

(3) 右击 newProject,单击 New,选择 Object-Oriented Model,如图 6.7 所示,在打开的 New Object-Oriented Model 对话框中选择 Model types,如图 6.8 所示。

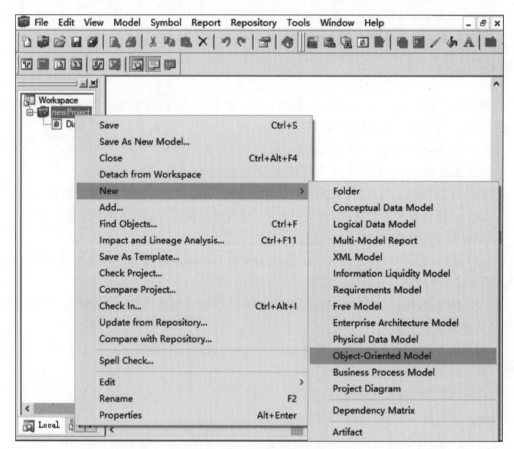

图 6.7　建立 OOM 导入界面

之后,可选择并建立如图 6.8 所示的 OOM 类型中的任一个模型图。

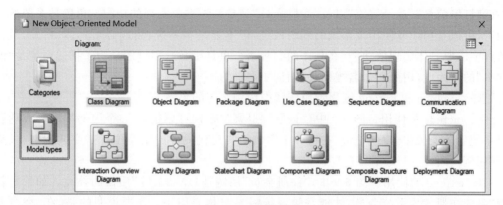

图 6.8　OOM 类型

6.3.1　用例图

用例图（Use Case Diagram）从外部观察者的视角描述了系统的功能，强调的是系统要"做什么"，而不是"怎么做"。

绘制用例图时，要把握几个主要关键术语：用例（Case）是系统要完成的功能目标；角色（Actor）是发动某个用例的对象（人或事物）；场景（Scenario）是某个角色与系统发生交互时发生的情况。通过角色、用例以及用例之间的联系，可以呈现具体的场景。

用例图示例

图 6.9 所示用例图的建立过程如下所示。

图 6.9　用例图示例

（1）单击 Use Case Diagram，输入用例图名称 usecase，在 Object language 栏中选择 Java，单击 OK 按钮。

（2）在用例图 Palette 中选择相关的图标可建立一个简单的用例图（以"机票预订系统"为例）：Actor 图标——"旅客"角色；Case 图标——"查询航班信息""订票""退票""查询订票信息""登录系统"以及"注册会员"等用例；Association 图标——连接角色和用例。

（3）图 6.9 中，角色"旅客"是系统的主要参与者，用例"查询航班信息""订票""退票"

"查询订票信息""登录系统"以及"注册会员"等是系统需要实现的功能。角色是系统的使用者,可以是用户或使用该系统的别的系统,但不能是本系统;用例必须具体、精确,是在软件中需要具体实现的功能(在具体的编程语言里是函数),用例图是为了描述系统是"做什么"的。因此,用例名命名规则是"动词+名词"。

(4) include 和 extend 则表示用例图中用例之间的关系。

① include 的使用。图 6.9 中,"订票""退票""查询订票信息"3 个用例都需要成功登录系统后才能操作,也就是说,在这 3 个用例的实现代码中的某个位置需要调用"登录系统"用例代码。

② extend 的使用。图 6.9 中,"注册会员"用例是"登录系统"用例的补充。如果是新旅客,先注册成为系统会员,才能登录系统后参与相应用例。需要说明的是,在"登录系统"用例代码的某个位置会出现一个 if 语句,调用"注册会员"用例代码;换句话说,"注册会员"用例是"登录系统"用例的一个补充。

(5) 确定"角色""用例"以及它们之间的关系后,调整用例图中元素的布局,菜单栏中的 Symbol 选项中的 Align 功能会使用例图变得规范、简洁和美观。

绘制用例图时,必须遵循以下原则和准则。

(1) 用例要符合 S.M.A.R.T 原则,即"Specific(具体的)""Measurable(可度量的)""Accurate(精确的)""Reachable(可达成的)""Time-limit(有时限的)"。

(2) 用例的命名法则一定是"动词"+"名词",充分表达系统的 What can system do for actor 的目标。

(3) 每个用例都是可以个别在某个时间点内通过系统能履行的功能满足参与者使用系统的目的。

(4) 用例应该给用户提供有价值的、完整的事务。

(5) 每个用例应至少有一个参与者,每个参与者都应至少参与一个用例。

(6) 用例是非形式化的,应该以用户的角度识别和组织系统功能。

(7) 用例可以结构化,对于大型系统,可以使用包含、扩展和泛化关系从较小的功能片断构建用例。

根据以上原则或准则,结合实践运作的经验,把握以下 6 个设计准则,有助于提高用例模型的有效性。

(1) 准则 1。不要从业务流程观点描述用例之间的关系。

(2) 准则 2。用例名必须符合命名法则。

(3) 准则 3。不要用用例表达模块化的分析思维,用例单位要符合 S.M.A.R.T 原则。

(4) 准则 4。不要混淆包含关系和扩展关系。

(5) 准则 5。不要混淆包含关系和泛化关系。

(6) 准则 6。开发系统的本身不要成为自己的参与者。

6.3.2 类图和对象图

类图(Class Diagram)通过系统的类与类之间的关系表示系统中的数据模型,以及建立在这些模型上的系统需要实现的功能目标。

建立图 6.10 所示类图的步骤如下所示。

（1）单击 Class Diagram,输入类图名称 class,从 Object language 栏中选择 Java,单击 OK 按钮。

（2）在类图 Palette 中,单击 Class 图标建立 9 个类,默认名称为 Class_1~Class_9。

（3）双击其中一个类,在弹出的对话框的 General 选项卡中输入类名 User;在 Attributes 选项卡里输入属性 Username 和 pwd,确定它们的类型为 String,可见性(访问权限)类型为 private。同理,建立其他 8 个类。这里暂时不确定这些类的服务。

类图示例

（4）单击具体的关系图标,建立图 6.10 中类之间的联系。

图 6.10 是类图的一个示例(该类图重点讲解类图中类与类之间的 6 种关系类型,要比本书中涉及的"机票预订系统"案例的实际类图复杂)。

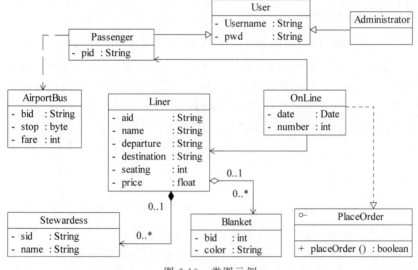

图 6.10　类图示例

在图 6.10 中,可以看得出类和接口的图标与类的图标有细微区别,类之间的 6 种关系用 6 种不同的连接线表示。

1. 关联（Association）

关联描述了系统中有联系的类之间的语义关系,即对象或实例之间的离散连接,用"带箭头的实线→"连接相关的两个类。例如,在图 6.10 中,一次在线购票 OnLine 类就要关联某位旅客 Passenger 类和某次航班 Liner 类,即实线箭头分别指向这两个类。

从类图转化后的 Java 语言中可以看出类 OnLine 里包含 Passenger 类和 Liner 类的数据成员。关联的多样性示例见表 6.2。

2. 聚合（Aggregation）

聚合是关联的升级,表示两个类之间的整体/部分关系。整体类的级别要比部分类的级别高一些,用一头是空心"菱形◇"+"实线—"+"箭头"表示,"菱形"的一端是"整体"类,而"箭头"的端是"部分"类。例如,图 6.10 中,某个航班 Liner 对象中配置了多条毯子 Blanket 对象(毯子是航班的一部分)。

表 6.2　关联的多样性示例

多样性	描　述
0..1	0 或一个实例,$n..m$ 符号表示有 n 到 m 个实例
0..* or *	多个实例(包括 0 实例)
1	1 个实例(图中可以忽略显示)
1..*	至少 1 个实例

聚合关系在 Java 代码中的实现与关联相同。

3. 组合(Composition)

组合是聚合的升级,也表示两个类之间的整体/部分关系,用一头是实心"菱形◆"+"实线—"+"箭头"表示,"菱形"的一端是"整体"类,而"箭头"的一端是"部分"类。例如,图 6.10 中,一个"航班"中配有多名"空姐","航班"取消后,"空姐"作为特殊的职业也没有存在的理由了(注意,这个表述与现实中整体和部分的关系还是有区别的)。

在具体的代码中,组合与聚合的差别在于"整体"对象失效了,"部分"对象也将随之失效。

4. 泛化(Generalization)

泛化表示一个较抽象的类和一个更具体的类之间的关系,用空心的"三角形△"表示,"三角形"一端是较抽象的类,而另一端是更具体的类。图 6.10 中,系统用户 User 是一个比较抽象的类,旅客类 Passenger 和管理员类 Administrator 则是更具体的类。

显然,在 Java 代码中,用 extends(继承实体类)表示泛化关系。

5. 实现(Realization)

实现用来规定接口和实现接口的类之间的构建结构关系,接口是操作的集合,这些操作就是施加在具体类或构建类上的服务。图 6.10 中,接口 PlaceOrder 中的主要操作是下单 placeOrder(),具体类 OnLine 中的在线下单 placeOrder()是它的一个具体实现。

在 Java 代码中,用 implements(实现接口服务)表示实现关系。

6. 依赖(Dependency)

依赖是一种弱关联,一个类可以不拥有另一个类的数据对象,但是,在实现具体方法时,可以使用该类的数据对象。例如,图 6.10 中,旅客类 Passenger 一般不和机场巴士类 AirportBus 关联(在 Java 代码中,Passenger 类中看不到 Airport Bus 类型的属性)。但是,如果旅客需要搭乘机场巴士,则可以选择它作为往返机场的交通工具。由此可以看出,依赖是一种偶然关系,不是必然关系(关联是一种必然关系,即下单一定要和旅客和航班关联)。在 UML 中,用带箭头的虚线表示依赖。

依赖关系暗示一个类的规范发生变化后,可能影响依赖它的其他对象。可以利用"依赖"表示包之间的关系,但是要注意,在实现时要避免双向依赖。

对象图(Object Diagram)是类图的实例化,描述了参与交互的各个对象在交互过程中某一时刻的状态。图 6.11 是一个对象图示例,是图 6.10 的实例化。

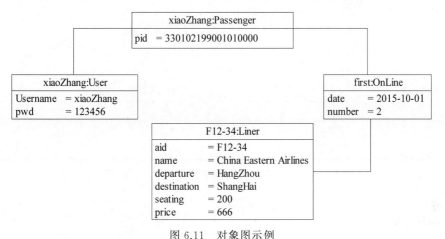

图 6.11　对象图示例

6.3.3　顺序图和通信图

顺序图和通信图(协作图)是 UML 中的两种交互图。

1. 顺序图

顺序图(Sequence Diagram)强调按时间顺序建模,描述系统的动态建模过程。图 6.12 是顺序图的一个示例。

建立图 6.12 所示顺序图的步骤如下所示。

(1) 单击 Sequence Diagram,输入顺序图名称 sequence,在 Object language 栏中选择 Java,单击 OK 按钮。

(2) 在弹出的顺序图框架中输入顺序图名称 Browse Liners。

(3) 在顺序图 Palette 中单击 Actor 图标确定活动者"张三";单击 Object 图标分别建立 4 个交互对象:SearchPage(界面对象)、LinerController(控制对象)、Liner(实体对象)、ListPage(界面对象)。

(4) 单击 Procedure Call Message 图标,画出图中的 4 个消息,并标注消息名;单击 Return Message 图标画出从 ListPage 对象激活条返回的消息。

(5) 顺序图中的消息可以按顺序格式或嵌套格式标注序号。

顺序图以二维图表示对象之间的交互关系。

(1) 纵向是时间轴,时间沿竖线向下延伸,代表对象生命周期。

(2) 横向是交互轴,交互从左往右,从上往下,代表在交互过程中各个独立对象之间的消息传递。

顺序图示例

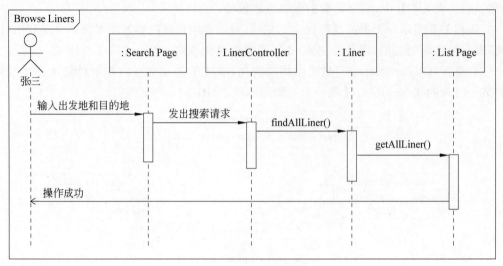

图 6.12　顺序图示例

2. 通信图

通信图(Communication Diagram)展现了一组对象、对象相互间的连接以及收发的消息。通信图强调通过收发消息建立上下层次和对象结构组织,并按此结构对控制流建模。通信图不关心收发消息的时间,只关心发送消息和接收消息的对象。

根据图 6.12 的绘制过程,很容易画出对应的通信图。图 6.13 是浏览航班的通信图示例,图 6.13 中的消息是采用嵌套格式进行标注的,读者应该比较容易体会其中的含义。

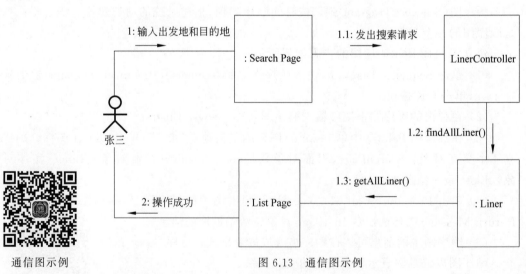

通信图示例

图 6.13　通信图示例

显然,通过图 6.12 和图 6.13 的对比,通信图是顺序图的同构图。

6.3.4 状态图

对象拥有行为和状态,对象的状态是由对象当前的行为和条件决定的。状态图(Statechat Diagram)展示了一个特定对象的所有可能状态以及由各类事件触发的状态转移,它强调对象按事件次序发生的行为。

状态由两部分组成:状态名和动作。动作有 3 种类型:entry(进入)、do(做)以及 exit(退出)。状态的迁移(转换)由事件触发,事件的语法有两种表示方法:动作表达式和条件表达式,其中条件表达式是一个布尔表达式。

状态图示例

图 6.14 是查询航班状态图示例。

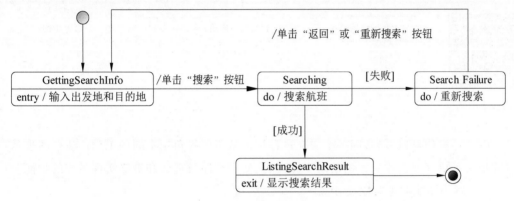

图 6.14 状态图示例

建立图 6.14 所示状态图的步骤如下所示。

(1) 单击 Statechart Diagram,输入状态图名称 state,在 Object language 栏中选择 Java,单击 OK 按钮。

(2) 在状态图 Palette 中单击 State 图标,画出 4 个状态,分别标注上状态名,其中 GettingSearchInfo 为初始状态(和 Start 图标连接)。

(3) 双击 GettingSearchInfo 状态,在弹出的对话框的 Actions 选项卡中选择触发事件的类型:entry(起始状态)和触发事件名称。同理,完成其余 3 个状态的操作。

(4) 单击 Transition 图标,完成两个状态之间的转换。双击 GettingSearchInfo 状态到 Searching 状态的 Transition 图标,在弹出的对话框中的 Trigger 选项卡中的“Trigger action:”一栏中输入“单击搜索按钮”(这时的状态转化是由事件触发的)。而 Searching 状态到 Search Failure 状态的转换是通过在 Condition 选项卡中的“Alias:”一栏中输入“失败”实现的。同理,完成其余的状态转换。

(5) 确定结束状态。

6.3.5 活动图

活动图(Activity Diagram)是特殊的状态图,描述要做的活动、活动的顺序以及控制流程。类似于程序流程图,活动图强调对象间的控制流。

画活动图的过程类似画程序流程图的过程,便于理解和操作。

图 6.15 是浏览航班活动图示例。

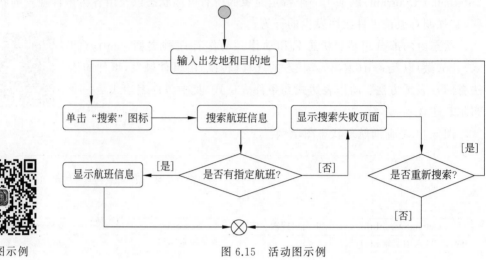

活动图示例

图 6.15　活动图示例

由上述操作可以看到,同一个交互过程可以从不同视角用不同的 UML 动态图表示,目的是为了更好地描述对象的活动变化流程,便于程序员理解和最终实现系统的功能。

(1)顺序图能明确对象交互次序。

(2)通信图能确定交互层次结构。

(3)状态图能把握交互中的主要状态(往往用不同的界面直接说明)。

(4)活动图侧重关注交互的控制流程。

6.3.6　组件图与部署图

1. 组件图

组件图(Component Diagram)体现的是代码模块的组织结构。

图 6.16 是组件图的一个示例,其绘制步骤如下所示。

(1)单击 Component Diagram,输入组件图名称 component,在 Object language 栏中选择 Java,单击 OK 按钮。

(2)在组件图 Palette 中单击 Component 图标,画出 9 个组件,分别输入组件名称。

(3)单击 Dependency 图标,标注组件之间的联系。除 Dependency 联系外,还有 Generalization 泛化关系和 Realization 实现关系。

组件图是类图的物理实现。物理上的硬件使用节点(Nodes)表示。每个组件属于一个节点,组件用右上角带有两个小矩形的矩形表示。

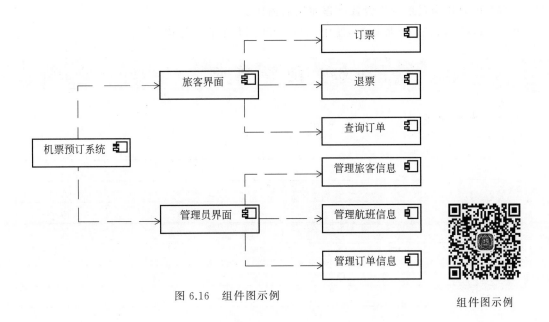

图 6.16　组件图示例

组件图示例

2. 部署图

部署图(Deployment Diagram)展示了运行时处理节点及其构件的部署。它描述系统硬件的物理拓扑结构及在此结构上执行的软件,它说明系统结构的静态部署视图,即说明发布、交付和安装的物理系统。

图 6.17 是部署图的一个示例。

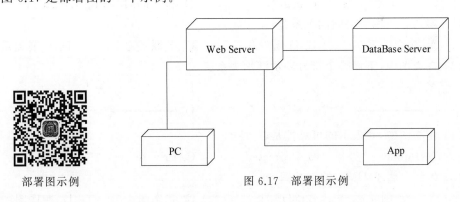

部署图示例

图 6.17　部署图示例

通过 UML 实践,可以看到用它建模的实际收获。

(1) 有利于项目组成员之间在各个开发环节间确立沟通的标准,便于系统文档的制定和项目的管理。由于 UML 的简单、直观和标准性,团队中用 UML 交流比用文档交流要好得多。

(2) 可以通过 UML 共享开发经验和资源。

(3) UML 只是面向对象分析、设计思想的体现,和具体的实现平台无关。用 UML 建模和设计的系统可以用 Java 等面向对象的编程语言实现。

（4）可以作为系统分析设计过程使用的描述工具。

（5）UML 已经是世界标准，使用 UML 方便 IT 企业国际化。

6.4 随堂笔记

一、本章摘要

_____

_____

_____

_____

_____

_____

_____

_____

_____

_____

二、练练手

（1）UML 的全称是（   ）。

  A. Unify Modeling Language   B. Unified Modeling Language

  C. Unified Model Language   D. Unified Making Language

（2）参与者与用例之间的关系是（   ）。

  A. 包含关系   B. 泛化关系   C. 关联关系   D. 扩展关系

（3）在类图中，下面哪个符号表示继承关系（   ）。

  A. ⟶   B. ⇢

  C. ⟶◇   D. ⟶▷

（4）在类图中，♯ 表示的可见性是（   ）。

  A. Public   B. Protected   C. Private   D. Package

（5）（   ）属于 UML 的交互图。

  A. 活动图   B. 实现图   C. 状态图   D. 顺序图

（6）OMT 是由（   ）提出的。

  A. Booch   B. Rumbaugh   C. Cord   D. Jacobson

（7）在 UML 顺序图中，通常从左到右排列各个对象，正确的顺序是（   ）。

  A. 执行者角色　控制类　用户接口　业务层　后台数据库

  B. 执行者角色　用户接口　控制类　业务层　后台数据库

  C. 执行者角色　业务层　用户接口　控制类　后台数据库

  D. 执行者角色　用户接口　业务层　控制类　后台数据库

(8) 在类图中,(　　)关系表达总体与局部的关系。

　　A. 泛化　　　　　　B. 实现　　　　　　C. 依赖　　　　　　D. 聚合

(9) UML 中的关联多重度是指(　　)。

　　A. 一个类有多个方法被另一个类调用

　　B. 一个类的实体能够与另一个类的多个实例相关联

　　C. 一个类的某个方法被另一个类调用的次数

　　D. 两个类具有的系统的方法和属性

(10) UML 提供了一系列的图用来支持面向对象的分析与设计,其中(　　)给出系统的静态设计视图;(　　)对系统的行为进行组织和建模是非常重要的;(　　)和(　　)都是描述系统动态视图的交互图,其中(　　)描述了以时间顺序组织的对象之间的交互活动,(　　)强调收发消息的对象的组织结构。

　　A. 状态图　　　　　　B. 用例图　　　　　　C. 顺序图　　　　　　D. 部署图

　　E. 协作图　　　　　　F. 类图

三、动动脑

(1) 某图书公司欲开发一个基于 Web 的书籍销售系统,为顾客(Customer)提供在线购买书籍(Books)的功能,同时对公司书籍的库存及销售情况进行管理。

系统的主要功能描述如下。

① 首次使用系统,顾客需要在系统中注册(Register detail)。顾客填写注册信息表要求的信息,包括姓名(name)、收货地址(address)、电子邮箱(email)等,系统生成一个注册码。

② 注册成功的顾客可以登录系统在线购买书籍(Buy books)。购买时可以浏览书籍信息,包括书名(title)、作者(author)、内容简介(introduction)等。如果某种书籍的库存量为 0,顾客就无法查询到该书籍的信息。顾客选择所需购买的书籍及购买数量(quantities),若购买数量超过库存量,则提示库存不足;若购买数量小于库存量,系统将显示验证界面,要求顾客输入注册码。注册码验证正确后,自动生成订单(Order),否则提示验证错误。如果顾客需要,可以选择打印订单(Printorder)。

③ 派送人员(Dispatcher)每天早晨从系统中获取当日的派送列表信息(Produce picklist),按照收货地址派送顾客订购的书籍。

④ 用于销售的书籍由公司的采购人员(Buyer)进行采购(Reorderbooks)。采购人员每天从系统中获取库存量低于再次订购量的书籍信息,对这些书籍进行再次购买,以保证充足的库存量。新书籍到货时,采购人员向在线销售目录(Catalog)中添加新的书籍信息(Addbooks)。

⑤ 采购人员根据销售情况对销量较低的书籍设置折扣或促销活动(Promote books)。

⑥ 当新书籍到货时,仓库管理员(Warehouseman)接收书籍,更新库存(Update stock)。

要求:根据描述,画出书籍销售系统的类图和用例图。

（2）如今，线下支付系统可以使用现金（Cash）、移动支付、银行卡（Card）（信用卡（CreditCard）和储蓄卡（DebitCard））等多种支付方式（PaymentMethod）对物品（Item）账单（Bill）进行支付。

下图是某支付系统的简略类图，请在空白处填上适当的代码。

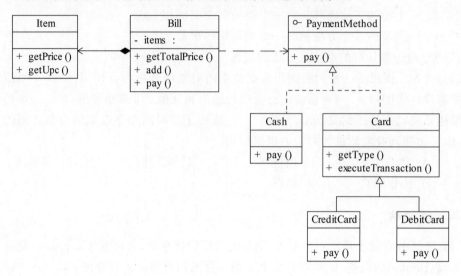

```java
import java.util.ArrayList;
import java.util.List;
interface PaymentMethod {
    public    (1)    ;
}


//Cash、DebitCard和Item实现略,Item中getPrice()用于获取当前物品对象的价格
abstract class Card    (2)    {
    private final String name, num;
    public Card(String name, String num)
    {
        this.name=name; this.num=num;
    }
    @Override
    public String toString() {
        return String.format("%s card[name=%s, num=%s]",this.getType (), name,
num);
    }
    @Override
    public void pay(int cents) {
        System.out.println("Payed "+cents+" cents using "+toString());
        this.executeTransaction(cents);
    }
```

```
    protected abstract String getType();
    protected abstract void executeTransaction(int cents);
}

class CreditCard   (3)        {
    public CreditCard(String name, String num) {    (4)        ; }
    @Override
    protected String getType() { return "CREDIT"; }
    @Override
    protected void executeTransaction(int cents) {
        System.out.println(cents+" paid using Credit Card. ");
    }
}


class Bill {     //包含所有购买商品的账单
    private List<Item>items=new ArrayList<Item>();
    public void add(Item item)
    {
        items.add(item);
    }
    public int getTotalPrice()
    {/*计算所有 item 的总价格,代码略 */}
    public void pay(PaymentMethod paymentMethod){   //用指定的支付方式完成支付
        (5)        (getTotalPrice());
    }
}


public class PaymentSystem {
    public void pay() {
        Bill bill=new Bill();
        Item item1=new Item("1234",10);
        Item item2=new Item( "5678",40);
        bill.add(item1);
        bill.add(item2);        //将物品添加到账单中
        bill.pay(new CreditCard("LI SI", "98765432101"));        //信用卡支付
    }
    public static void Main(String[ ] args) {
        (6)     =new PaymentSystem();
        payment.pay();
    }
}
```

四、读读书

《UML 用户指南》

作者：［美］Grady Booch，James Rumbaugh，Ivar Jacobson

书号：9787115296443

出版社：人民邮电出版社

近年来，UML 一直是可视化、指定、构造和记录软件密集型系统构件的行业标准。作为事实上的标准建模语言，UML 促进了沟通，减少了项目涉众之间的混淆。UML 2.0 的标准化进一步扩展了该语言的范围和可行性。它固有的表达能力允许用户对从企业信息系统、分布式基于 Web 的应用程序到实时嵌入式系统的所有东西进行建模。

本书的作者是 UML 的三大创始人：Grady Booch、James Rumbaugh、Ivar Jacobson。其中 Grady Booch 提出了面向对象开发方法（Booch 方法）；James Rumbaugh 是对象建模技术（OMT）的首席开发人员；Ivar Jacobson 提出了面向对象软件工程，并著有《面向对象的软件工程——一种用例驱动方法》。20 世纪 90 年代中期，由 G.Booch、J.Rumbaugh 以及 Jacobson 等人发起，在 Booch 方法、OMT 方法和 OOSE 方法的基础上推出了统一的建模语言，UML 在 1997 年被国际 OMG 确定作为标准的建模语言。

在这个备受期待的最畅销和权威的 UML 使用指南的修订版中，该语言的创建者以一种两种颜色的格式提供了一个关于其核心方面的教程，旨在促进学习。本书从对 UML 的概述开始，通过在每章中引入一些概念和符号，逐步解释了这种语言。《UML 用户指南》第 2 版除了保留第 1 版中资源的深度覆盖特点以及示例驱动方法外，内容已经完全更新，以反映 UML 2.0 所要求的符号和用法的变化。

面向对象分析与建模

导读

面向对象软件工程(Objective-Oriented Software Engineering,OOSE)是一种在对象建模技术(Object Modeling Technology,OMT)的基础上用于对功能模型进行补充,指导系统开发活动的系统方法,是在传统的软件工程基础上运用了面向对象技术,包括面向对象分析(OOA)、面向对象设计(OOD)、面向对象编程(OOP)、面向对象测试(OOT)以及维护几个阶段。传统软件工程中的原理、原则以及一些启发性规则同样也适用于面向对象软件工程。

OOA 与结构化分析有较大的区别,OOA 强调的是在系统调查资料的基础上,针对 OO 方法所需要的素材进行的归类分析和整理,而不是对管理业务现状和方法的分析。

无论采用哪种方法开发软件,分析过程都是提取系统需求的过程。分析工作主要包括 3 项内容。

(1) 理解。系统分析师要理解用户需求和应用领域中关键性的背景知识。

(2) 表达。系统分析师用无二义性的方式把理解表达成文档资料。

(3) 验证。系统分析师需要与领域专家沟通,核实表达的准确性。

分析过程得出的最重要的文档资料是软件需求规格说明,在面向对象分析中需要建立的模型主要有对象模型、功能模型以及动态模型;这 3 个模型需要在 OOD 阶段进行修改,并逐步完善。

通过本章的学习,需要掌握的不仅是面向对象需求分析的理论知识;还需要理解和掌握面向对象的建模过程,即如何建立对象模型、功能模型,以及如何建立动态模型。

还记得 PowerDesigner 和 UML 吗?让我们在 PowerDesigner 中进一步理解 UML 中 9 种图的绘制方法,以及面向对象分析中 3 种模型的初步建模过程。

7.1 面向对象分析方法

无论采用哪种方法开发软件,软件需求分析过程都是提取系统需求的过程。软件需求分析工作主要包括 3 项内容:理解、表达和验证。

系统分析师通过和用户及其领域专家的充分沟通,力求完整理解用户需求和该应用领域的关键背景知识,并用某种无歧义的方式将理解表达到软件规格说明书中。软件规格说明书的作用是作为用户和软件开发人员达成的技术协议书,作为着手进行设计工作的基础和依据,系统开发完成以后,为产品的验收提供依据。因此,必须及时验证软件需求规格说明书的准确性、完整性和有效性,发现问题后要进一步修正。显然,需求分析过程是各领域专家反复交流、多次修正的过程,也就是说,理解、表达和验证需要交替进行、反复迭代,这个过程中往往需要利用原型系统作为辅助工具。

建模是常采用的、理解问题的直观和有效的方法。建模的目的主要是减少复杂性,系统分析师从不同角度以模型的形式抽象出目标系统的特性,并验证模型是否满足用户对目标系统的需求,在设计过程中把与实现相关的细节逐步加入模型中,直至演化成最终用户抽象实现模型。

OOA 方法就是利用面向对象建模概念,如实体、关系以及属性等,运用封装、集成、多态等机制构造模拟现实系统的方法。面向对象分析的关键是识别出问题域内的类与对象,并分析它们相互间的关系,最终建立问题域的简洁、精确、可理解的正确模型。所获得的软件需求规格说明是由对象模型、动态模型以及功能模型组成。

7.1.1 面向对象分析的基本过程

面向对象分析就是抽取和整理用户需求并建立问题域精确模型的过程。面向对象分析过程从分析陈述用户需求的文件开始,主要完成以下 3 个任务。

(1) 发现和改正原始陈述中的二义性和不一致性,补充遗漏的内容,从而使需求陈述更完整、更准确。

(2) 系统分析师需要反复多次地与用户协商、讨论、交流信息,快速建立起一个可在计算机上运行的原型系统,从而能更正确地提炼出用户的需求。

(3) 深入理解用户需求,抽象出目标系统的本质属性,并用模型准确地表示出来。

从解决问题的描述角度划分,面向对象建模得到的模型主要有 3 个。

(1) 对象模型描述系统数据,在 UML 中,用类图和对象图进行建模。

(2) 动态模型描述系统控制结构,在 UML 中,用动态图进行建模。

(3) 功能模型描述系统需要实现的功能,在 UML 中,用用例图进行建模。

根据解决问题的不同,3 个子模型的重要程度也不同。

几乎解决任何一个问题,都需求从客观世界实体及实体之间相互关系抽象出极有价值的对象模型;当问题涉及交互作用和时间顺序时(如用户界面及过程控制等),动态模型是重要的;解决运算量很大时,则设计重要的功能模型。动态模型和概念模型中都包含了对象模型中的操作(服务或方法)。

这 3 种模型从 3 个不同且紧密相关的方面描绘目标系统,各自从不同的侧面反映真实系统的实质性内容,综合起来可以全面描述整个系统的需求。

(1) 对象模型定义了做事情的实体,描述了动态模型、功能模型所操作的数据结构。对象模型中的操作对应动态模型中事件和功能模型中的用例。对象模型是最基本、最重要、最核心的模型,为其他两种模型奠定了基础。

(2) 动态模型描述了对象的控制结构,它明确规定了"什么时候做",即在何种状态下接受了什么事件的触发。

(3) 功能模型指明了系统应该"做什么",描述了对象模型中操作的含义、动态模型中动作的意义,以及对象模型中约束的意义。

复杂问题(大型系统)的对象模型通常由 5 个层次组成,如图 7.1 所示。

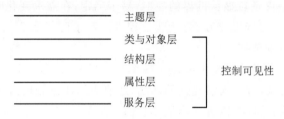

图 7.1　复杂问题的对象模型的 5 个层次

图 7.1 中的 5 个层次像对象模型的 5 张水平切片,一层比一层显示出对象模型的更多细节。概念上,这 5 个层次是整个对象模型的 5 个水平切片。

理论上,面向对象的分析过程主要包括:寻找类与对象、识别结构(类与类之间的关系)、识别主题、定义属性、建立动态模型、建立功能模型、定义服务,直至最终完成对象模型。但是,大型的、复杂的模型需要反复构造很多次,才能按照既定的顺序进行。一般地,先构造模型的子模型,然后逐渐扩展,直至完整、准确、充分地理解整个问题,才能建立最终的分析模型。大多数的需求陈述不够完整,需要协调分析师与用户、领域专家反复沟通,提炼出遗漏部分进行补充,以确保一致性、无歧义性,并纠正错误概念。

7.1.2　需求陈述

通常,需求陈述的内容包括问题范围、功能需求、性能需求、应用环境及假设条件等。总之,需求陈述是阐明"做什么",而不是"怎样做"。它应该指出哪些是系统必要的性质、哪些是任选的性质、系统性能、系统与外界环境交互协议、标准规范、可扩充性以及可维护性要求等。需求陈述应避免对设计策略施加过多的约束,也不要描述系统的内部结构,否则会限制实现的灵活性。

需求陈述应尽量做到语法正确,表达准确、无歧义且保持一致性。需求陈述应避免与实际需求和设计策略或实现策略混为一谈。需求陈述中容易出现不完整、不准确、歧义描述,甚至会有不一致问题。

(1) 需求描述中有明显的遗漏、不明确、二义性以及前后不一致的情况。

(2) 需求描述似乎合理,但与用户的需求目标有一定的偏差。

（3）需求描述准确，但忽略了一些因素，如实现成本高、技术风险大等。

（4）需求描述的问题域模糊，具体细节不够清晰。

（5）需求陈述的词句不够简练，难理解，存在歧义。

需求陈述仅是理解用户需求的出发点，并不是一成不变的文档，它仅是需求理解的一个起点，需要经过全面、深入的分析，才能逐步完善、准确、有效。面向对象分析的目的是全面深入地理解问题域和用户的真实需求，建立问题域的精确模型。

7.1.3　对象模型

面向对象分析的首要工作是建立问题域的对象模型。这个模型描述了现实世界中的"类与对象"以及它们之间的关系，表示了目标系统的静态数据结构，从而全面捕捉问题空间的信息。对象模型仅是对显示世界的映射，易于确定；在需求变化时，也相对比较稳定。对象模型是静态模型，对问题交互、时序涉及较少。需求陈述和应用专业领域知识，是构建对象模型主要信息的依据。

建立对象模型的典型步骤主要有以下3个。

（1）确定类和关联，对于大型复杂的问题，还要进一步划分出若干个主题。

（2）增添类和关联属性，以进一步描述它们。

（3）使用适当的继承关系进一步合并和组织类。

对于类中操作的最终确认，需要在构建动态模型和功能模型之后，因为后两个模型能更准确地描述类中提供的服务需求。

认识现实世界是一个渐进的过程，需要在已有知识基础上，经过反复迭代不断深入。因此，面向对象分析不能严格按照线性顺序机械地进行。不准确、不完整的原型分析模型需要在反复的分析、推敲中得以更正、确定和扩充。

1. 确定类与对象

类与对象在问题域中是客观存在的。在面向对象分析过程中，系统分析师的主要任务是通过分析找出这些类与对象。首先，找出所有候选的类与对象；然后，从候选的类和对象中筛选掉不正确的或不必要的类。

确定类和对象一般有3个步骤。

（1）找出候选的类与对象。

对象是对问题域中数据及其处理方式的抽象。大多数客观事物分为以下5类。

① 可感知的物理实体。如笔、纸质票据等。

② 人或组织的角色。如旅客、售票员、管理员等。

③ 应该记忆的事件。如订票、退票、查询航班等。

④ 两个或多个对象的相互作用，通常具有交易或接触的性质。如出账单、出机票等。

⑤ 需要说明的概念。如条例、规章制度、版权等。

分析问题时，可以参考上述5类常见事物，找出在当前问题域中的候选类和对象。

另一种分析方法叫作名词解析法，它以用自然语言书写的需求陈述为依据，从陈述中找出所有名词，作为类和对象的初步候选者；用形容词作为确定属性的线索，把动词作为服务(操作)的候选者。通常,需求陈述中不会涉及问题域中所有的类和对象,因此应根据领域知识或常识进一步把隐含的类和对象提取出来。

(2) 筛选出正确的类与对象。

通过分析方法找到的候选类与对象往往是不准确的,应理解和分析每个候选类与对象,并从中去掉不正确的或不必要的实体。

筛选时主要依据下列标准,删除不正确或不必要的类与对象。

① 冗余。如果两个或多个类表达了相同的信息,应保留描述最恰当的那个类。

② 无关。仅把与问题域密切相关的类与对象构建到模型中。

③ 笼统。使用更明确的名词代替那些笼统、泛指或者模糊的候选类。

④ 属性。删除那些实质是属性的候选项,如果具备很强的独立性,可视为类,而不是属性。

⑤ 操作。候选项中有的词既可作名词,也可作动词,慎重考虑,以确定将它们视为类或类中的操作。

⑥ 实现。应该去掉仅和实现有关的候选类与对象。

(3) 进一步完善。

应该进一步完善经筛选后余下的类与对象,通常从以下几个方面完善。

① 正名。为了便于读者理解,选择含义更明确的名词作为类与对象名。例如,在"机票预订系统"中,要订票的用户称为"旅客",注册后成为系统"会员";而只浏览不注册订票的旅客称为"游客"。

② 分解。候选中的名词可能是两个词的合体,需要分解和定位。例如,"注册会员"由"注册"和"会员"组成,"会员"是类,而注册是"会员"类中的方法。

③ 补充。为了较好地说明候选的类与对象,有时需要补充新的类与对象进行说明。例如,为了更好地描述航班的性质,可以补充一个"航班"类。

2. 确定关联

初步分析确定了问题域中的类与对象之后,接下来分析确定类与对象之间存在的关联关系。关联就是两个或多个对象之间的相互依赖、相互作用的关系。分析确定关联,能促使分析员考虑问题域的边缘情况,有助于发现哪些尚未被发现的类与对象。在分析确定关联的过程中,不必花过多的经历区分关联和聚集(聚集只是一种特殊的关联)。

确定关联一般包括3个步骤。

(1) 初步确定关联。

需求陈述中使用描述性动词或动词词组,通常表示关联关系。可以直接提取动词短语得出关联;也可以根据问题域中的知识得出关联;此外,还需要从需求陈述中提取隐含的关联。

(2) 筛选。

初步提取的关联仅作为候选关联,需要去掉不确定或不必要的关联。可以根据下述标准删除候选关联。

① 已删去的类之间的关联。

② 与问题无关的或在实现阶段考虑的关联。

③ 瞬时事件。

④ 三元关联。

⑤ 派生关联。

（3）进一步完善。

① 正名。使用含义更明确、有意义的名字作为关联名。

② 分解。分解之前定义的类与对象，使用于不同的关联。

③ 补充。发现遗漏的关联后应该及时补上。

④ 标明重数。应该初步判定各个关联的类型，并粗略确定关联重数。随着分析过程的深入，关联的重数也会变动。

图7.2是经过上述分析过程之后得出的"机票预订系统"案例的原始类图。

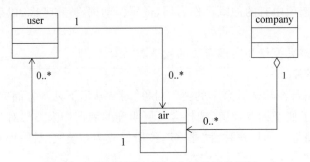

图7.2 "机票预订系统"案例的原始类图

3. 划分主题

在开发大型、复杂系统时，为了降低系统的复杂程度，有必要把系统进一步分成几个不同的主题。在概念上把系统包含的内容分解成若干个范畴。

（1）应该按问题领域而不是用功能分解的方法确定主题。

（2）不同主题内的对象相互间依赖和交互最少的原则。

4. 确定属性

属性是对象的性质或特征，通过属性会对类与对象有更深入、更具体的认识。注意，在分析阶段不要用属性表示对象间的关系，使用关联能够表示两个对象间的任何关系，而且把关系表示得更清晰、更醒目。因此，对象的属性要与主题相关。

确定属性的过程包括分析和选择两个步骤。

（1）分析。

一般来说，通过以下途径可以获取属性。

① 在需求陈述中一般用名词词组表示属性。

② 需借助领域知识和常识才能分析得出属性。

③ 属性对问题域的基本结构影响很小。

④ 属性的确定与问题域和目标系统的任务有关。

⑤ 不要考虑超出所要解决问题范围的属性。

⑥ 先找最重要的属性,再逐渐把其余属性增添进去。分析阶段不考虑纯粹用于实现的属性。

(2) 选择。

从初步分析得到的属性中删除不正确或对问题描述无关的属性。一般地,被删除的备选属性有以下几种常见情形。

① 误把对象当作属性。

② 误把关联类的属性当作对象的属性。

③ 误把限定当作属性。

④ 误把内部状态当作属性。

⑤ 过于细化。

⑥ 存在不一致的属性。

围绕"机票预订系统"的"安排机票"的主题,在图 7.2 中添加一些必要的属性,如图 7.3 所示。

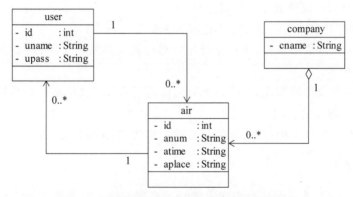

图 7.3 "机票预订系统"对象模型中的关键属性

注意,类 user 中 id 在此定义为会员编号,类型为整型。如果将此属性定义为会员身份证,则将其设置为 String 类型。

5. 识别继承关系

属性确定之后,可以利用类的继承机制共享公共性质,并对系统中的类进行组织。

(1) 建立类与类之间的继承关系是为了共享其公共性质/属性。

(2) 通过继承,类与类之间的关系可以按层次搭建组织结构。

(3) 继承关系反映出一定深度的领域知识,与领域专家密切配合完成。

(4) 继承前人的成果是提高效率的重要方法,也是复用的基础。

通常,有两种建立继承(泛化)关系的方式。

(1) 自底向上:抽象出现有类的共同性质泛化出基类,这个过程实质上模拟了人类的归纳思维过程。

(2) 自顶向下:把现有类细化成更具体的子类或从已知类派生出一个新类,这模拟了人类的演绎思维过程：从一般到特殊。切忌在分析阶段过度细化类。

6. 反复修改

一次建模过程很难得到完全正确的对象模型。软件开发过程是一个反复修改、逐步完善的过程。

"机票预订系统"的反复修改将在 7.2 节具体说明。

实际上，有些细化工作，例如定义服务，是在建立了动态模型和功能模型之后才进行的。由于面向对象的概念和符号在整个开发过程中都是一致的，因此，比使用结构分析、设计技术更容易实现反复修改、逐步完善的过程。建模的步骤并不一定按照前面讲述的次序进行，它只是给初学者提供了一个指南。

7.1.4 动态模型

对于仅存储静态数据的系统(例如数据库)来说，动态模型并没有什么意义。但是，开发交互式系统时，动态模型却起着很重要的作用。

建立动态模型可以分成 4 个步骤进行。

(1) 编写典型交互行为的脚本，不遗漏常见的交互行为。

(2) 从脚本中提取出事件，通过设计用户界面确定触发每个事件的动作对象以及接受事件的目标对象。

(3) 排列事件发生的次序，确定每个对象可能有的状态及状态间的转换关系，并用事件跟踪图和状态图描绘它们。

(4) 比较对象的状态图，检查它们之间的一致性，确保事件之间的匹配。

1. 编写脚本

脚本是指系统在某一个执行期间出现的一系列事件。脚本描述用户(或其他外部设备)与目标系统之间的一个或多个交互过程，便于对目标系统的行为有更进一步的理解。

编写脚本的目的是保证不遗漏重要的交互步骤，有助于确保整个交互过程的正确性和清晰性。脚本的内容主要包括以下 3 部分。

(1) 描写的内容既可以包括系统中发生的全部事件，也可以只包括由某些特定对象触发的事件。

(2) 脚本需要描述时间序列，即当系统中的对象与用户(或外部设备)交换信息(事件的参数，无参数的事件只传递"已发生")时，就发起一个事件。

(3) 对于每个事件，都应指明触发该事件的动作对象(系统、用户或其他事物)、接受事件的目标对象以及该事件的参数。

脚本编写的步骤如下所示。

(1) 编写正常情况的脚本。

(2) 考虑特殊情况，例如，输入或输出的数据为最大值(或最小值)。

(3) 考虑出错情况，例如，输入的值为非法值或响应失败。

表 7.1 和表 7.2 给出了"机票预订系统"之"订票"的正常情况和异常情况脚本。

表 7.1　"机票预订系统"之"订票"的正常情况脚本

- 旅客进入"航班查询"界面
- 输入出发时间、出发地和目的地，单击"搜索"按钮
- 搜索界面显示出所有符合检索条件的航班
- 选择航班，单击"订票"按钮
- 旅客进入"登录"界面，输入用户名和密码，单击"登录"按钮
- 若旅客是系统会员，则进入"订票"界面
- 会员填写订票信息，包括身份证号码、真实姓名、联系电话以及预订票数等
- 信息核实通过后，单击"结算"按钮
- 进入"付款"界面，会员付款后，显示"付款成功"界面

表 7.2　机票预订系统之"订票"的异常情况脚本

- 旅客进入"航班查询"界面
- 输入出发时间、出发地和目的地，单击"搜索"按钮
- 显示"搜索失败"界面，即没有符合检索条件的航班
- 重新输入和检索
- 显示所有符合检索条件的航班信息
- 选择航班，单击"订票"按钮
- 旅客进入"登录"界面，输入错误的用户名或密码
- 旅客不是系统会员，显示"登录失败"界面
- 重新登录，输入正确，进入"订票"界面
- 会员填写订票信息，输入错误的身份证号码或真实姓名，若预订票数超过剩余票数，则系统审核不通过
- 填写了正确的个人信息。如果预订票数超过剩余票数，则可以选择重新填写票数，或选择"等票"
- 信息核实通过后，单击"结算"按钮
- 进入"付款"界面，会员不付款，显示"付款不成功"界面

2. 设计用户界面

用户界面(User Interface,UI)设计是指对软件的人机交互、操作逻辑、界面美观的整体设计。好的 UI 设计不仅让软件变得有个性、有品位，还让软件的操作变得舒适、简单、自由，充分体现软件的定位和特点。

大多数交互行为可以分为应用逻辑和用户界面两部分。动态模型着重表示应用系统的控制逻辑。不同界面(命令行或图形用户界面)可以实现同样的应用逻辑。应用逻辑是内在的、本质的内容，用户界面是外在的表现形式。

分析阶段不能忽略用户界面，应确定界面的轮廓。在分析阶段，无须过度关注用户界面的细节，侧重的是界面下的信息交换方式。

图 7.4 是"机票预订系统"查询航班的初步设想的浏览界面。

3. 画事件跟踪图

完整、正确的脚本为建立动态模型奠定了必要的基础。不过，自然语言书写的脚本可能不够简明，且可能产生二义性。事件跟踪图有助于绘制状态图，建立动态模型。

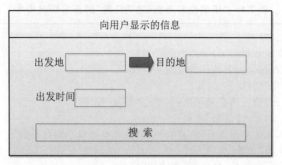

图 7.4　界面示例

在事件跟踪图中,一条竖线代表一个对象,每个事件用一条水平的箭头线表示,箭头方向从事件的发送对象指向接收对象。时间从上向下递增。为此,需要进一步明确事件以及事件与对象的关系。

(1) 确定事件。

通过分析脚本,可从中提取出所有外部事件。事件包括系统与用户交互的所有信号、输入、输出、中断、动作等。不能遗漏异常事件和出错,某些事件可以按类组合在一起。

(2) 画出事件跟踪图。

从脚本中提取出各类事件并确定每类事件的发送对象和接收对象之后,就可以用事件跟踪图把事件序列以及事件与对象的关系形象、清晰地表示出来。事件跟踪图实质上是扩展的脚本,可以认为它是简化的 UML 顺序图。图 7.5 是表 7.1 的事件跟踪图。

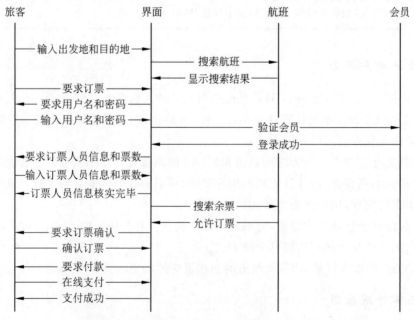

图 7.5　"机票预订系统"之"订票"操作跟踪图

4. 画状态图

状态图描绘事件与对象状态的关系,由事件引起的状态改变称为"转换"。一张状态图描绘一类对象的行为,它确定了由事件序列引出的状态序列。

从一张事件跟踪图出发画状态图时,一般分为以下 6 个步骤。

(1) 仅考虑影响对象的一类事件,两个事件之间的间隔就是一个状态(也可能不变),尽量为每个状态定义有意义的名字。

(2) 从竖线射出的箭头线,常是对象达到某个状态时所做的行为(也常是引起另一类对象状态转换的事件)。

(3) 合并从不同脚本或事件跟踪图中得到的同一类的状态图。

(4) 考虑正常事件之后,再考虑边界情况和特殊情况,包括在不适当时候发生的事件。

(5) 不能省略对用户出错情况的处理。

(6) 一张覆盖脚本中某类对象全部事件的状态图仍可能遗漏一些情况,一旦发现遗漏,及时补充。

图 7.6 是由图 7.5 得到的状态图,它包含了表 7.1 的脚本内容。

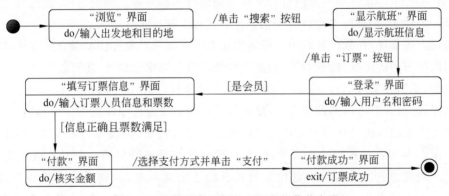

图 7.6 "机票预订系统"之"订票"操作状态图

5. 审查动态模型

各个类的状态图通过共享事件联系(合并)起来,构成了系统的动态模型。

对没有前驱或没有后继的状态应着重审查,如果这个状态既不是交互序列的起点,也不是终点,即发现了一个错误。因此,应该审查每个事件,跟踪它对系统中各个对象所产生的效果,以保证它们与每个脚本都匹配。完成每个具有重要交互行为的类的状态图后,应该检查系统级的完整性和一致性。

7.1.5 功能模型

在结构化方法中,概念模型是通过数据流图进行描述的,即通过分层的 DFD 得出软件系统中最终的加工(系统主要实现的功能),其中每个加工必有一个或多个输入数据,一个或多个输出数据,并且输入和输出数据不能是相同的数据。

在面向对象方法中,对象或类是数据和加工的封装体,用数据流图表示功能模型不恰当,但是,面向对象方法能够把数据和功能以对象为单位封装成一个整体,更直观地表达对象的状态变化和对象间的交互,更准确地分析功能的实现过程,更适于在软件后期细化系统的具体行为。

基于此,可以将结构化方法的前期结果(用数据流图表示的功能模型)融于面向对象方法中,得出面向对象方法中的功能模型和动态模型。

(1) 使用 SA 进行需求分析,建立数据字典,构建一组分层数据流图。

(2) 分层数据流图中最底层的加工即软件系统需要实现的功能,即用例。

(3) 在 OOA 中结合面向对象方法得出的对象模型(只含属性)和数据流图,聚合同类模块,规约类,完善对象模型。

(4) 确定步骤(2)得出的用例的主要参与者,得出功能模型,以用例图表示。

(5) 根据步骤(4)得出的用例图,初步设计类的方法(包括对象模型中现有类中的方法)。

(6) 根据动态模型,补充对象模型中类的方法。

(7) 在 OOD 阶段(第 8 章内容),分析对象的行为和对象之间的协作,优化对象模型。

(8) 在 OOD 中通过对象设计和消息设计优化 3 种模型。

通过上述描述,在软件开发中使用结构化方法+面向对象方法的混合式方法,能够充分利用两种方法的优点,扬长避短,提高开发的效果和效率。此外,还可以看出,在面向对象方法中,虽然按 OOA、OOD 和 OOP 顺序开发软件,但 3 个阶段之间没有明显界限。换句话说,通过 3 个阶段的迭代开发,确定软件面向对象方法中建立的 3 个模型。

功能模型的目的是从用户的角度确定系统的功能需求,以及参与者与系统之间通用的控制流。参与者是系统的直接外部用户,即直接与系统通信的一个对象或一组对象,但并不一定是系统的一部分。建模参与者有助于定义系统,识别系统内部及其边界上的对象。参与者并不一定全都是人(可以是外部系统或子系统),但是参与者不能是系统自身。

参与者与系统的不同的交互可以被量化成用例。用例是系统通过与参与者的交互可以提供的一段连贯的功能,直观说,用例是系统要实现的功能,即表示系统要"做什么"。每个用例会涉及一个或多个参与者,用例涉及系统和其参与者之间的消息序列。

使用 UML 中的用例图建立功能模型,角色(Actor)表示参与者,用例(Case)表示一个相对独立的、可执行的系统功能。对于简单的应用,独立用例就足够了;但是,对于大型应用,组织用例的结构是会有帮助的。复杂的用例可以通过包含、扩展和泛化关系在小型用例的基础上构建。图 7.7 是"机票预定系统"的局部用例图。

从图 7.7 得出,在面向对象方法里使用用例图代替传统的功能说明,能更好地获取用户需求,它所回答的是"系统应该为每个参与者做什么"。

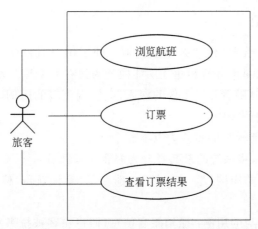

图 7.7　"机票预订系统"的局部用例图

7.1.6　定义服务

对象是由描述其属性的数据及可以对这些数据施加操作(服务)封装在一起构成的独立单元。为建立完整的对象模型,既要确定类中应该定义的属性,又要确定类中应该定义的服务。

在确定类中应有的服务时,既要考虑该类实体的常规行为,又要考虑在本系统中需要的特殊服务。一般操作如下所示。

(1) 处理常规行为。

在分析阶段可以认为,类中定义的每个属性都是可以访问的,也就是说,假设在每个类中都定义了读、写该类每个属性的操作。但是,通常无须在类图中显式表示这些常规操作。

(2) 从事件导出的操作。

状态图中的对象接收消息,该对象必须有由消息选择符指定的操作,它启动相应的服务。

(3) 与数据流图中处理框对应的操作。

数据流图中的每个处理框都与一个对象(也可能是若干个对象)上的操作相对应。

(4) 利用继承减少冗余操作。

应尽量利用继承机制以减少所需定义的服务数目。只要不违背领域知识和常识,就尽量抽取出相似类的公共属性和操作,以建立这些类的新父类,并在类等级的不同层次中正确定义各个服务。

7.2　面向对象分析实践

针对第 3 章的案例,使用第 6 章已讲述的 PowerDesigner 建模工具讲解系统用面向对象方法开发"机票预订系统"时,是如何运用 UML 建模的。

7.2.1 建立功能模型

功能模型指明了系统要"做什么",直接地反映了用户对目标系统的需求。UML 提供的用例图是进行面向对象分析和建立功能模型的强有力工具。大部分用例将在项目的需求分析阶段产生,并且随着开发工作的深入,会发现更多的用例,这些新发现的用例都应及时补充进已有的用例集中。

针对案例,建立功能模型的步骤为以下 5 个。

(1) 根据案例描述,将系统的参与者分为旅客和管理员。

(2) 确定旅客参与的用例:登录系统、注册会员、查询航班、修改个人信息、订票、退票以及查询订单等。

(3) 确定管理员参与的用例:撤销旅客信息(假设旅客被拉黑)、维护航班信息(包括查询航班、新增航班、修改航班信息和撤销航班)、维护订单信息(包括查询订单、修改订单信息和撤销订单)、印出通知、印出账单以及印出机票等。

(4) 启动 PowerDesigner,在菜单栏中选择 File→New Project,在弹出窗口中的 Name 栏中输入 Reservation,在 Location 中选择保存路径,然后单击 OK 按钮。

(5) 建立用例图。

建立"机票预订系统"用例图的步骤包括以下几个:

(1) 新建用例图。在菜单栏中选择 File→New Model→Model Types→Use Case Diagram,输入文件名 usecase,单击 OK 按钮,进入用例图编辑界面,图中会出现建模 Palette。

(2) 确定参与者和用例。分别单击 Actor 图标(参与者为"旅客")和 Use Case 图标(用例名分别为"登录系统""注册会员""查询航班""修改个人信息""订票""退票"以及"查询订单"),并对它们进行简要的布局(Symbol→Align)和格式设置。

(3) 关联参与者与用例。单击 Association 图标,分别连接参与者"旅客"和 7 个用例,如图 7.8 所示。

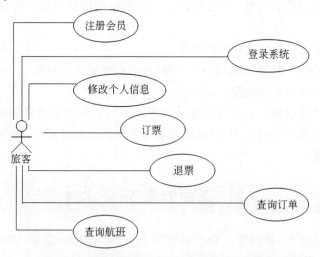

图 7.8 "机票预订系统"之旅客初步用例图

（4）确定用例之间的关系。旅客无须登录即可查询航班；但需要登录后才能修改个人信息、订票、退票以及查询订单，因此，这4个用例与"登录系统"用例之间是include关系；旅客在没有成为系统会员前是不能登录系统的，因此，"注册会员"用例和"登录系统"用例之间是extend关系。单击Dependency图标，从"注册会员"用例开始，箭头指向"登录系统"用例，右击这根连接线→，从弹出的快捷菜单中选择Properties，在弹出的对话框的Stereotype一栏中选择extend，单击"确定"按钮即完成两个用例的关联。同理，标注"登录系统"用例和修改个人信息、订票、退票以及查询订单用例，关联性质为include。

标注上用例之间关系的用例图如图7.9所示。

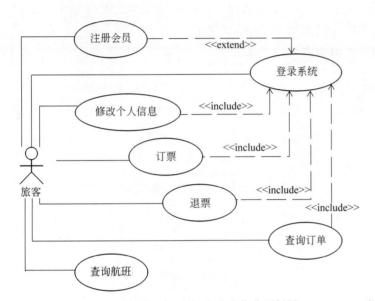

图7.9 "机票预订系统"之旅客优化用例图 机票预订系统旅客功能模型

虽然在面向对象建模中，数据流图不适合功能模型建模，但是系统的数据流图可以成为初步确定用例图中的用例的依据（此例参考3.3节建立的系统数据流图）。

管理员用例图的建立过程与旅客用例图的类似，在此不再赘述。

7.2.2 建立对象模型

在面向对象分析中，可能未涉及大部分动态模型中的事件和功能模型中的用例，因此需求分析中的对象模型的主要内容是确定案例中的类和对象，以及类之间的关系。

针对案例，建立对象模型。

（1）根据案例描述，确定系统的主要类：旅客、航空公司和航班。

（2）确定类之间的关联：一个旅客可以预订多个航班的机票；一个航班可以被多个旅客预定；一个航空公司拥有多个航班。

（3）在项目Reservation中新建对象模型。

（4）建立类图。

① 新建类图。右击Reservation，在弹出的快捷菜单中选择New→Object－Oriented

Model→Class Diagram,输入类名 class,选择语言 Java,单击 OK 按钮,进入类图编辑界面建模。

② 确定类。单击 Palette 中的 Class 图标,建立 3 个类(旅客类 User、航班类 Air 以及航空公司类 Company)。分别在这 3 个类中添加各自的属性,属性与主题相关。

③ 确定类之间的关系和关系的重数。单击 Association 图标,从 User 类出发箭头指向 Air 类,双击关联线,在弹出的对话框中选择 Detail 选项卡,修改关联的重数为"1---0..＊",表示一个旅客可以预定多个航班的机票;单击 Association 图标,从 Air 类出发箭头指向 User 类,设置关联的重数为"1---0..＊",表示一个航班可以被多个旅客预订机票;单击 Aggregation 图标,从 Company 类出发箭头指向 Air 类,设置关联的重数为"1---0..＊",表示一个航空公司可以拥有多个航班(表示 has-a 关系)。

"机票预订系统"初步类图如图 7.10 所示。

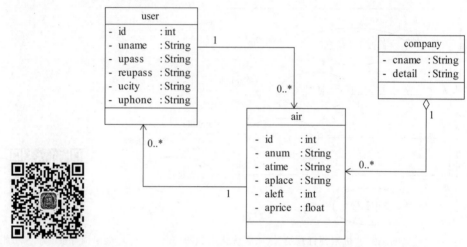

机票预订系统初步对象模型　图 7.10　"机票预订系统"初步类图(完善了第 7.1.3 节中的属性)

④ 优化类图。从图 7.10 中可以看出,此图有大量的数据冗余和高耦合(耦合表示两个类之间联系的紧密程度)。例如,User 订票和 Air 被订票实际上将订票操作重复 2 次。此外,User 关联 Air,意味着 User 类中将有一个 Air 类型的容器,实际上 Air 类型中的 anum(航班号)就能确定一个航班。因此,User 无须关联 Air 对象,只关联 Air 对象中的 anum 即可。

这里涉及了消除冗余和解耦问题。第 8 章面向对象设计中将进一步优化图 7.10。

7.2.3　建立动态模型

UML 中的活动图可以用来描述动态模型的建模,如图 7.11 所示。

为了确定对象模型中类服务(或方法)的事件或功能模型中的函数,有必要理解用例的动态模型,因此,在脚本的基础上建立用例的动态模型,动态模型可以用 UML 中的动态图(活动图、顺序图、通信图、状态图)进行描绘。

表 7.1 订票用例正常操作脚本→图 7.5 跟踪图→图 7.6 订票状态图就是一个建立动

态模型的过程（未包括出错处理，即未说明订票的异常情况）。

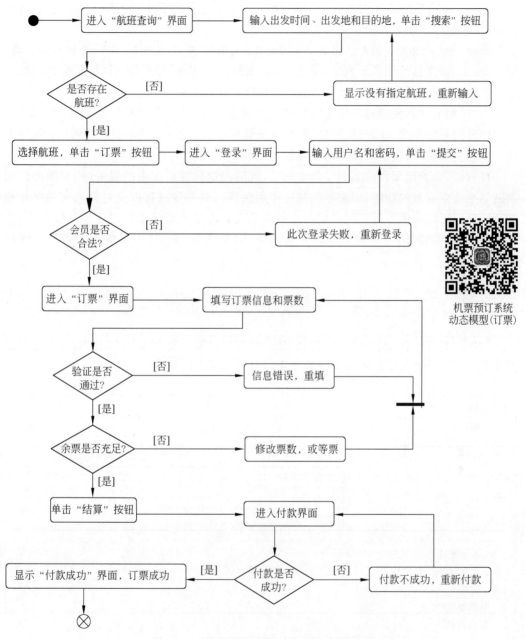

机票预订系统
动态模型(订票)

图 7.11　"机票预订系统"之订票用例活动图

在此，以 UML 中的活动图说明"订票"用例动态模型的建立过程。

针对案例，建立"订票"用例动态模型的步骤如下。

（1）确定绘制动态模型的依据：表 7.1 和表 7.2 的订票正常和异常情况脚本。

（2）在项目 Reservation 中新建动态模型，此例中的动态模型是活动图。

（3）建立活动图。

① 新建活动图。右击 Reservation,在弹出的快捷菜单中单击 New → Object-Oriented Model→Activity Diagram,输入图名 order,选择语言 Java,单击 OK 按钮,进入活动图编辑界面,图中会出现建模 Palette。

② 确定活动和控制流程。以表 7.1 和表 7.2 为依据,单击 Activity 图标绘制各个活动;单击 Decision 图标绘制各个判定;单击 Flow 图标,将图中的所有活动和判定连接起来。

③ 设置、布局和审核后,动态模型的建模效果如图 7.11 所示。

当然,如果动态模型侧重描述对象状态及其变化,用状态图建模比较合适;如果动态模型侧重的是对象交互的时间顺序,用顺序图建模比较合适;如果动态模型侧重的是对象之间消息的传递,用通信图建模比较合适。

按理说,功能模型和动态模型建立完后,就能确定软件系统中的服务(用例图中的用例就是系统要实现的功能,动态模型描述了用例执行的大致流程以及对象之间的交互和交互顺序),可以将服务绑定到对应的类或对象中。由于本章节中类图还未完成优化(系统最终的对象之间的关系未完全确定),因此,对象模型(类图)的完善将在第 8 章继续进行。

7.3　需求分析说明书的格式

传统的软件工程开发方法(结构化方法)和面向对象开发方法有区别,因此,所建的模型也有区别。下面给出面向对象分析的需求分析说明书的格式。

1　范围

1.1　标识

文件状态:	文件标识:	需求分析报告:A1
[　]草稿	当前版本:	1.0
[　]正式发布	作者:	
[√]正在修改	完成日期:	

1.2　系统概述
1.3　文档概述
1.4　基线
2　引用文件
3　需求概述
3.1　系统目标
3.2　运行环境
3.3　用户特点
4　功能需求
4.1　系统功能模型
4.2　用例说明

4.2.1　用例 1（附动态模型）

用例名称	
参与者	
前置条件	
后置条件	
主干过程	（描述正常过程） ……
分支过程	（描述非正常过程）
异常	
包含用例	

…

4.2.*n*　用例 *n*（附动态模型）

用例名称	
参与者	
前置条件	
后置条件	
主干过程	（描述正常过程） ……
分支过程	（描述非正常过程）
异常	
包含用例	

5　外部接口需求

（可略）

6　数据分析（对象模型）（用 CDM 建模）

7　故障处理

8　测试计划

面向对象需求
分析说明书示例

7.4　随堂笔记

一、本章摘要

_____
_____
_____
_____
_____
_____

二、练练手

(1) 面向对象的主要特征除了唯一性、封装性、继承性外,还具有(　　)。

　　A. 兼容性　　　　　B. 完整性　　　　　C. 移植性　　　　　D. 多态性

(2) 面向对象方法需要建立三种模型,分别是对象模型、动态模型和(　　)。

　　A. 信息模型　　　　B. 行为模型　　　　C. 功能模型　　　　D. 控制模型

(3) 面向对象方法的要素是(　　)。

　　A. 对象、类、数据类型和算法　　　　　B. 对象、类、继承和消息

　　C. 对象、基类、派生类和继承　　　　　D. 对象、父类、子类和继承

(4) 用"自底向上"方式建立继承关系是指(　　)。

　　A. 把现有类细化成更具体的子类　　　　B. 从现有类泛化出更抽象的父类

　　C. 从较高层次推导出较低层次　　　　　D. 从较低层次推导出较高层次

(5) 以下"机票预订系统"的相关类,(　　)属于控制类。

　　A. 旅客类　　　　　　　　　　　　　　B. 航班类

　　C. 会员验证类　　　　　　　　　　　　D. 订票操作界面

(6) 面向对象分析的核心在于(　　)。

　　A. 建立正确的模型　　　　　　　　　　B. 识别问题域对象

　　C. 识别对象间的关系　　　　　　　　　D. 确定功能

(7) UML 不支持(　　)建模。

　　A. 对象　　　　　　B. 动态　　　　　　C. 模块化　　　　　D. 功能

(8) (　　)可以用来绘制动态模型。

　　A. 用例图　　　　　B. 状态图　　　　　C. 类图　　　　　　D. 部署图

(9) 关于面向对象方法的优点,不正确的描述是(　　)。

　　A. 与人类习惯的思维方法比较一致　　　B. 可重用性好

　　C. 可维护性好　　　　　　　　　　　　D. 以数据为中心

(10) 在面向对象方法中,对象之间仅通过(　　)相联系。

　　A. 类　　　　　　　B. 抽象　　　　　　C. 消息　　　　　　D. 封装

(11) 脚本与用例之间的关系类似于(　　)的关系。

　　A. 对象与类　　　　　　　　　　　　　B. 参与者与用例

　　C. 顺序图和抽象类　　　　　　　　　　D. 消息和对象

(12) 面向对象分析阶段建立的 3 个模型中,核心模型是(　　)。

　　A. 对象模型　　　　B. 动态模型　　　　C. 功能模型　　　　D. 分析模型

(13) (　　)是从用户使用系统的角度描述系统功能的。

    A. 类图　　　　　　　B. 对象图　　　　　　　C. 顺序图　　　　　　　D. 用例图

(14) (　　)的描述是错误的。

    A. 面向对象分析和面向对象设计的定义没有明显区别

    B. 在实际的软件开发过程中,面向对象分析与面向对象设计的界限是模糊的

    C. 面向对象分析和面向对象设计活动是一个多次反复迭代的过程

    D. 从面向对象分析到面向对象设计,是一个逐渐扩充模型的过程

(15) 水果类和苹果类之间的关系是(　　)。

    A. 整体和部分　　　B. 一般和具体　　　C. 共性和个性　　　D. 多数和少数

三、动动脑

(1) 完成"机票预订系统"的管理员功能模型的建模。

(2) 根据给出的格式,完成"机票预订系统"需求规格说明书的编写。

四、读读书

《UML 和模式应用》

作者:〔美〕Craig Larman

书号:9787111186823

出版社:机械工业出版社

Craig Larman,Valtech 公司的首席科学家。Valtech 是一家领先的跨国技术咨询公司,在美国、欧洲和亚洲都有分支机构。他是国际软件界知名的专家和导师,专长为 OOA/OOD 与设计模式、敏捷/迭代方法、统一过程的敏捷途径和 UML 建模。

本书英文版面世以来,广受业界专家和读者的好评,历经 3 个版本的锤炼,吸收了大量 OOA、OOD 的精华思想和现代实践方法。全书叙述清晰、用词精炼、构思巧妙,将面向对象分析设计的概念、过程、方法、原则和个人的实践建议娓娓道来,以实例为证,将软件的分析和设计的过程叙述得如逻辑推理一般。

本书详细介绍了如何使用 UML 驱动敏捷 UP 模型下的案例开发,读者能深刻体会到 OO 关键技能、本质原则和模式、UML 表示法和应用实践。

本书是一本经典的面向对象分析设计技术的入门书,适用范围广泛,从初学者到有一定对象技术知识但希望进一步提高开发水平的中级读者,甚至是资深的专业人员,都可以从本书获益匪浅。

第8章

面向对象设计

导读

面向对象设计(Object-Oriented Design,OOD)方法是面向对象方法中的一个中间过渡环节。其主要作用是对面向对象分析(Object-Oriented Analysis,OOA)的结果做进一步的规范化整理,以便能够被面向对象编程(Object-Oriented Programming,OOP)直接接受。

设计是软件开发的第一个阶段。软件生命周期方法学把设计进一步划分成总体设计和详细设计两个阶段。类似地,也可以把面向对象设计划分成系统设计和对象设计。

分析是提取和整理用户需求,并建立问题域精确模型的过程。设计则是把分析阶段得到的需求转变成符合成本和质量要求的、抽象的系统实现方案的过程。

OOA 到 OOD 是一个逐渐扩充模型的过程。在实际的软件开发过程中,分析和设计的界限是模糊的。面向对象分析和面向对象设计活动是一个多次反复、迭代且无间隙的过程。

通过本章的学习,需要掌握的不仅是面向对象设计的理论知识(包括设计原理、准则以及启发规则);还需要对面向对象分析后产生的三个模型进一步优化、补充、提炼和精化。

在 PowerDesigner 中利用 UML 建模过程,就是对系统进行不断精化的建模过程,从中可以体会到 PowerDesigner 对数据库建模和 UML 建模的高效、迭代支持。

8.1 设 计 过 程

经过需求分析阶段的工作,系统已明确"做什么",现在是解决"怎么做"的时候了。

1. 传统软件工程中的设计过程

传统软件工程中的软件生命周期方法学把设计进一步划分成总体设计和详细设计两个阶段。总体设计通常由两个主要阶段组成。

(1) 系统设计阶段,确定系统的具体实现方案。

① 设想供选择的方案。

② 选取合理的方案。

③ 推荐最佳方案。

(2) 结构设计阶段,确定软件结构。

① 功能分解。

② 设计软件结构。

③ 设计数据库。

④ 制订测试计划。

⑤ 书写设计文档。

⑥ 审查和复审。

总体设计的基本目标是回答"概括地说,系统应该如何实现"。任务之一是划分出组成系统的物理元素:程序、数据库、人工过程和软件文档等;另一项重要任务是确定系统软件结构,包括组成模块以及这些模块之间的相互关系。

详细设计阶段的根本目标是确定应该怎样具体地实现所要求的系统。经过这个阶段的设计工作,应该得出对目标系统的精确描述,从而在编码阶段可以把这个描述直接翻译成用某种程序设计语言书写的程序。

传统的软件工程结构化中,分析和设计的对应关系如图 8.1 所示。

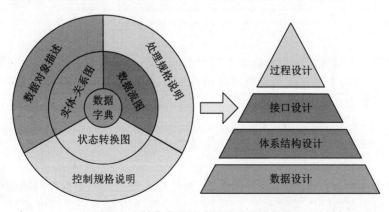

图 8.1 结构化方法中设计的层次结构

2. 面向对象软件工程中的设计过程

从 OOA 到 OOD 是一个逐渐扩充模型的过程,或者说,面向对象设计就是用面向对象观点建立求解域模型的过程。

在实际的面向对象开发过程中,分析和设计的界限是模糊的,许多分析结果可以直接映射成设计结果,而在设计过程中又往往会加深和补充对系统需求的理解,从而进一步完善分析结果。因此,面向对象分析和面向对象设计活动是一个多次反复、迭代的过程。

类似传统的软件工程,面向对象软件工程可以把面向对象设计划分成系统设计和对象设计,但是,它们之间的界限比面向对象分析与面向对象设计之间的界限模糊。

(1) 系统设计。确定实现系统的策略和目标系统的高层结构。

(2) 对象设计。确定解空间中的类、关联、接口形式以及实现服务的算法等。

面向对象设计模型即求解域的对象模型,与面向对象分析模型(问题域的对象模型)一样,也由主题、类与对象、结构、属性、服务 5 个层次组成,这 5 个层次表示的细节一个比一个多。大多数系统的面向对象设计模型,在逻辑上都由 4 大部分组成:问题域子系统、人机交互子系统、任务管理子系统以及数据管理子系统。

OOD 的设计结构框架如图 8.2 所示。

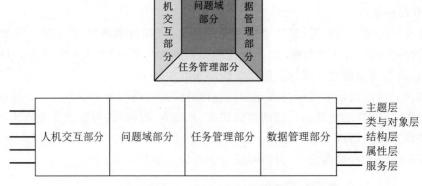

图 8.2　OOD 的设计结构框架

也可以把 4 大组成部分想象成整个模型的 4 个垂直切片。当然,在不同的软件系统中,这 4 个子系统的重要程度和规模可能相差很多,规模过大的软件系统在设计时应进一步划分为更小的子系统。

8.2　设 计 原 理

所谓优秀设计,就是权衡了各种因素,从而使得系统在其整个生命周期中的总开销最小的设计。对大多数软件系统而言,60% 以上的软件费用都用于软件维护,因此,优秀软件设计的一个主要特点就是容易维护。

在传统的软件工程方法学中有几条指导软件设计的基本原理,这些原理在面向对象设计时仍然成立。此外,在面向对象设计中还增加了一些与面向对象方法密切相关的新特点。

1. 模块化

模块是由边界元素限定的相邻程序元素的序列,而且由一个总体标识符代表它。所谓的模块化,就是把程序划分成独立命名且可独立访问的模块,每个模块完成一个子功能,集成这些子功能的模块构成一个整体,满足用户的需求。

软件模块化的理由主要有 3 个。

(1) 使复杂的大型程序易被理解、易被管理。

(2) 控制软件的复杂度,便于分工和协作,有助于开发工作的组织和管理。

(3) 使软件易于扩展,便于测试和维护,提高软件的可靠性。

根据人类解决问题的一般规律,可以论证上面的结论。

如果 $C(P1)>C(P2)$,显然 $E(P1)>E(P2)$,其中,$C(X)$ 表示问题的复杂程度,$E(X)$ 表示解决问题 X 所需要的工作量(时间),那么,根据人类解决一般问题的经验,可以得出一个规律:

$$C(P1+P2)>C(P1)+C(P2)$$

即一个问题如果由 P1 和 P2 两个问题组合而成,那么问题的复杂程度要大于分别解决 P1 和 P2 复杂程度之和。由此,可以得出:

$$E(P1+P2)>E(P1)+E(P2)$$

这个不等式即"各个击破"结论,也是模块化原理的依据。把复杂的问题分解成许多容易解决的小问题,原来的问题也就容易解决了。

但是,如果无限得分割软件,会导致模块数目增加,模块之间接口设计的工作量也会增加,过细划分反而增加了整个软件开发成本,如图 8.3 所示。

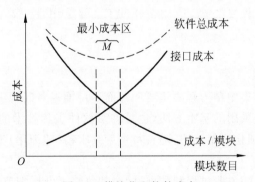

图 8.3　模块化和软件成本

因此,每个软件项目都相应地有一个最适当的模块数目 M,使得系统的开发成本最小。目前,还不能精确确定 M 的值,后续介绍的启发式规则以及程序复杂程度的定量度量,会在一定程度上帮助设计者确定合适的模块数。不过,可以通过 5 条准则评价一种设计方法定义模块的能力:模块可分解性、模块可组装性、模块可理解性、模块连续性以及模块保护性。

在面向对象方法中,对象就是模块。它是把数据结构和操作这些数据的方法紧密地结合在一起所构成的模块。根据上述的模块化原理,在类图设计中既要考虑类的分解,也要考虑类的抽象和组合。

2. 抽象

现实世界中一定事物、状态或过程之间总存在某些相似的方面(共性),把这些相似的方面集中和概括起来,暂时忽略它们之间的差异,这就是抽象。

抽象就是抽出事物本质特性而暂时不考虑细节。抽象是人类处理复杂问题的基本方法之一。处理复杂系统唯一有效的方法是用层次的方式构造和分析它。一个复杂的动态系统的划分包括:用一些高级的抽象概念构造和理解;高级概念又可以用一些较低级的概念构造和理解;如此进行下去,直至最低层次的具体元素。

软件工程过程的每步都是对软件解法的抽象层次的一次精化。

(1) 在可行性研究阶段,软件作为系统的一个完整部件。

(2) 在需求分析期间,软件解法是使用在问题环境内熟悉的方式描述的。

(3) 当由总体设计向详细设计过渡时,抽象的程度也就随之减少了。

(4) 最后,当源程序写出以后,也就达到了抽象的最底层。

逐步求精和模块化与抽象是紧密相关的。随着软件开发工程的进展,在软件结果每层中的模块,表示了对软件抽象层次的一次精化。

面向对象方法不仅支持过程抽象,而且支持数据抽象。类实际上就是一种抽象数据类型,它对外开发的公共接口构成了类的规格说明(协议),这种接口规定了外界可以使用的合法操作符,利用这些操作符可以对类实例中包含的数据进行操作,通常把这种类抽象称为规格说明抽象。此外,某些面向对象的程序设计语言还支持参数化抽象。所谓参数化抽象,是指当描述类的规格说明时,并不具体制定索要操作的数据类型,而是把它作为参数,这使得类的抽象程度更高、应用范围更广、可重用性更高。例如,Java 中的"泛型"等。

3. 逐步求精

逐步求精是为了能集中精力解决主要问题而尽量推迟对问题细节的考虑。逐步求精是人类解决复杂问题时采用的基本方法,也是许多软件工程技术的基础。求精实际上是细化过程,要求设计者细化原始陈述,随着每个后续求精(即细化)步骤的完成而提供越来越多的细节。

抽象使得设计者能够说明过程和数据,同时却忽略了低层细节。事实上,可以把抽象看作一种通过忽略多余的细节同时强调有关的细节,而实现逐步求精的方法。求精则帮助设计者在设计过程中逐步揭示出低层细节。这两个概念都有助于设计者在演化过程中创造出完整的设计模型。

抽象和逐步求精在面向对象软件开发过程中更直观。因为面向对象的概念层抽象与最终类组成的系统实现具有映射关系,开发过程可以从概念建模逐步精化为最终的软件实现。

4. 信息隐藏和局部化

信息隐藏是指设计和确定模块,使得一个模块内包含的信息(过程和数据)对于不需要这些信息的模块来说是不能访问的。

局部化的概念和信息隐藏的概念是密切相关的。所谓局部化,是指把一些关系密切的软件元素物理地放得彼此靠近。显然,局部化有助于实现信息隐藏。

"隐藏"意味着有效的模块化可以通过定义一组独立的模块而实现,这些独立的模块彼此间仅交换那些为了完成系统功能而必须交换的信息。

使用信息隐藏原理作为模块化系统设计的标准会带来极大好处。因为绝大多数数据和过程对于软件的其他部分是隐藏的,在修改期间由于疏忽而引入的错误传播到软件的其他部分的可能性就很小。

在面向对象方法中,信息隐藏通过对象的封装性实现:类结构分离了接口与实现,从而支持了信息隐藏。对于类的用户来说,属性的表示方法和操作的实现算法都应该是隐藏的。

5. 模块独立

模块独立的概念是模块化、抽象、信息隐藏和局部化概念的直接结果。设计软件结构,使得每个模块完成一个相对独立的特定子功能,并且和其他模块之间的关系很简单。

有效的模块化(即具有独立的模块)的软件比较容易开发出来。这是由于能够分割功能而且接口可以简化,当许多人分工合作开发同一个软件时,这个优点尤其重要。独立的模块比较容易测试和维护。相对来说,修改设计和程序需要的工作量比较小,错误的传播范围小,需要扩充功能时能够"插入"模块。

模块独立程度的两个定性标准度量是耦合和内聚:耦合衡量不同模块彼此间互相依赖(连接)的紧密程度,耦合要低,即每个模块和其他模块之间的关系要简单;内聚衡量一个模块内部各个元素彼此结合的紧密程度,内聚要高,每个模块完成一个相对独立的子功能。软件设计中通常用耦合度和内聚度作为衡量模块独立程度的标准。划分模块的一个准则是"高内聚,低耦合"。

1) 耦合

耦合是对一个软件结构内不同模块之间互连程度的度量,在软件设计中应该追求尽可能松散耦合的系统。这是因为:

(1) 可以研究、测试或维护任何一个模块,而不需要对系统的其他模块有很多了解。

(2) 模块间联系简单,发生在一处的错误传播到整个系统的可能性就很小。

(3) 模块间的耦合程度强烈影响系统的可理解性、可测试性、可靠性和可维护性。

(4) 模块间联系越多,其耦合性越强,同时表明其独立性越差。换句话说,降低耦合性,可以提高其独立性。

耦合度从弱到强可分为 4 种类型。

(1) 数据耦合。

如果两个模块彼此间通过参数交换信息,而且交换的信息仅是数据,那么这种耦合称为数据耦合。系统中至少必须存在这种耦合。一般来说,一个系统内可以只包含数据耦合,对一个模块的修改不会是另一个模块产生退化错误,它使得维护更容易。因此,数据耦合是理想的目标。

(2) 控制耦合。

如果两个模块彼此间传递的信息中有控制信息,则这种耦合称为控制耦合。被调用的模块需知道调用模块的内部结构和逻辑,降低了重用的可能性。控制耦合往往是多余的,把模块适当分解之后,通常可以用数据耦合替代它。

(3) 公共耦合。

当两个或多个模块通过一个公共数据环境相互作用时,它们之间的耦合称为公共耦合(公共环境耦合)。公共环境可以是全程变量、共享的通信区、内存的公共覆盖区、任何存储介质上的文件、物理设备等。

公共耦合的模块难于重用,必须提供一个全局变量的清单。即使模块本身不改变,它和产品中其他模块之间公共环境耦合的实例数也会变化非常大。因此,这种耦合的潜在危险很大。模块暴露出比必须要多得多的数据,就会难以控制数据的存取,从而导致计算机犯罪。不过,有些情况下公共环境耦合更好。

(4) 内容耦合。

最高程度的耦合是内容耦合。如果出现下列情况之一,两个模块间就发生了内容耦合:一个模块访问另一个模块的内部数据;一个模块不通过正常入口转到另一个模块的内部;两个模块有一部分程序代码重叠;一个模块有多个入口。

耦合是影响软件复杂程度的重要因素。应该采取设计原则降低耦合。

(1) 尽量使用数据耦合。

(2) 少用控制耦合。

(3) 限制公共耦合的范围。

(4) 完全不使用内容耦合。

在面向对象方法中,耦合指不同对象之间相互关联的紧密程度。一般来说,对象之间的耦合可分为两大类。

(1) 交互耦合。

如果对象之间的耦合通过消息连接实现,则这种耦合就是交互耦合。交互耦合应尽可能松散。

(2) 继承耦合。

与交互耦合相反,应该提高继承耦合程度。继承是一般类与特殊类之间耦合的一种形式。通过继承关系结合起来的基类和派生类,构成了系统中粒度更大的模块。它们彼此之间越紧密越好。

2) 内聚

内聚标志一个模块内各个元素彼此结合的紧密程度,它是信息隐藏和局部化概念的自然扩展。简单地说,理想内聚的模块只做一件事情。设计时应力求做到高内聚;通常中等程度的内聚也是可以采用的,而且效果和高内聚相差不多;但是,低内聚不要使用。

内聚和耦合是密切相关的,模块内的高内聚往往意味着模块间的松耦合。实践表明内聚更重要,应该把更多的注意力集中到提高模块的内聚程度上。

内聚从低到高排列,有 7 种类型。

1) 偶然内聚

如果一个模块完成一组任务,这些任务彼此间即使有关系,关系也是很松散的,就叫作偶然内聚。偶然内聚表明模块内各元素之间没有实质性联系,很可能在一种应用场合需要修改这个模块,在另一种应用场合又不允许这种修改,从而陷入困境;可理解性差,可维护性产生退化;模块是不可重用的。

2) 逻辑内聚

如果模块完成的任务在逻辑上属于相同或相似的一类,则称为逻辑内聚。逻辑内聚中的接口难以理解,造成整体上不易理解;完成多个操作的代码互相纠缠在一起,即使局部功能的修改,有时也会影响全局,导致严重的维护问题;难以重用。

3) 时间内聚

如果一个模块包含的任务必须在同一段时间内执行,就叫时间内聚。时间关系一定程度上反映了程序的某些实质,所以时间内聚比逻辑内聚好一些;但是,模块内操作之间的关系很弱,与其他模块的操作却有很强的关联;时间内聚的模块不太可能重用。

4) 过程内聚

如果一个模块内的处理元素是相关的,而且必须以特定次序执行,则称为过程内聚。使用程序流程图作为工具设计软件时,常常通过研究流程图确定模块的划分,这样得到的往往是过程内聚的模块。过程内聚比时间内聚好,至少操作之间是过程关联的;但是,仍是弱连接,不太可能重用模块。

5) 通信内聚

如果模块中的所有元素都使用同一个输入数据和(或)产生同一个输出数据,则称为通信内聚,即在同一个数据结构上操作。通信内聚的模块中各操作紧密相连,强于过程内聚;但是仍不易重用。

6) 顺序内聚

如果一个模块内的处理元素和同一个功能密切相关,而且这些处理必须顺序执行,则称为顺序内聚。根据数据流图划分模块时,通常得到顺序内聚的模块,这种模块彼此间的连接往往比较简单;但是仍不能重用。

7) 功能内聚

如果模块内的所有处理元素属于一个整体,完成一个单一的功能,则称为功能内聚。功能内聚是最高程度的内聚。功能内聚的模块可重用;可隔离错误,维护更容易;扩充产品功能时更容易。

7 种内聚可以分为 3 个档次:低内聚包括偶然内聚、逻辑内聚和时间内聚;中内聚包括过程内聚和通信内聚;高内聚包括顺序内聚和功能内聚。

事实上,没有必要精确确定内聚级别,重要的是在设计时力争高内聚,辨别低内聚,从而通过设计提高内聚程度,并且降低模块之间的耦合程度,获取较高的模块独立性。提高模块内聚程度的有效方案是模块分解,即一个模块执行一个独立的操作。

面向对象中的内聚可以定义为:设计中使用的一个构件内的各个元素,对完成一个定义明确的目的所做出的贡献程度。在面向对象设计中存在 3 种内聚。

（1）服务内聚。一个服务应该完成一个且仅完成一个功能。

（2）类内聚。一个类应该只有一个用途，它的属性和服务应该是高内聚的。

（3）一般—特殊内聚。设计出的一般—特殊结构应该符合多数人的概念，是相应领域知识的正确抽取。一般来说，紧密的继承耦合与高度的一般—特殊内聚是一致的。

6. 可重用性

可重用性是面向对象设计在传统软件设计原理上补充的新特点。软件重用是提高软件开发生产率和目标系统质量的重要途径。

重用基本上从设计阶段开始。重用有两方面的含义：

（1）尽量使用已有的类（包括开发环境提供的类库，以及以往开发类似系统时创建的类）。

（2）如果需要创建新类，则在设计这些新类的协议时，应该考虑将来的可重复使用性。

8.3　启　发　规　则

人们在开发计算机软件的长期实践中积累了丰富的经验，总结出一些启发式规则。

1. 改进软件结构，提高模块独立性

通过模块分解或合并，降低耦合，提高内聚。主要包括如下两方面的措施。

（1）模块功能完善化。

一个完整的模块包含：执行规定的功能的部分；出错处理的部分；返回一个"结束标志"。

（2）消除重复功能，改善软件结构。

重复的功能包括完全相似和局部相似两种情况。

2. 模块规模应该适中

经验表明，一个模块的规模不应过大，最好能写在一页纸内，最多不超过 60 行语句。数字只能作为参考，根本问题是要保证模块的独立性。

过大的模块往往是由于分解不充分，但是进一步分解必须符合问题结构；分解后不应该降低模块独立性。过小的模块开销大于有效操作，而且模块数目过多将使系统接口复杂。

3. 深度、宽度、扇出和扇入都应适当

深度是软件结构中控制的层数，粗略地标志一个系统的大小和复杂程度。宽度是软件结构内同一个层次上的模块总数的最大值。扇出是一个模块直接控制（调用）的模块数目。扇入是指能直接调用它的上级模块数目。

软件结构中的深度、宽度、扇入和扇出如图 8.4 所示。

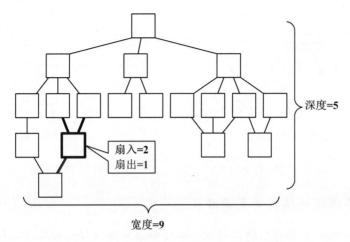

图 8.4 软件结构中的深度、宽度、扇入和扇出

宽度越大,系统越复杂。对宽度影响最大的因素是模块的扇出。经验表明,一个设计得好的典型系统的平均扇出通常是 3 或 4(上限的范围为 5～9)。

扇出太大一般是因为缺乏中间层次,应适当增加中间层次的控制模块。扇出值过小时,可以将下级模块进一步分解为若干个子模块,或者将它合并到上级模块中。当然,模块分解和合并不能违背模块独立性原理。

若扇入过大,则共享该模块的上级模块数目越多,但不能违背模块独立性原则而片面追求高扇入;毕竟扇入过多,调用它的上级模块之间可能会增加模块耦合度。

好的软件结构通常顶层扇出比较高,中层扇出较少,底层扇入到公共的实用模块中。

4. 模块的作用域应该在控制域内

模块的作用域是指受该模块内一个判定影响的所有模块的集合。模块的控制域是这个模块本身以及所有直接或间接从属于它的模块的集合。

模块的作用域应该在控制域内。一个设计得很好的系统,所有受判定影响的模块应该都从属于做出判定的那个模块,最好局限于做出判定的那个模块本身及它的直属下级模块。

图 8.5 中的模块作用域就在控制域外。它的两种改进方法如图 8.6 所示。

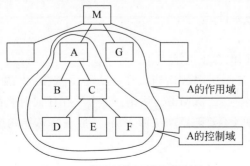

图 8.5 模块的作用域和控制域

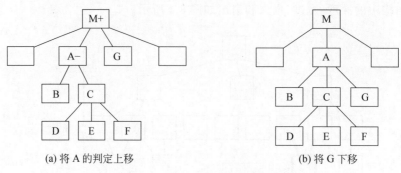

(a) 将 A 的判定上移　　　　　　　　　(b) 将 G 下移

图 8.6　图 8.5 的两种改进方法

5. 力争降低模块接口的复杂程度

模块接口复杂是软件发生错误的一个主要原因。应该仔细设计模块接口,使得信息传递简单并且和模块的功能一致。接口复杂或不一致(即看起来传递的参数之间没有关系),是紧耦合和低内聚的征兆,应该重新分析这个模块的独立性。

6. 设计单入口单出口的模块

模块的单进单出使得软件容易理解,因此,软件也是比较容易维护的。

7. 模块功能应该可以预测

模块的功能应该能够预测,但也要防止模块功能过分局限。功能可预测是指如果一个模块是一个黑盒子,只要输入的数据相同,就产生同样的输出,这个模块的功能就是可以预测的。

以上 7 条启发性规则是从传统软件工程结构化方法中得出的,不过,它们对面向对象软件的开发仍有启发作用。

采用面向对象方法开发软件的历史虽然不长,但也有不少经验。

(1) 设计结果应该清晰、易懂。

保证设计结果清晰、易懂主要包括以下 4 点。

① 用词一致。

② 使用已有的协议。

③ 减少消息模式的数目。

④ 避免模糊定义。

(2) 一般—特殊结构的深度应适当。

应该使类等级中包含的层次数适当。在一个中等规模(大约包含 100 个类)的系统中,类等级层次数应保持为 7 ± 2(Miller 法则:一个人在任何时候都只能把注意力集中在 7 ± 2 个知识块上)。因此,不要随意增加派生类,一般—特殊结构应与领域知识或常识保持一致。

（3）设计简单的类。

应该尽量设计小而简单的类，为使类保持简单，应该注意以下 4 点。

① 避免包含过多的属性。

② 有明确的定义。

③ 尽量简化对象之间的合作关系。

④ 不要提供太多服务。

在开发大型软件系统时，设计出大量较小的类，会增加系统的复杂性。为了解决这个问题，要把系统中的类按逻辑分组，也就是说，需要划分"主题"。

（4）使用简单的协议。

一般来说，消息中的参数不要超过 3 个（不是绝对的）。经验表明，通过消息相互关联的对象是紧耦合的，对一个对象的修改往往导致其他对象的修改。

（5）使用简单的服务。

一般来说，应该尽量避免使用复杂的服务。如果一个服务中包含了过多的源程序语句，或者语句嵌套层次太多，或者使用了复杂的 CASE 语句，则应设法分解或简化它，考虑用一般—特殊结构代替。

（6）把设计变动减至最小。

设计的质量越高，设计结果保持不变的时间越长。一旦出现必须修改设计的情况，应该使修改的范围尽可能小。理想的设计变动情况如图 8.7 所示。

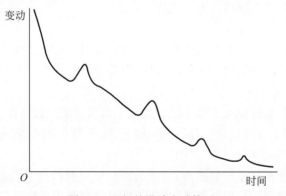

图 8.7　理想的设计变动情况

8.4　系统设计

8.4.1　软件架构设计

1. 软件架构

软件架构（software architecture）是一系列相关的抽象模式，用于指导各种软件系统各个方面的设计。软件体系结构是构建计算机软件实践的基础。

软件架构是一个系统的草图,它描述的对象是直接构成系统的抽象组件,各个组件之间的连接则明确和相对细致地描述组件之间的通信。在系统实现环节中,这些抽象组件会被细化成现实的组件,如可以是具体的某个类或对象。从面向对象领域进行分析,各个组件之前实施的连接实现往往是接口。

软件架构为软件系统提供了一个结构、行为和属性的高级抽象,由构件的描述、构件的相互作用、指导构件集成的模式以及这些模式的约束组成。软件架构不仅显示了软件需求和软件结构之间的对应关系,而且指定了整个软件系统的组织和拓扑结构,提供了一些设计决策的基本原理。此外,软件架构还注重其他特性,如可用性、可扩展性、可靠性、可重用性、安全性、性能、经济以及技术的限制和权衡等。

20 世纪 60 年代,荷兰计算机科学家 Dijkstra 已经涉及软件架构的研究。自 20 世纪 90 年代以来,软件架构这个概念在 RationalSoftware Corporation 和 Microsoft 等内部的相关活动中流行起来。卡内基-梅隆大学的 Mary Shaw 和 David Garland 于 1996 年在他们所著的 *Software Architecture-Perspective on an Emerging Discipline* 一书中提出了软件架构领域中的很多概念,如软件组件、连接器、风格等。

随着软件规模的扩大,很多公司已经意识到架构工作的重要性,并设置专门的架构师岗位,由专门的架构师负责软件系统的逻辑架构、物理架构的设计、配置、维护等工作。

2. 软件架构设计的目标

软件架构设计需要达到以下 8 个目标。

(1) 可靠性(Reliable)。

可靠性是指软件系统运行的稳定性,即在规定条件下、规定的时间内,完成指定功能的能力,可通过可靠度、失效率、平均无故障间隔等评价软件产品的可靠性。

(2) 安全性(Secure)。

安全性是指软件系统在运行中不至于造成不可接受的风险的能力。软件本身不会造成危险,但当软件用于过程监控、实时控制、航天、医疗等方面时,安全性非常重要。

(3) 可扩展性(Scalable)。

可扩展性是软件拓展系统的能力,以增加新功能或修改现有功能来考虑软件将来的完善。软件必须能够在用户的使用率、用户的数目增加很快的情况下保持合理的性能。

(4) 可定制化(Customizable)。

同样的一套软件,可以根据客户群的不同和市场需求的变化进行调整,满足不同用户的需求。

(5) 可伸缩(Extensible)。

在新技术出现的时候,一个软件系统应当允许导入新技术,从而对现有系统进行功能和性能的扩展。

(6) 可维护性(Maintainable)。

软件的可维护性是指软件维护人员为纠正软件的错误或缺陷以及满足新的需求而理解、修改以及改进软件的难易程度。一个易于维护的系统可以有效降低技术支持的花费。

（7）可用性（Applicability）。

可用性是对软件产品使用的一个评价，软件系统必须易于使用。通常，可以用易学、易用以及用户满意 3 个指标对软件产品的可用性进行衡量。

（8）市场时机（Time to Market）。

软件用户要面临同业竞争，软件提供商也要面临同业竞争，争夺市场先机非常重要。

3. 架构设计实例

下面以"机票预订系统"为例，简述其逻辑架构及物理架构。

1）逻辑架构

逻辑架构需要描述软件系统中各个元素之间的关系，如用户界面、数据库，以及外部系统接口等之间的交互关系。"机票预订系统"采用了表示层、业务逻辑层、数据持久化层 3 层架构，如图 8.8 所示。

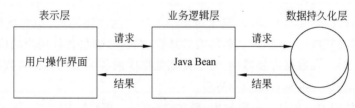

图 8.8　"机票预订系统"逻辑架构

（1）表示层。

表示层即客户端或浏览器端，是用户和系统的接口，负责用户与业务逻辑层之间的交互。表示层通过用户操作界面获取输入数据，将之传给业务逻辑层；反之，它也接收和显示来自业务逻辑层的数据和处理结果。

（2）业务逻辑层。

接收并处理来自用户操作界面的请求，实现业务规则和处理逻辑，是整个系统架构中的核心业务处理部分，并将操作结果及时响应在表示层。

（3）数据持久化层。

数据持久化层负责整个系统的数据集中存储和管理，包括接收业务逻辑层发来的对数据的操作请求；并且将操作结果返回到业务逻辑层。数据持久化层实现的功能包括数据持久化、数据挖掘以及数据仓库等应用。

2）物理架构

物理架构是用来描述软件逻辑架构组件的硬件实现，它规定了组成软件系统的物理元素、元素之间的关系以及它们在硬件上的部署策略。

"机票预订系统"的物理架构主要由 Web 服务器和数据库服务器组成。Web 服务器和数据库服务器可部署在同一台计算机上，也可部署在不同计算机上，其物理架构如图 8.9 所示。

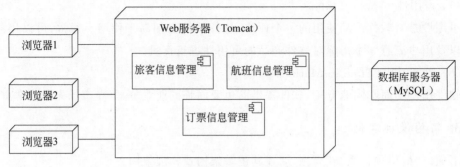

图 8.9 "机票预订系统"物理架构

8.4.2 数据库设计

1. 数据库设计过程

数据库设计（Database Design）是指对于一个给定的应用环境,构造最优的数据库模式,建立数据库及其应用系统,使之能够有效地存储数据,满足各种用户的应用需求(信息要求和处理要求)。在数据库领域内,常把使用数据库的各类系统统称为数据库管理系统(Database Management System,DBMS)。

数据库设计的内容包括：需求分析、概念结构设计、逻辑结构设计、物理结构设计、数据库的实施和数据库的运行和维护。

通过 PowerDesigner,可以制作数据流程图、概念数据模型、物理数据模型等,可以生成多种客户端开发工具的应用程序,还可为数据仓库制作结构模型,也能对团队设备模型进行控制。下面简要介绍数据库建模中的两个重要模型。

(1) 概念数据模型(Conceptual Data Model,CDM)。

概念数据模型简称概念模型,是面向数据库用户的现实世界的模型,主要用来描述世界的概念化结构,它使数据库的设计人员在设计的初始阶段,摆脱计算机系统及 DBMS 的具体技术问题,集中精力分析数据以及数据之间的联系等,将显示世界中的客观对象抽象为实体(Entity)和联系(Relationship),而与具体计算机系统或某个 DBMS 无关。

(2) 物理数据模型(Physical Data Model,PDM)。

物理数据模型简称物理模型,是面向计算机物理表示的模型,描述了数据在存储介质上的组织结构,它不但与 DBMS 相关,而且还与操作系统和硬件有关。每种 CDM 都有其对应的 PDM。DBMS 为了保证其独立性与可移植性,大部分物理模型的实现工作由系统自动完成,设计者只需要设计索引、聚集等特殊结构。

2. 数据库设计步骤

利用 PowerDesigner 进行数据库设计一般有以下 4 个步骤。

(1) 需求分析。调查和分析用户的业务活动和数据的使用情况。

(2) 概念设计。确定实体以及实体之间的联系,生成 CDM(E-R 图)。

(3) 逻辑设计和物理设计。验证 CDM,选择 DBMS 并将 CDM 转换为 PDM,再由

PDM 自动生成 SQL 脚本文件。

（4）实施。在具体的 DBMS 中运行 SQL 脚本,建立相应的数据库,生成关系表。

3. 数据库设计例程

"机票预订系统"的数据库建立流程如下所示。

（1）确定业务行为,明确数据库具体操作。主要包括注册会员、登录系统、修改个人信息、添加航班、修改航班信息、撤销航班、查询航班、订票、退票、查询订单等。

（2）确定实体和实体间的联系,形成 CDM 文件。

"机票预订系统"中的实体是指航班预订系统中的实体,有旅客、航空公司、航班以及管理员。

① user(id,name,upass,reupass,ucity,uphone 等),属性分别是身份证、用户名、登录密码、确认密码、所在地、电话等。其中身份证是主键。

② air(id,aname,aplace,atime,aleft,aprice 等),属性分别是航班号、航班名、出发地和目的地、出发时间、余票数、单价等。其中航班号是主键。

③ admin(adminname,adminpassword 等),属性分别对应管理员用户名和管理员登录密码等,其中管理员用户名是主键。

④ company(cname,detail 等),属性分别对应航空公司名称和详情等,其中航空公司名称是主键。

（3）打开 PowerDesigner,选择 File → New Model…,弹出如图 8.10 所示的对话框。

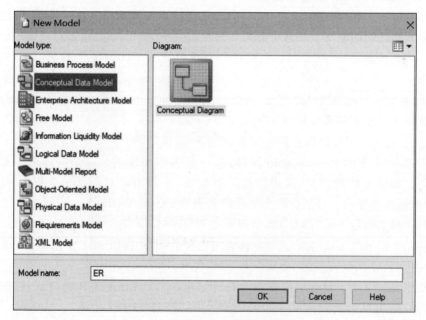

图 8.10　建立 CDM 模型对话框

CDM 中主要包括实体(Entity)和联系(Relationship)两个元素,实际上,CDM 和 E-R 图的描述实质上是一致的。

单击 OK 按钮后,进入 CDM 编辑界面,会出现该模型的 Palette。单击 Entity 图标,将它拖到工作区,默认实体是 Entity_1。双击该实体,在出现的对话框中的 General 选项卡中输入实体名 user,在 Attributes 中可以添加、修改或删除实体属性信息,如图 8.11 所示。填写完毕后,单击"确定"按钮,实体 User 建立完毕。

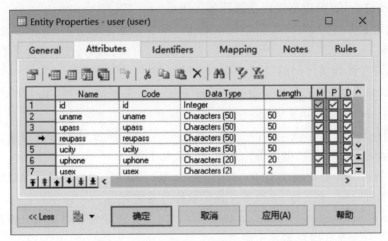

图 8.11　在 CDM 中添加或修改实体属性

在图 8.11 中,某一行表示属性名、代码名、数据类型、长度、精确度等。M、P、D 勾选项分别代表"强制(不可为空)""主键"以及"可显示"。

采用类似的操作,新建航班实体、航空公司实体以及管理员实体。实体建立完毕后,需要确定实体之间的联系。联系可分为 4 种性质:一对一、一对多、多对一、多对多(默认的实体间关系性质是"一对多")。机票预订系统中有 3 个实体发生关系,具体描述如下所示。

① 旅客实体和航班实体之间是多对多的联系,即"一位旅客可以订多个航班的机票,而某一航班可以被多位旅客订票"。

② 一个航空公司可以拥有多个航班,而某一航班只属于一个航空公司。

单击 Palette 中的 Relationship 图标,从一个实体连接到另一个实体的关系性质是"一对多"。如果要修改性质,双击要修改的关系,在弹出的对话框中选择 Cardinalities 卡,然后重新选择性质。分别给两个关系取名为 booklist 和 have。

最终,"机票预订系统"的 CDM 如图 8.12 所示。

admin 实体与图 8.12 中的三个实体无实质联系,因此在图 8.12 中就不显示出来了。

(4) 将 CDM 文件转换为 PDM 文件。

CDM 完成了,就说明数据库的概念设计结束,可以进行逻辑和物理设计,转换为与具体的 DBMS 相关的物理模型,即 PDM(Physical Data Model)。

① 检查 CDM。单击菜单栏中的 Tools→Check Model…,弹出如图 8.13 所示的对话框,之后单击"确定"按钮。

② 如果检查无错,则单击菜单栏中的 Tools,从下拉菜单中选中 Generate Physical Data Model…,弹出如图 8.14 所示的对话框。

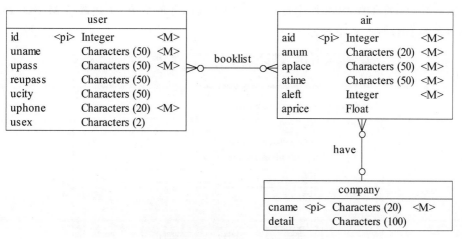

图 8.12 "机票预订系统"的 CDM

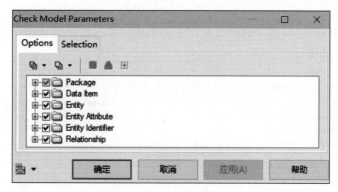

图 8.13 CDM 检查框

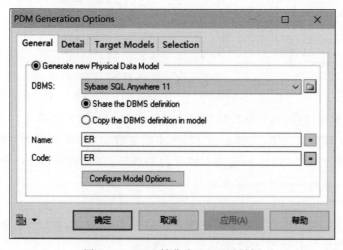

图 8.14 CDM 转化为 PDM 对话框

图 8.14 中,在 DBMS 一栏中选择相应的数据库管理系统,在此选择 MySQL 5.0,修改模型名为 DB,如图 8.15 所示。

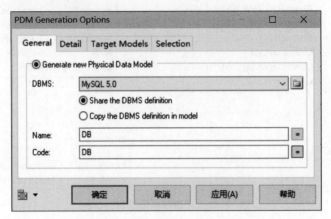

图 8.15　CDM 转化为 PDM 对话框

在图 8.15 中单击"确定"按钮后,对产生后的 PDM 进行格式调整(字体设置、背景色和边框色设置),如图 8.16 所示。

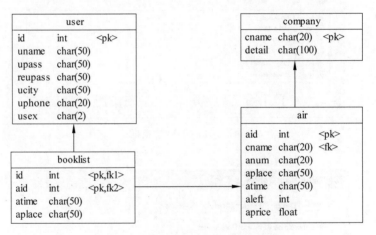

图 8.16　"机票预订系统"的 PDM 图

从图 8.16 中可以看出,转化后的实体多了一个 booklist,即将图 8.12 的 CDM 中多对多关系 booklist 转化成实体,实体 user 和 air 中的主键 id 和 aid 分别为实体 booklist 的两个外键。为了便于显示 PDM 转化为 OOM 后的类图,在实体 booklist 中添加两个属性 atime 和 aplace,表示订票时间、出发地和目的地。

(5)生成脚本.sql 文件。

PDM 转化成功后,可以发现菜单栏中多了一个 Database,单击该菜单,能将 PDM 自动新建数据库脚本.sql,如图 8.17 所示。

单击图 8.17 中的"确定"按钮,即可在 D 盘下生成新建数据库脚本文件 crebas.sql,其内容如下所示。

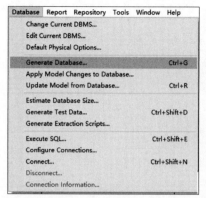

图 8.17　PDM 生成 .sql 示意图

```
drop table if exists admin;
drop table if exists air;
drop table if exists booklist;
drop table if exists company;
drop table if exists user;
/* ============================================================ */
/* Table: admin                                            */
/* ============================================================ */
create table admin
(
   adminname      char(20) not null,
   detail         char(100),
   primary key (adminname)
);


/* ============================================================ */
/* Table: air                                              */
/* ============================================================ */
create table air
(
   aid        int not null,
   lid2       char(20),
   anum       char(20) not null,
   aplace     char(50) not null,
   atime      char(50) not null,
   aleft      int not null,
   aprice     float,
   primary key (aid)
);
```

```
/* ============================================================= */
/* Table: booklist                                      */
/* ============================================================= */
create table booklist
(
   id         int not null,
   aid        int not null,
   atime      char(50) not null,
   aplace     char(50) not null,
   primary key (id, aid)
);


/* ============================================================= */
/* Table: company                                       */
/* ============================================================= */
create table company
(
   lid2       char(20) not null,
   cname      char(20) not null,
   detail     char(100),
   primary key (cname)
);


/* ============================================================= */
/* Table: user                                          */
/* ============================================================= */
create table user
(
   id         int not null,
   uname      char(50) not null,
   upass      char(50) not null,
   reupass    char(50),
   ucity      char(50),
   uphone     char(20) not null,
   usex       char(2),
   primary key (id)
);

alter table air add constraint FK_have foreign key (lid2)
references company (lid2) on delete restrict on update restrict;
alter table booklist add constraint FK_booklist foreign key (id)
references user (id) on delete restrict on update restrict;
alter table booklist add constraint FK_booklist2 foreign key (aid)
references air (aid) on delete restrict on update restrict;
```

(6) 建立机票预订系统数据库 airbook,在 MySQL 5.0 中运行该脚本,即可看出新建数据库中的 5 个关系表,如图 8.18 所示。

图 8.18　由 PDM 生成的.sql 运行后的效果图

数据库建模示例

数据库建立后的关系表结构见表 8.1～表 8.5。

表 8.1　admin 表

序号	属性名	类型	长度	说明	空值	主键
1	adminname	char	20	管理员姓名	not null	是
2	adminpassword	char	100	管理员密码	not null	否

表 8.2　air 表

序号	属性名	类型	长度	说明	空值	主键
1	id	int	50	航班号	not null	是
2	anum	char	20	航班名	not null	否
3	atime	char	50	出发时间	not null	否
4	aplace	char	50	目的地＋出发地	not null	否
5	aleft	int	10	剩余票数	not null	否
6	aprice	float	10,2	单价	null	否

表 8.3　booklist 表

序号	属性名	类型	长度	说明	空值	主键
1	id	int	50	订单编号	not null	是
2	uid	int	50	会员编号	not null	否
3	aid	int	50	航班号	not null	否
4	username	char	50	会员名	not null	否
5	anum	char	50	航班名	not null	否
6	time	char	50	订票时间	not null	否
7	atime	char	50	出发时间	not null	否
8	aplace	char	50	出发地＋目的地	not null	否
9	sum	float	10,2	订票金额	null	否
10	pay	char	2	付款否	null	否

表 8.4　company 表

序号	属性名	类型	长度	说明	空值	主键
1	cname	char	20	航空公司名称	not null	是
2	detail	char	100	公司介绍	not null	否

表 8.5　user 表

序号	属性名	类型	长度	说明	空值	主键
1	id	int	10	会员身份证	not null	是
2	uname	char	50	会员名	not null	否
3	upass	char	50	登录密码	not null	否
4	reupass	char	50	确认密码	null	否
5	ucity	char	50	所在城市	null	否
6	uphone	char	20	联系电话	not null	否
7	usex	char	2	会员性别	null	否

8.4.3　系统运行软件

1. 操作系统

软件运行的操作系统的选择应基于用户的实际需求、软件开发的成本效益分析结果。选择既满足客户需求、性价比高，又有足够的稳定性、安全性、可靠性以及开发方便性、灵活性、可扩展性的系统。

"机票预订系统"的服务器端采用的是 Windows 10 以上的操作系统。

2. 数据库

目前流行的操作系统有 Oracle、DB2、MS SQL Sever、MySQL 等。前 3 种数据库均为商业数据库，功能强大。MySQL 简单易用、稳定可靠，且开源和免费，适合中小型软件系统的开发。"机票预订系统"采用的是 MySQL 数据库。

3. Web 服务器

对于采用 J2EE 平台的系统，可选用如 Tomcat、Resin、JBoss、WebSphere 和 WebLogic 等。其中，Tomcat 是免费的，"机票预订系统"采用的 Web 服务器是 Tomcat。

8.4.4　概要设计说明书格式

概要设计说明书又可称系统设计说明书，其编制的目的是说明对程序系统的设计考虑，包括系统的体系结构设计、系统的软件结构设计、对象设计、功能分配、接口设计、运行设计、安全设计、数据结构设计和出错处理设计等，为程序的详细设计提供基础。

以下是概要设计模板。

1　范围

1.1　标识

文件状态：	文件标识：	概要设计报告 A3
[　]草稿	当前版本：	1.0
[　]正式发布	作者：	
[√]正在修改	完成日期：	

1.2　系统概述

1.2.1　软件名称

1.2.2　软件功能简述

1.2.3　用户

1.3　文档概述

1.4　基线

面向对象概要设
计说明书示例

2　引用文件

3　系统体系结构

3.1　系统总体设计框架

3.2　运行环境

4　系统类设计

4.1　类的划分

4.2　类间关系的确定

5　系统数据库设计

5.1　逻辑设计要点

5.2　物理设计要点

5.3　数据结构与程序的关系

5.3.1　静态数值需求

5.3.2　进度需求

5.3.3　时间特性要求

5.3.4　灵活性

5.3.5　数据管理能力需求

5.4　数据库设计描述

5.4.1　数据库分析

5.4.2　数据库设计说明(系统中的关系表设计)

6　程序设计说明

6.1　程序描述

6.1.1　前台程序

6.1.2　后台程序

6.2　功能描述(使用动态模型进行描述)

6.2.1　功能 1

……

6.2.n　功能 n

6.3　性能描述

6.3.1　时间特性需求

8.5　对象设计

8.5.1　对象设计的任务

面向对象设计是扩充、完善和细化面向对象分析模型的过程,设计类服务是重要的内容之一。

1) 确定类中应有的服务

需要综合考虑对象模型、动态模型和功能模型,才能正确确定类中应有的服务。对象模型是进行对象设计的基本框架。设计者必须把动态模型中对象的行为以及功能模型中的数据处理转换成由适当的类提供的服务。

一张状态图描绘了一类对象的生命周期,图中的状态转换是执行对象服务的结果。对象的许多服务都与对象接收到的事件密切相关。事实上,事件就表现为消息,接收消息的对象必然包含由消息选择指定的服务,该服务改变对象状态(修改相应的属性值),并完成相应的动作。对象的动作既与事件有关,也与对象的状态有关。因此,完成服务的算法自然也和对象的状态有关。如果一个对象在不同状态接收相同的事件,但是其行为不同,则实现服务的算法中应设置一个依赖状态的 DO-CASE 型控制结构。

功能模型指明了系统必须提供的服务。状态图中触发状态转换的动作,可以在功能模型中找到对应的用例,用例与对象提供服务相对应。当一个服务涉及多个对象时,为了判定它的归属,设计必须均衡它在各个对象中所处的作用,通常在起主要作用的对象中定义这个服务。

下面给出的两条规则有助于确定服务的归属。

(1) 如果一个服务影响了一个对象,则最好把该服务定义在服务的目标对象中。

(2) 考查服务涉及的对象类及这些类之间的关联,从中找出处于中心地位的类。如果其他类和关联围绕这个类构成星形结构,则这个服务应定义在中心类中。

2) 设计实现服务的方法

在面向对象设计过程中还应进一步设计实现服务的方法,主要完成以下四方面工作:

(1) 设计需要服务的算法。设计实现服务的算法时,应该考虑的因素包括:算法复杂度、易理解、易实现以及易修改性,以满足用户需求为准;折中效率与易理解、易实现;尽可能预测将来可能要做的修改,为设计做准备。

（2）选择数据结构。在面向对象设计过程中，需要选择能够方便、有效地实现算法的物理数据结构。

（3）算法与数据结构的关系。确定服务方法的算法与数据结构非常关键：分析问题寻找数据点，提炼出有效算法；定义实现算法的相关数据结构；对此数据结构进行算法的详细设计；评估，以确定最佳设计。

（4）定义内部类和内部操作。在对象设计中可能需要增添一些在需求陈述中没有提到的类，这些新增加的类主要用于存放在执行算法过程中得出的某些中间结果。

3）新增底层操作

复杂操作往往可以用简单对象上的更低层操作定义。因此，分解高层操作时，常常需要引入低层操作。在对象设计中应该定义新增加的低层操作。

8.5.2　程序设计的工具

在对象设计中，设计者还常采用传统的过程设计工具描述实现服务的算法。在此选择几种比较有代表性、使用广泛且易学易懂的过程设计方法。

1. 程序流程图

程序流程图又称为程序框图，它是历史最悠久、使用最广泛的描述过程设计的方法。它的主要优点是对控制流程的描绘很直观，便于初学者掌握。程序流程图历史悠久，至今仍在广泛使用着。

程序流程图中使用的符号如图 8.19 所示。

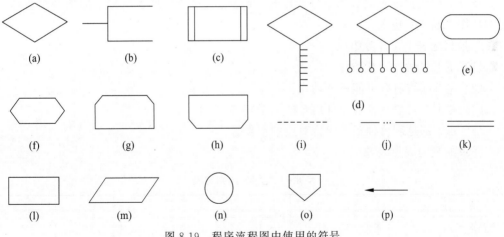

图 8.19　程序流程图中使用的符号

图 8.20 所示的是登录功能程序流程图的示例。

程序流程图的缺点有以下 3 个。

（1）程序流程图本质上不是逐步求精的好工具，它诱使程序员过早地考虑程序的控制流程，而不考虑程序的全局结构。

（2）程序流程图中用箭头代表控制流，因此，程序员可以不受任何约束，完全不顾结构程序设计的精神,随意转移控制。

（3）程序流程图不易表示数据结构。

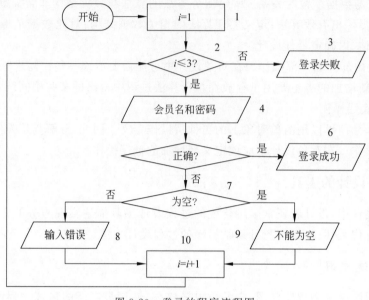

图 8.20 登录的程序流程图

2. 判定表

当算法中包含多重嵌套的条件选择时,判定表能够清晰地表示复杂的条件组合与应做的动作之间的对应关系。

一张判定表由 4 部分组成。

（1）左上部列出所有条件。

（2）左下部是所有可能做的动作。

（3）右上部是表示各种条件组合的一个矩阵。

（4）右下部是和每种条件组合对应的动作。

登录的判定表见表 8.6。

表 8.6 "登录"的判定表

条　件	1	2	3	4	5	6	7
会员名	T	T	T	F	F	F	F
密码	T	F	F	T	T	F	F
输入次数>3	—	T	F	T	F	T	F
登录成功	√						
登录失败		√		√		√	
继续输入			√		√		√

判定表的优缺点如下所示。

(1) 判定表的优点是能清晰地表示复杂的条件组合与应做的动作之间的对应关系；因此,比较容易被计算机转换而实现。

(2) 判定表的缺点是它不是一眼就能看出来的,初次接触这种工具的人理解它需要有一个简短的学习过程；而且,当需要组合的条件过多,判定表的复杂度会增大,简洁程度也将下降。

判定表也是软件测试中设计测试用例的一种常用工具,第 10 章会深入叙述。

3. 判定树

判定树是判定表的变种,也能清晰地表示复杂的条件组合与应做的动作之间的对应关系。多年来,判定树是一种比较常用的系统分析和设计的工具。

登录的判定树如图 8.21 所示。

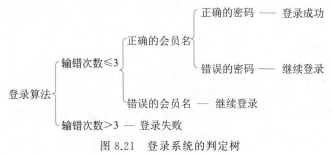

图 8.21　登录系统的判定树

判定树的优缺点如下所示。

(1) 判定树形式简单,一眼就可以看出其含义,因此易于掌握和使用。

(2) 判定树也有缺点,即简洁性不如判定表,数据元素的同一个值往往要重复写多遍,而且越接近树的叶端,重复次数越多。

(3) 画判定树时,分枝的次序可能对最终画出的判定树的简洁程度有较大影响。

4. 过程设计语言

过程设计语言(Process Design Language,PDL)也称为伪码,它是用正文形式表示数据和处理过程的设计工具。PDL 具有严格的关键字外部语法,用于定义控制结构和数据结构；另一方面,PDL 表示实际操作和条件的内部语法,通常是灵活自由的,可以适应各种工程项目的需要。

PDL 是一种"混杂"语言,它使用一种语言的词汇,同时使用另一种语言的语法。

PDL/Java 伪代码的基本控制结构如下所示。

(1) 简单陈述句结构：避免复合语句。

(2) 判定结构：if (){} else {} 或 switch(){ }。

(3) 重复结构：while () {} 或 do{}while() 结构。

登录的 PDL/Java 伪代码如下所述。

```
boolean Login(username, password){
```

```
i=1;
while(i<=3){
    if(username 正确 || password 正确) {
        return true;
    }
    if(username="" || password="") {
        输出信息:用户名或密码不能为空,请再次输入
    }
    if(username 不正确 || password 不正确) {
        输出信息:用户名或密码错误,请再次输入
    }
    i=i+1;
}
输出信息: 3 次登录失败
return false;
}
```

PDL 的特点如下所示。

(1) 关键字的固定语法。它提供了结构化控制结构、数据说明和模块化的特点。

(2) 自然语言的自由语法,描述处理特点。

(3) 数据说明的手段。它应该既包括简单的数据结构,又包括复杂的数据结构。

(4) 模块定义和调用的技术。它提供各种接口描述模式。

因此,PDL 可以作为注释直接插在源程序中间,有助于保持文档和程序的一致性,提高了文档的质量;可以使用普通的正文编辑程序或文字处理系统,很方便地完成 PDL 的书写和编辑工作;更快捷的是,有自动处理程序存在,可自动由 PDL 生成程序代码。

PDL 的缺点是不如图形工具形象直观,描述复杂的条件组合与动作间的对应关系时,不如判定表清晰、简单。

5. 程序复杂程度的定量度量

设计出的模块质量可以使用软件设计的基本原理和概念进一步仔细衡量它们的质量。但是,这种衡量毕竟只能是定性的,人们希望能进一步定量度量软件的性质。

定量度量程序复杂程度的作用主要有以下几个。

(1) 用程序的复杂程度乘以适当常数即可估算出软件中错误的数量以及软件开发需要的工作量。

(2) 定量度量的结果可用来比较两个不同的设计或两个不同算法的优劣。

(3) 程序的定量的复杂程度可以作为模块规模的精确限度。

McCabe 方法根据程序控制流的复杂程度定量度量程序的复杂程度,这样度量出的结果称为程序的环形复杂度,它的计算依据是流图。

所谓流图,实质上是"退化了的"程序流程图,它仅描绘程序的控制流程,完全不表现对数据的具体操作以及分支或循环的具体条件。流图的具体表示有以下几点。

（1）结点：用圆表示，一个圆代表一条或多条语句。

（2）边：箭头线称为边，代表控制流。在流图中，一条边必须终止于一个结点，即使这个结点并不代表任何语句。

（3）区域：由边和结点围成的面积称为区域，包括图外部未被围起来的区域。

图 8.22(a)所示的程序流程图退化后的流图如图 8.22(b)所示。

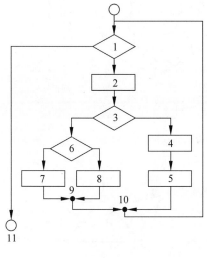 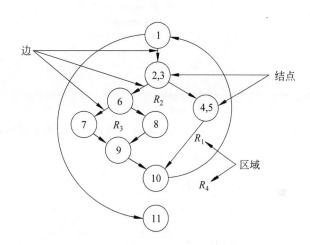

(a) 程序流程图　　　　　　　　　　　　　　　(b) 退化后的流程

图 8.22　流图示例

计算环形复杂度的方法之一是环形复杂度定量度量程序的逻辑复杂度。有了描绘程序控制流的流图之后，可以用下述 3 种方法中的任何一种计算环形复杂度 $V(G)$。

（1）$V(G)=$ 流图中的区域数。

（2）$V(G)=E-N+2$，其中 E 是流图中的边数，N 是结点数。

（3）$V(G)=P+1$，其中 P 是流图中判定结点的数目。

图 8.22 所示流图的环形复杂度为 4。实践表明，模块规模以 $V(G)\leqslant10$ 为宜。

环形复杂度的用途主要包括以下 3 个。

（1）定量度量程序内分支数或循环个数，即程序结构的复杂程度。

（2）定量度量测试难度。

（3）能对软件最终的可靠性给出某种预测。

用任何方法表示的过程设计结果都可以翻译成流图。图 8.23 是用 PDL 表示的处理过程及与之对应的流图。

如果过程设计中包含复合条件，应该把复合条件分解为若干个简单条件，每个简单条件对应流图中的一个结点。所谓复合条件，就是在条件中包含了一个或多个布尔运算符（逻辑 OR，AND，NAND，NOR）。图 8.24 是由包含复合条件的 PDL 片段转换而成的流图。

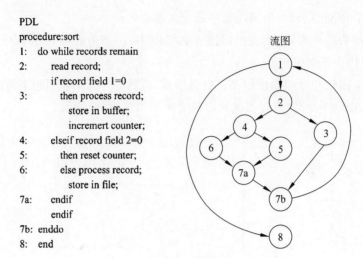

图 8.23　由 PDL 转换来的流图

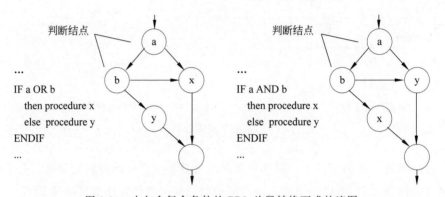

图 8.24　由包含复合条件的 PDL 片段转换而成的流图

8.5.3　对象设计原则

1. 类的设计原则

对于面向对象软件系统的设计而言,在支持可维护性的同时,提高系统的可复用性是一个至关重要的问题。如何同时提高一个软件系统的可维护性和可复用性是面向对象设计需要解决的核心问题之一。在面向对象设计中,可维护性的复用是以设计原则为基础的。每个原则都蕴含一些面向对象设计的思想,可以从不同的角度提升一个软件结构的设计水平。

面向对象设计原则为支持可维护性复用而诞生,这些原则蕴含在很多设计模式中,它们是从许多设计方案中总结出的指导性原则。

面向对象设计原则也是用于评价一个设计模式的使用效果的重要指标之一。

(1) 单一职责原则(Single Responsibility Principle,SRP)。

所谓职责,是指类变化的原因。此原则规定一个类应该只有一个发生变化的原因。

该原则由 Robert C. Martin 在《敏捷软件开发：原则、模式和实践》一书中给出,此原则是基于 Tom DeMarco 和 Meilir Page-Jones 的著作中的内聚性原则发展出的。

如果一个类有多于一个的动机被改变,那么这个类就具有多于一个的职责,实际上就是耦合了多个不相关的职责,从而降低了这个类的内聚性。

（2）开—闭原则（Open-Close Principle,OCP）

一个类应当对扩展开放,对修改关闭。"对扩展开放（Open for Extension）"意味着类的行为是可以扩展的,当应用程序的需求改变时,可以对类进行扩展,使其具有满足改变的行为。"对修改关闭（Close for Modification）"意味着不用修改类,就能扩展这个类的新行为。

（3）里氏替换原则（Liskov Substitution Principle,LSP）。

任何基类出现的地方,子类一定可以出现。LSP 是继承复用的基石。只有当衍生类可以替换基类,软件单位的功能不受到影响时,基类才能真正被复用,而衍生类也能够在基类的基础上增加新的行为。

Liskov 于 1987 年提出了一个关于继承的原则 Inheritance should ensure that any property proved about supertype objects also holds for subtype objects.——"继承必须确保超类所拥有的性质在子类中仍然成立"。也就是说,当一个子类的实例能够替换任何其超类的实例时,它们之间才具有 is-A 关系。

（4）依赖倒置原则（Dependence-Inversion Principle,DIP）。

系统抽象化的具体实现,要求对抽象进行编程,不要对实现进行编程,这样就降低了客户与实现模块间的耦合。

依赖倒置原则是很多面向对象技术的根基。它特别适合用于构件可复用的软件框架,有利于编写弹性、易于变化的代码;此外,由于抽象和细节彼此隔离,代码也便于维护。

（5）接口隔离原则（Interface Segregation Principle,ISP）。

客户端不应该依赖它不需要的接口,一个类对另一个类的依赖应该建立在最小的接口上。要求接口的方法尽量少,接口尽量细化。

接口隔离原则和单一职责原则很相似,区别在于观察角度不同。前者是从调用者的角度来看;而后者从类或自身方法的角度来看。

（6）迪米特原则（Law of Demeter,LoD）。

迪米特原则又叫最少知识原则（Least Knowledge Principle,LKP）,也就是说,一个对象应当对其他对象有尽可能少地了解,即"不和陌生人说话"。降低系统的耦合度,使一个模块的修改尽量少地影响其他模块,扩展会相对容易。

该原则于 1987 年秋天由美国 Northeastern University 的 Ian Holland 提出,被 UML 的创始者之一 Booch 等普及。后来,因为在经典著作 *The Pragmatic Programmer* 中出现而广为人知。

（7）组合/聚合复用原则（Composition/Aggregation Reuse Principle,C/ARP）。

在面向对象的设计中,如果直接继承基类,会破坏封装,因为继承将基类的实现细节暴露给子类;如果基类的实现发生改变,则子类的实现也不得不发生改变;从基类继承而来的实现是静态的,不可能在运行时发生改变,没有足够的灵活性。

组合/聚合复用原则指出,在实际开发设计中尽量使用合成/聚合,不要使用类继承。

2. 包的内聚性设计原则

(1) 共同重用原则(Common Reuse Principle,CRP)。

一个包中的所有类应该是共同重用的,也就是说,如果重复用了包中的一个类,就要重用包中的所有类。换句话说,相互之间没有紧密联系的类不应该放在同一个包中。

(2) 共同封闭原则(Common Closure Principle,CCP)。

包中的所有类对于同一种性质的变化应该是共同封闭的。一个变化若对一个封闭的包产生影响,则将对该包中的所有类产生影响,而对于其他包则不造成任何影响,这样会减少软件的发布、重新验证和重新发布的工作量。

3. 包之间的耦合性设计原则

(1) 无环依赖原则(Acyclic Dependencies Principle,ADP)。

包之间的依赖结构必须是一个直接的无环图形(DAG)。换成另一个说法是,包之间的依赖不能是一个环状形式,否则对类的隔离会变得非常难。

(2) 稳定依赖原则(Stable Dependencies Principle,SDP)。

对于任何包而言,如果它是可变的,就不应该让一个难以更改的包依赖它。否则,可变的包也会难以更改。

(3) 稳定抽象原则(Stable Abstractions Principle,ASP)。

包的抽象程度应该和其稳定程度一致。稳定的包应该是抽象的,它的稳定性使其灵活扩展。一个包的抽象程度越高,它的稳定性越高。反之,它的稳定性就低。

明确对象设计任务后,在对象设计原则的指导下使用程序设计工具才能实施对象设计。总之,在对象设计阶段继续完善面向对象方法中的 3 个基础模型:对象模型、功能模型以及动态模型。

8.5.4 实践项目包设计

项目包的设计实际是软件系统的高层软件结构的设计,也要体现分层设计思想。

以"机票预订系统"为例,依据类的职责相似性划分出 4 个软件包:controller、dao、entity、web。图 8.25 表示了 4 个包之间的依赖关系。

从图 8.25 中可以得出,软件包的划分呈现出一种层次结构。

(1) controller 包位于顶层,直接处理来自客户端浏览器的请求,根据请求调用相应web 包这一层的业务逻辑。

(2) web 包层实现系统具体的业务逻辑,根据需要请求 dao 包这一层的相应类完成数据库的访问操作。

(3) dao 包实现对数据库的访问功能,一般情况下,会对每个 entity 类设计一个dao 类。

在 controller、web、dao 三层间,通过 entity 实现数据的交换。在一个更复杂的系统中,往往不会直接使用 entity 交换数据,而会设计相应的 dao 对象充当这一角色。

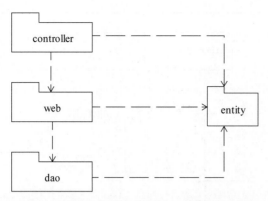

图 8.25　"机票预订系统"软件包之间的相互关系

（4）entity 包中的类直接与数据库中的表进行映射，一个 entity 往往对应数据库中的一张关系表。

在 controller 包中，依据类在业务逻辑上处理的不同，进一步划分出 3 个包：admin、air 和 user，如图 8.26 所示。

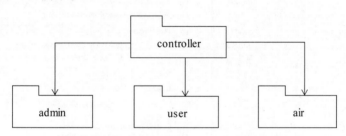

图 8.26　"机票预订系统"controller 包的划分

因为业务逻辑简单，并且对应类的数量不多，所以 web 包和 dao 包没有划分的必要，就不再划分。在实际项目中，包的划分还是比较灵活的，不需要拘泥某个固定的模式。

"机票预订系统"是基于 B/S 体系结构的一类应用，来自浏览器的请求将直接与 controller 交互，需要对请求的合法性进行验证。一方面需要验证用户是否登录，另一方面需要确认登录的用户是否有权限进行相应的操作。

Spring 框架中的每个 controller 都自带一个拦截器，以拦截器机制实现系统安全控制。在此，用顺序图的形式描述各包如何配合完成一个来自客户端的请求，如图 8.27 所示。

8.5.5　实践项目对象的设计

1. 实体类的设计

根据 8.4.2 节的图 8.16 所示的 PDM 图，将它转换为对应的类图，如图 8.28 所示。
单击"确定"按钮即可得到相应的类图，如图 8.29 所示。
与 7.2.2 节中的图 7.10 相比，user 类和 air 类之间耦合度降低了，显然，数据的冗余也

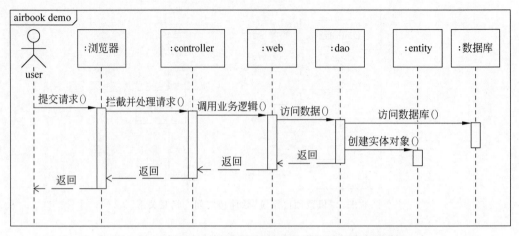

图 8.27 "机票预订系统"软件包配合完成用户请求顺序图

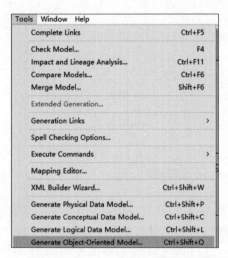

图 8.28 PDM 转换为类图的过程示意图

降低了。

（1）user 类和 air 类的独立性增强。也就是说，user 类和 air 类进行的操作基本上包括添加数据、删除数据、修改数据以及查询数据等，操作时不会影响别的类。

（2）booklist 类承担了 user 类和 air 类之间的联系。booklist 类在实现服务时，只需要从这两个类中提取数据，而不会修改这两个类中的数据。

（3）数据冗余迁移。从图 8.29 中得出，许多关系从 CDM 中衍化而来，因此，user 类和 air 类分别与 booklist 类发生关联，也就是说，booklist 类导致 user 类和 air 类间接关联，数据冗余会导致操作异常。

（4）优化类间关系，进一步降低耦合。类之间的通信通过消息传递，消息以服务形式出现在某个具体类中，很显然，涉及 user 类和 air 类之间的关联操作的都体现在 booklist 类中。例如，在实现"订票"服务时，booklist 类需要通过旅客身份证（id）从 user 类中提取

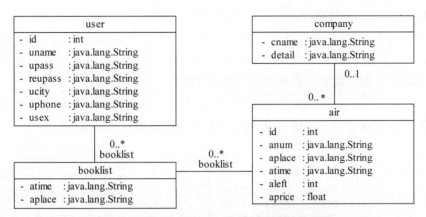

图 8.29 PDM 转换而来"机票预订系统"的类图

旅客信息；接着，通过航班号（anum）从 air 类中提取航班信息，其他订单信息则由 booklist 自身产生数据。因此，服务从 booklist 出发，根据需要分别关联另外两个类。

图 8.27 优化后的类图如图 8.30 所示。

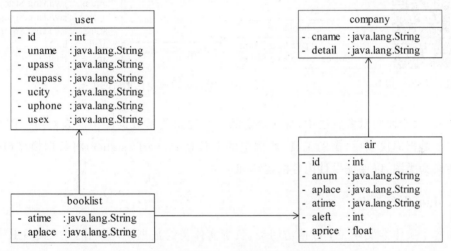

图 8.30 图 8.27 优化后的类图

从图 8.30 可以看出类图中有 3 处得到了改善。

（1）booklist 类关联 user 类和 air 类，进一步独立了后两个类。

（2）原来 user 类与 booklist 类之间的关联重数由一对多降到 booklist 类与 user 类之间的关联重数一对一（一对一的重数在类图中无须表示出来）。同理，air 类和 company 类、booklist 类和 air 类的重数也都降到一对一，类之间的关系得到进一步解耦。

（3）图 8.30 中，booklist 类中的对象在服务实现时，与 user 类和 air 类的对象进行关联（如果对象属性较多，会引起"公共耦合"）。因为 user 对象中的 id 和 air 对象中的 id 可以表示唯一的对象，因此可以将公共耦合降低为"数据耦合"，即 booklist 对象关联的不是 user 对象，而是对象中的 id 属性（在类图中，只需要双击该关联线，在 Detail 卡的 Role name 项中输入 id 即可）。同理，另两条关联线也可以进行类似的变动。

因此,对图 8.30 中的类图进一步优化,如图 8.31 所示。

"机票预订系统"的类图虽然进行了优化,但是只确定了类中的属性和类之间的关系。类是属性和服务的封装,服务的添加是对象设计的另一个关键。类的最终形成要等数据库、实体类的父类以及服务逻辑确定之后才能完成。

从上述描述中可以看出,在类图的设计过程中要充分利用面向对象原则降低类之间的耦合度,增强软件结构的灵活性,从而提升软件的可复用性和可维护性。

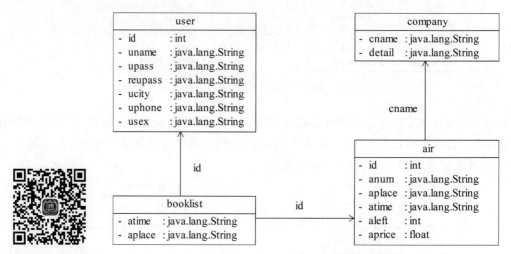

类图设计及优化(无服务)　　　　　图 8.31　图 8.30 进一步优化后的类图

此外,由于面向对象方法中,具体确定的类往往跟关系数据库中的表对应。因此,建议建立了数据库模型后,借助工具(此例中的工具是 PowerDesigner)将数据模型(PDM)自动转换为类图,以保证设计内容的延续和一致。

2. dao 层的设计

为每个实体类设计一个数据访问类,负责实体类的数据访问操作(主要是 CRUD 操作,即 Create、Read、Update 和 Delete 操作)。"机票预订系统"的数据库访问类包括:admindao、airdao、booklistdao 以及 userdao(因为 company 类很少操作,所以就将此类与 air 类合并了,在 air 类中添加 a company 属性,代表航空公司名称)。

这 4 个类都负责各自实体对象的 CRUD 操作(即数据库的 4 个基本操作:增、删、改、查),具体功能上有很大的相似性。JpaRepository 继承自 PagingAndSortingRepository 接口,JpaRepository 基于 JPA 的 Repository 接口,极大地减少了 JPA 作为数据访问的代码,JpaRepository 是实现 Spring Data JPA 技术访问数据库的关键接口。

"机票预订系统"数据访问类的父类如图 8.32 所示。

3. web 层的设计

机票预订系统的核心功能比较简单,包含 4 个实体类:对管理员信息的管理、对航班信息的管理、对订单信息的管理以及对旅客信息的管理。

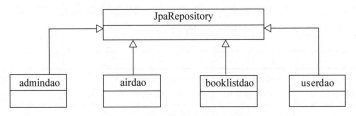

图 8.32 "机票预订系统"数据访问类的父类

分别设计这 4 个实体类的 service 类(实现实体的业务逻辑,包名为 web)。将 service 类和 dao 类结合在一起形成的类如图 8.33 所示。

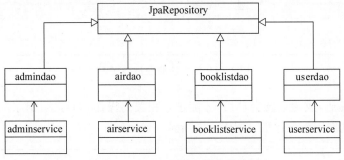

图 8.33 service 和 dao 结合的类图

4. controller 层设计

controller 负责处理来自浏览器的请求,其设计与请求对应,或者说是直接相关的。一般情况下,可以针对一个用例设计一个 controller 类。当然,如果两个用例在逻辑上相似,是可以共享一个 controller 类的。

根据 7.2.1 节中的系统用例图(图 7.9)设计 controller 层的包图,如图 8.34 所示。

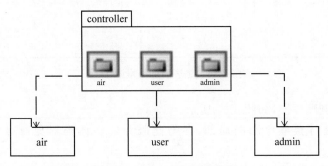

图 8.34 controller 层的类图

5. 完整的请求逻辑

层次间的类图设计完毕,再来看实体类的类图。图 8.31 所示的类图确定了属性和类间的关系,但是未确定类的方法(即服务)。对服务的具体设计,能说明 7.2.1 节中图 7.9

中的用例是"怎么做"以及"何时做"的。下面以注册会员用例、查询航班用例以及订票用例为例,用顺序图说明具体的请求下,对象之间如何协作完成指定的服务。

(1)注册会员用例顺序图,如图 8.35 所示。

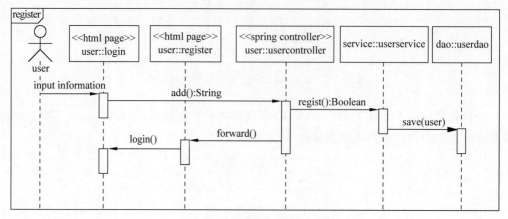

图 8.35　旅客注册会员顺序图

旅客需要注册,成为系统会员后,才能进行相关的操作,如订票、退票和查票。

(2)查询航班用例顺序图,如图 8.36 所示。

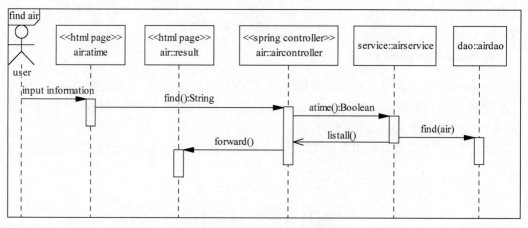

图 8.36　旅客查询航班顺序图

(3)订票用例顺序图,如图 8.37 所示。

图 8.37 只是订票顺序图的局部,参与此服务的实体类对象有 3 个:user、air 和 booklist。

(1)检索条件搜索航班。查询航班用例顺序图已在前面说明(检索条件是出发时间)。

(2)登录。检查旅客是否为会员,登录过程类似查询航班。

(3)订票。顺序图描述的是界面和各层之间的交互,并未体现订票具体的业务流程,具体的控制流程可以用程序流程图或活动图进行细化。

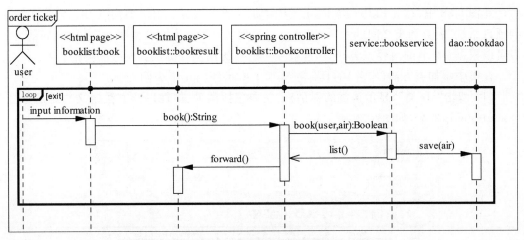

图 8.37 旅客订票顺序图

图 8.37 中循环框的设置,说明顺序图不仅能体现对象之间的交互时间顺序,还能体现程序的 3 种控制结构。

等图 7.9 中的所有服务设计完毕后,即可添加在图 8.31 中,如图 8.38 所示。

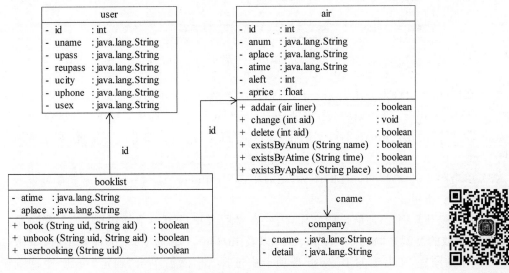

图 8.38 实体类层次的机票预订系统类图   机票预订系统类图

在图 8.38 中,user 类、air 类以及 company 类都是单类,即没有和别的类发生关系。这些类的主要操作是数据的提取,以及数据的增、删、改以及查操作。涉及 air 类和 user 类之间通信的服务,都应该在 booklist 类中声明。

此外要说明的是,为了降低描述的复杂性,相关类的服务声明与实体类绑定在一起。在实际实现中,实体类 service 中的服务只是存取操作(即 get()和 set()方法),具体类的服务只在这些实体类的容器(数据库、数组或链表)中才得以体现。

在图 8.38 中,在 booklist 类和 air 类中添加了类的服务。由于图 8.31 中已确定了"机票预订系统"的类和类之间的关联,因此可以根据 7.2 节的功能模型和动态模型(局部,读者可以根据 7.2 节的内容完善)把功能模型中所有的用例都绑定到相应的类中。

在类中添加类方法(服务)的具体过程如下所示(以 air 类为例)。

(1) 双击"air 类",显示该类的对话框(主要包括类名、属性以及方法定义),之后选择 Operations 选项卡,如图 8.39 所示。

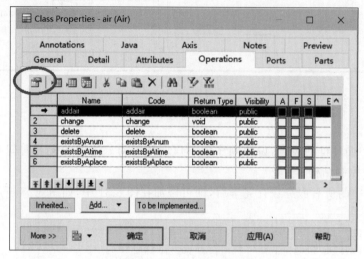

图 8.39　添加方法界面

(2) 在图 8.39 中输入方法名 addair,选择返回类型 boolean、可见性质 public(有 4 个选项:private、public、protected 或 package)以及 A、F、S。其中,A、F、S 分别代表 Abstract(可以实例化)、Final(不可实例化)、Static(静态方法)。如果都不勾选,则是普通方法。

(3) 单击图 8.39 中圆圈标注的图标,之后单击 Parameter 选项卡,进入方法参数设置界面,如图 8.40 所示。

由于 addair 是一个添加航班的操作,因此在参数表里设置一个标识名 liner,类型是"航班类",参数的类型是"输入"(有 In、Out 以及 In/Out 3 个选项)。选择类型时,单击图 8.40 圈中的图标,在出现的 Browse 选项卡中选择 air,然后单击"确定"按钮,返回到图 8.39 所示界面。

再看 delete()方法的设定:该方法是撤销航班的方法,参数的设置似乎与 addair 参数的设置相同,实际上有些区别,在撤销航班前需要查找该航班,直接根据航班名查找航班即可,无须根据整个航班信息定位具体航班;因此,delete()方法的参数表里不是 air 类的对象,而是航班名,其 Data Type 选择的方式如图 8.41 所示。

(4) 同理,将图 8.31 中 air 类的方法定义完毕,如图 8.38 所示。

(5) 类似地,添加 user 类、company 类以及 booklist 类的所有方法(这里不再逐一描述)。

(6) 当 7.2 节中的用例图表示的功能模型中的用例都作为对象服务添加到具体类中

成为方法后,这时的类图才能体现出是数据和方法的封装体(见图 8.38)。

至此,"机票预订系统"对象设计完毕,可以进入下一个开发阶段,即面向对象编程阶段(3 个模型仍持续迭代开发)。

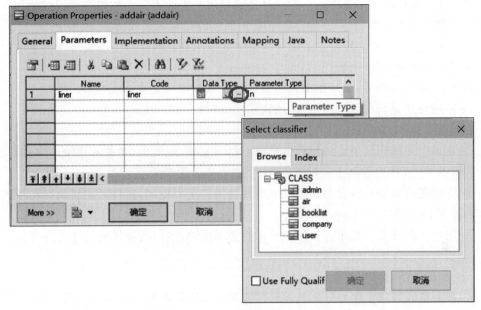

图 8.40　方法参数设置界面

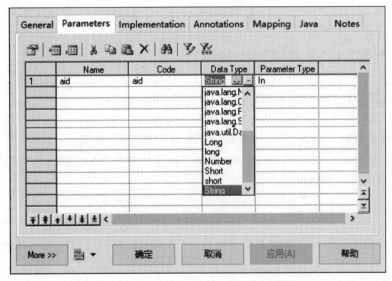

图 8.41　delete()方法中的参数类型设置界面

8.5.6　实践项目界面的设计

在长期的界面设计进化中产生的 3 条"黄金准则"是界面设计原则的基础。

（1）置用户于控制之下。软件的最终使用者是用户，用户想要的是一个对其需求做出反应，并能帮助他完成操作的系统。用户希望的是控制计算机，而不是计算机控制用户。

（2）减少用户的记忆负担。一个设计良好的用户界面不会加重用户的记忆负担。应用软件内部保存有关的信息，并通过能够帮助回忆的交互场景辅助用户。

（3）保持界面一致。用户应该以一致的方式展示和获取信息。所有可视信息的组织均按照贯穿所有屏幕显示所保持的设计标准。

在 Web 应用系统中，表示层组件设计的原则和目标主要有以下 3 个。

1）一般使用原则（适合各种架构的软件系统）

（1）操作简单、方便。

① 简单明了原则。用户的操作要尽可能以最直接、最形象，且最易理解的方式呈现。对于操作接口，直接单击高于右键操作，文字表示高于图标示意。

② 方便使用原则。符合用户习惯为方便使用的第一原则，还包括实现目标功能的最少操作原则、鼠标最短距离移动原则等。

③ 用户导向原则。为了方便用户尽快熟悉系统，应尽可能提供向导性的操作流程。

④ 实时帮助原则。用户需要随时响应问题的实时帮助。

（2）界面简洁，色彩和谐。

① 界面色彩要求。注意计算机发光成像和普通视觉成像的区别，进行恰当的色彩搭配。对于用户长时间使用的系统，应该以用户使用较长时间后视觉不会过于疲劳为宜。例如，以轻色调为主调或以灰色为主调。

② 界面平面版式要求。系统样式排版整齐划一，尽可能划分且固定不同功能区域，以便于用户导航的设置和使用；排版不宜密集，避免产生疲劳感。

2）B/S 构架下的系统表示层的使用原则

B/S 构架下的系统表示层的使用原则主要包括页面最小、屏幕适应、浏览器兼容、最少垂直滚动、禁止水平滚动以及避免隐藏（或右键）操作等。

3）Web 层的设计应保证其清晰性和精炼性的目标

（1）清晰性目标。意味着"显示逻辑"和"业务控制流程"分离。

（2）精炼性目标。Web 层需要负责将"用户的动作转化为应用事件"，以及将"用户输入对应的处理结果转化为相应的显示内容"。

1. 查询航班界面设计

机票预订系统的前台界面是航班查询界面（原型为旅游网站），如图 8.42 所示。

除可以按航班查询外，系统还可以按地点查询、按时间查询以及按公司查询，其界面如图 8.43 所示。

对于旅客查询航班，也可以登录后查询，其处理流程如下所示。

（1）旅客登录系统。

（2）单击选择查询类别。

（3）填写相关的查询信息。

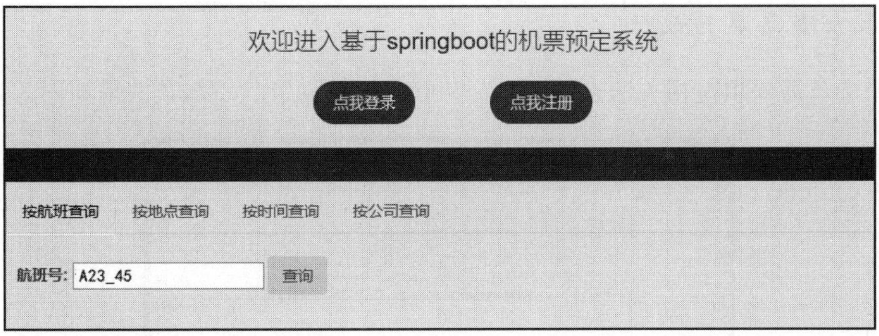

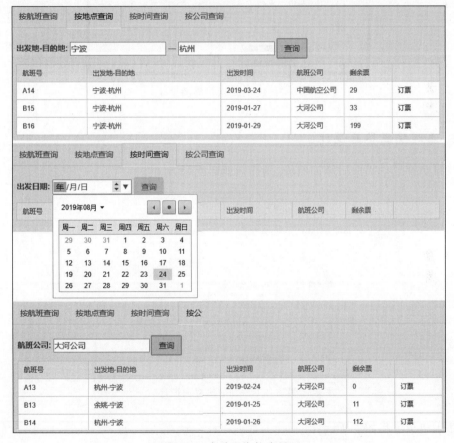

图 8.42 查询航班界面设计

图 8.43 多种查询航班界面

（4）单击"查询"按钮。

（5）系统根据输入的信息去数据库中根据输入的关键字查找。

（6）获取匹配的数据后将其转换为 JSON 的数组类型转到前台。

（7）前台利用 JSON 拼接循环遍历方式循环输出对应的表单。

2. 注册会员界面设计

注册会员需要填写相关信息,其中密码和确认密码必须一致,其效果如图 8.44 所示。

图 8.44　注册会员界面设计

3. 添加航班界面设计

管理员在登录界面后添加航班,其界面如图 8.45 所示。

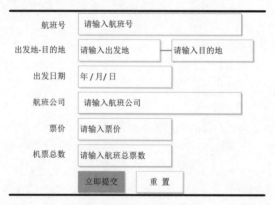

图 8.45　添加航班界面设计

添加机票流程如下所示。

(1) 管理员登录后跳转到管理员界面。

(2) 管理员选择"添加航班"按钮,跳转到添加航班界面。

(3) 管理员在输入有关机票的信息之后单击"提交"按钮。

(4) 根据航班表的航班号判断机票的合理性。

(5) 显示添加成功。

(6) 更新机票信息表,并返回管理员主界面。

4.订票界面设计

旅客进入的订票界面设计如图 8.46 所示。

图 8.46　旅客进入的订票界面设计

订票流程如下所示。

(1) 旅客输入搜索航班关键字后,界面显示符合条件的航班界面。

(2) 航班列表中显示剩余票数,如果剩余票数为 0,说明此航班已不能再订。

(3) 如果票数很多,单击"订票"按钮,显示订票成功,如图 8.47 所示。

图 8.47　订票成功界面设计

(4) 一旦订票成功,就意味着旅客添加了订单,然后返回到订单界面。订票完成后,系统会出机票。

5.查询订单界面设计

旅客可以查看以往的订单,如图 8.48 所示。

图 8.48　查询订单界面设计

8.6 技术设计说明书格式

开发工程师在对象设计阶段需要做的一项重要工作是编写技术设计说明书,它是实现的重要依据。设计说明书主要叙述接口设计、服务的设计以及最终类图的实现。软件设计说明书的模板如下所示。

---

1 范围

1.1 标识

文件状态：	文件标识：	技术设计说明书 A4
[ ]草稿	当前版本：	1.0
[ ]正式发布	作者：	
[√]正在修改	完成日期：	

1.2 编写目的

1.3 文档概述

1.4 基线

2 软件设计约束

2.1 设计目标和原则

2.2 设计约束

3 软件设计描述

3.1 需求规定

3.2 应用技术

3.3 运行环境

3.4 设计框架

3.4.1 系统体系结构设计(用部署图描述)

3.4.2 系统软件结构设计(用组件图和包图描述)

4 系统数据结构设计

4.1 逻辑结构设计(用 CDM 描述)

4.2 物理结构设计(用 PDM 描述)

4.3 数据结构具体描述

4.3.1 静态数值描述

4.3.2 进度描述

4.3.3 时间特性描述

4.3.4 灵活性描述

4.3.5 数据管理能力描述

5 用例设计

5.1 用例1设计

5.1.1 功能描述

5.1.2 业务流程

5.1.3　对外接口(进行配置说明)

5.1.4　具体设计

5.1.4.1　用户界面设计

5.1.4.2　算法设计(用活动图、状态图或时序图描述)

······

5.n　用例 n 设计

5.n.1　功能描述

5.n.2　业务流程

5.n.3　对外接口(进行配置说明)

5.n.4　具体设计

5.n.4.1　用户界面设计

5.n.4.2　算法设计(用活动图、状态图或时序图描述)

6　性能设计

6.1　时间特性

6.2　灵活性

6.3　可用性

6.4　安全性设计

6.4.1　权限控制

6.4.2　用户自主权

6.4.3　数据备份

6.4.4　记录日志

6.5　可维护性设计

6.5.1　应用程序的维护

6.5.2　数据库的维护

6.6　可移植性设计

7　其他设计

7.1　用户性能设计

7.1.1　可操作

7.1.2　容错能力

7.1.3　输入和输出

7.2　系统出错设计

7.2.1　出错信息

7.2.2　补救措施

7.3　系统维护设计

软件设计
说明书示例

8.7　随堂笔记

一、本章摘要

_____
_____
_____
_____
_____
_____
_____
_____

二、练练手

（1）面向对象系统设计文档的内容不包括（　　）设计。

    A. 数据库　　　　　B. 模块算法　　　　　C. 逻辑数据结构　　　D. 体系结构

（2）耦合是模块之间的相对独立性的度量，耦合度不取决于（　　）。

    A. 调用模式的方式　　　　　　　　　　B. 各个模块之间接口的复杂度

    C. 通过接口的信息类型　　　　　　　　D. 模块提供的功能数

（3）在下列机制中，（　　）是指过程调用和响应调用所需执行的代码在运行时结合。

    A. 消息传递　　　　　B. 类型检查　　　　　C. 静态绑定　　　　　D. 动态绑定

（4）以下关于模块化设计的叙述中，不正确的是（　　）。

    A. 尽量考虑高内聚、低耦合，保持模块的相对独立性

    B. 模块的控制范围应在作用范围内

    C. 模块的规模适中

    D. 模块的宽度、深度、扇入和扇出适中

（5）某企业管理信息系统中，采购子系统根据材料价格、数量等信息计算采购的金额，并给财务子系统传递采购金额、收款方和采购日期等信息，则这两个子系统之间的耦合类型为（　　）耦合。

    A. 数据　　　　　B. 标记　　　　　C. 控制　　　　　D. 外部

（6）在面向对象方法中，继承用于（　　）。

    A. 在已存在类的基础上创建新类　　　B. 在已存在类中添加新的方法

    C. 在已存在类中添加新的属性　　　　D. 在已存在状态中添加新的状态

（7）在某销售系统中，客户采用扫描二维码方式进行支付。若采用面向对象方法开发该销售系统，则客户类属于（　　）类，二维码类属于（　　）类。

    A. 接口　　　　　B. 实体　　　　　C. 控制　　　　　D. 状态

（8）某模块内涉及多个功能，这些功能必须以特定的次序执行，则该模块的内聚类型为（　　）内聚。

    A. 时间　　　　　B. 过程　　　　　C. 信息　　　　　D. 功能

（9）以下关于 C/S（客户机/服务器）体系结构的优点的叙述中，不正确的是（　　）。

    A. 允许合理地划分三层的功能，使之在逻辑上保持相对独立性

    B. 允许各层灵活地选用平台和软件

C. 各层可以选择不同的开发语言进行并行开发

D. 系统安装、修改和维护均只在服务器端进行

（10）在设计软件的模块结构时，（　　）不能改进设计质量。

　　A. 尽量减少高扇出结构　　　　　　B. 模块的大小适中

　　C. 将具有相似功能的模块合并　　　D. 完善模块的功能

（11）Theo Mandel 在其关于界面设计所提出的三条"黄金准则"中，不包括（　　）。

　　A. 用户操纵控制　　　　　　　　　B. 界面美观、整洁

　　C. 共性和个性减轻用户的记忆负担　　D. 保持界面一致

（12）装饰器（Decorator）模式用于（　　）。

　　A. 将一个对象加以包装，以给客户提供其希望的另外一个接口

　　B. 将一个对象加以包装，以提供一些额外的行为

　　C. 将一个对象加以包装，以控制对这个对象的访问

　　D. 将一系列对象加以包装，以简化其接口

（13）如下所示的图为 UML 的（　1　），用于展示某汽车导航系统中（　2　）。Mapping 对象获取汽车当前位置（GPS Location）的消息为（　3　）。

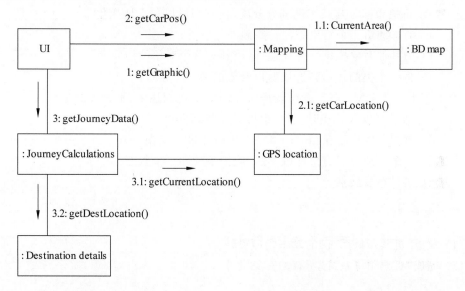

1　　A. 类图　　　　　　B. 组件图　　　　　C. 通信图　　　　　D. 部署图

2　　A. 对象之间的信息流及其顺序　　　B. 完成任务所进行的活动流

　　C. 对象的状态转换及其事件顺序　　　D. 对象之间消息的时间顺序

3　　A. getGraphic()　　　　　　　　　B. getCarPos()

　　C. gerCarLocation()　　　　　　　 D. CurrentArea()

（14）假设现在要创建一个 Web 应用框架，基于此框架能够创建不同的具体 Web 应用，如博客、新闻网站和网上商店等；并可以为每个 Web 应用创建不同的主题样式，如浅色或深色等。这一业务需求的类图设计适合采用（　1　）模式（如下图所示）。其中（　2　）是客户程序使用的主要接口，维护对主题类型的引用。此模式为（　3　），体现的最主要的

意图是（ 4 ）。

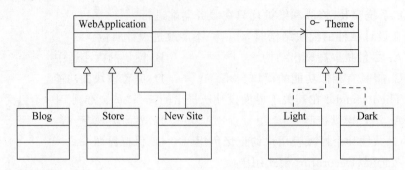

1 A. 观察者（Observer）　　　　　　B. 访问者（Visitor）
  C. 策略（Strategy）　　　　　　　　D. 桥接（Bridge）
2 A. WebApplication　　　　　　　　B. Blog
  C. Theme　　　　　　　　　　　　　D. Light
3 A. 创建型对象模式　　　　　　　　B. 结构性对象模式
  C. 行为性类模式　　　　　　　　　　D. 行为性对象模式
4 A. 将抽象部分与其实现部分分离，使它们可以独立地变化
  B. 动态地给一个对象添加一些额外的职责
  C. 为其他对象提供一种代理，以控制对这个对象的访问
  D. 将一个类的接口转换成客户希望的另一个接口

（15）以下关于 UML 状态图中转换（transition）的叙述中，不正确的是（　　　）。
  A. 活动可以在转换时执行，也可以在状态内执行
  B. 监护条件只有在相应的事件发生时才进行检查
  C. 一个转换可以有事件触发器、监护条件和一个状态
  D. 事件触发转换

三、动动脑

（1）完成"机票预订系统"的动态模型设计。
（2）完成"机票预订系统"所有的对象设计。

四、读读书

《设计模式——可复用面向对象软件的基础》

作者：［美］Erich Gamma，Richard Helm，Ralph Johnson，John Vlissides
书号：9787111186823
出版社：机械工业出版社

1994 年，Erich Gamma、Richard Helm、Ralph Johnson 和 John Vlissides 发表了《设计模式——可复用面向对象软件的基础》，该书在软件开发中开创了设计模式的概念。这些作者被统称为四人帮（GOF）。Erich Gamma 与 Kent Beck 合作开发了单元测试框架 JUnit，并领导了 Eclipse Java Development Tools 项目。

自 1995 年出版以来,本书一直名列 Amazon 和各大书店销售榜前列。近 10 年后,本书仍是 Addison-Wesley 公司 2003 年最畅销的图书之一,中文版销售逾 4 万册。2006 年,JOLT 读者选择奖得主,是设计模式最佳入门图书之一。

本书结合设计实例,从面向对象的设计中精选出 23 个设计模式,总结了面向对象设计中有价值的经验,并且用简洁、可复用的形式表达出来。本书结合实际讲述各种模式的突出特点、适用场合以及模式的设计和实现,不仅可以提高读者的实战能力,而且可以加深对面向对象模型设计的理解;并且这种创造思维的引入特别有助于提高在校学生的软件设计能力、拓展设计思路。

本书分类描述了一组设计良好、表达清楚的软件设计模式,这些模式在实用环境下特别有用。这些设计模式不是虚的,实实在在出现在很多开源框架中,如 Spring、Tomcat、Mybatis、JUnit 等。

第9章

面向对象编程

导读

面向对象设计包括高层设计和低层设计两大步骤。高层设计即软件架构设计,构造出系统总体模型;低层设计包括对象设计和消息设计。

面向对象设计之后,进入面向对象编程(Object Oriented Programming,OOP)阶段。OOP 就是将 OOD 低层设计的结果转化为能在计算机上运行的面向对象程序代码,代码是 OOP 阶段的一个重要文档。因此,OOP 是面向对象方法中实现阶段中的一个部分(项目测试是实现阶段的另一个部分)。

编码阶段包括程序设计语言的选择、编程风格的确定、集成开发环境的配置(Integrated Development Environment,IDE)以及软件框架的搭建。

程序设计语言能将分析和设计结果直接转化为源代码;具有良好编程风格的源代码会增加源代码可读性,便于测试和维护;优秀的框架结构便于实现软件架构的层次结构,从而便于分工开发,提高开发进度和源代码质量。

本章中使用的框架是 Spring Boot,其设计目的是用来简化新 Spring 应用的初始搭建以及开发过程,该框架使用了特定的方式进行配置,快速地启动 Spring 应用,而且不再需要定义样板化的配置。Spring Boot 应用本质上就是一个基于 Spring 框架的应用,它是 Spring 对"约定优先于配置"理念的最佳实践产物,它能够帮助开发者更快速、高效地构建基于 Spring 生态圈的应用。

编程不是简单地用某种程序设计语言编写代码,它涉及软件开发语言的选择、开发工具环境和工具的配置,以及成熟框架的配置和集成。

9.1　编　码　概　述

9.1.1　选择程序设计语言

自 20 世纪 60 年代以来,世界上公布的程序设计语言已有上千种,但是只有很少一部分得到广泛的应用。从发展历程看,程序设计语言大致分为 4 代。

1. 第一代语言(机器语言)

机器语言由二进制 0、1 代码指令构成,不同的 CPU 具有不同的指令系统。机器语言程序难编写、难修改、难维护,需要用户直接对存储空间进行分配,编程效率极低。

2. 第二代语言(汇编语言)

汇编语言指令是机器指令的符号化,与机器指令存在直接的对应关系,所以汇编语言同样存在难学难用、容易出错、维护困难等缺点。但是,汇编语言也有自己的优点:可直接访问系统接口,汇编程序翻译成的机器语言程序的效率高。

3. 第三代语言(高级语言)

高级语言是面向用户的、基本上独立于计算机种类和结构的语言。其最大的优点是:形式上接近算术语言和自然语言,概念上接近人们通常使用的概念。因此,高级语言易学易用,通用性强,应用广泛。高级语言种类繁多,可以从应用角度和对客观系统的描述两个方面对其进一步分类。

1)从应用角度分类

从应用角度看,高级语言可以分为基础语言、结构化语言和专用语言。

(1)基础语言也称通用语言。它历史悠久,流传很广,有大量的已开发的软件库,拥有众多的用户。属于这类语言的有 FORTRAN、COBOL、BASIC、ALGO 等。

(2)结构化语言。20 世纪 70 年代以来,结构化程序设计和软件工程的思想日益被接受和欣赏。结构化语言直接支持结构化的控制结构,具有很强的过程结构和数据结构能力。PASCAL、C、Ada 语言就是结构化语言的突出代表。

(3)专用语言。它是为某种特殊应用而专门设计的语言,通常具有特殊的语法形式。一般来说,这种语言的应用范围很窄,其移植性和可维护性不如结构化程序设计语言。目前应用比较广泛的专用语言有 APL、Forth、LISP 语言。

2)从客观系统的描述分类

从描述客观系统看,程序设计语言可以分为两大类。

(1)面向过程语言。以"数据结构＋算法"程序设计范式构成的程序设计语言,称为面向过程语言。前面介绍的程序设计语言大多为面向过程语言。

(2)面向对象语言。它是以"对象＋消息"程序设计范式构成的程序设计语言。目前比较流行的面向对象语言有 Java、Python、C++、Visual Basic、Ruby 等。

4. 第四代语言(4GL)

4GL 是非过程化语言,编码时只需说明"做什么",不需描述算法细节。数据库查询和应用程序生成器是 4GL 的两个典型应用。第四代程序设计语言是面向应用,为最终用户设计的一类程序设计语言。它具有缩短应用开发过程、降低维护代价、最大限度地减少调试过程中出现的问题以及对用户友好等优点。

选择语言的理想标准主要有 3 个。

(1) 为了使程序容易测试和维护,以减少软件的总成本,所选用的高级语言应该有理想的模块化机制,以及可读性好的控制结构和数据结构。

(2) 为了便于调试和提高软件可靠性,语言特点应该使编译程序能够尽可能多地发现程序中的错误。

(3) 为了降低软件开发和维护的成本,选用的高级语言应该有良好的独立编译机制。

但是,在实际选择语言时,不能只以理想标准为选择依据,还要考虑使用方面的各种限制。下面是几条选择编程语言的使用标准。

(1) 系统用户的要求。系统维护需要用户使用他们熟悉的语言编写程序。

(2) 可使用的编译程序。运行系统的环境中可提供的编译程序往往限制了可以选用的语言的范围。

(3) 可得到的软件工具。某种语言的支持软件工具易于实现和验证系统。

(4) 工程规模。使用庞大的工程规模的专用语言,可能是一个正确的选择。

(5) 程序员的知识。熟悉并流行的编程语言往往是程序员首选的编程语言。

(6) 可移植性要求。标准化程度高、移植性好的语言适合在不同计算机上应用。

(7) 软件的应用领域。语言的选择应充分考虑目标系统的应用范围。

9.1.2 形成程序设计风格

源程序代码的逻辑简明清晰、易读易懂是好程序的一个重要标准。良好的程序设计风格有助于保证源代码的质量,因此应该遵循下述规则。

(1) 程序内部的文档包括以下几点。

① 恰当的标识符。

② 适当的注解。

③ 程序的视觉组织。

(2) 数据说明包括以下几点。

① 数据说明的次序应该标准化。

② 当多个变量名在一个语句中说明时,应该按字母顺序排列这些变量。

③ 如果设计时使用了一个复杂的数据结构,则应该用注解说明用程序设计语言实现这个数据结构的方法和特点。

(3) 语句构造包括以下几点。

① 不要为了节省空间而把多个语句写在同一行。

② 尽量避免复杂的条件测试。

③ 尽量减少对"非"条件的测试。

④ 避免大量使用循环嵌套和条件嵌套。

⑤ 利用括号使逻辑表达式或算术表达式的运算次序清晰、直观。

(4) 输入输出包括以下几点。

① 对所有输入数据都进行检验。

② 检查输入项重要组合的合法性。

③ 保持输入格式简单。

④ 使用数据结束标记,不要要求用户指定数据的数目。

⑤ 明确提示交互式输入的请求,详细说明可用的选择或边界数值。

⑥ 当程序设计语言对格式有严格要求时,应保持输入格式一致。

⑦ 设计良好的输出报表。

⑧ 给所输出的数据加标志。

(5) 效率包括以下几点。

① 效率主要指处理机时间和存储器容量两个方面。

② 效率是性能要求,因此应该在需求分析阶段确定效率方面的要求。

③ 效率是靠好设计提高的。

④ 程序的效率和程序的简单程度是一致的,不要牺牲程序的清晰性和可读性来不必要地提高效率。

9.2　Spring Boot 概述

9.2.1　Spring Boot 简介

Spring Boot 是由 Pivotal 团队提供的全新框架,其设计目的是用来简化新 Spring 应用的初始搭建以及开发过程。该框架使用特定的方式进行配置,从而使开发人员不再需要定义样板化的配置。通过这种方式,Spring Boot 致力于在蓬勃发展的快速应用开发领域(Rapid Application Development)成为领导者。

Spring Boot 是开发者和 Spring 框架的中间层,统筹管理应用的配置。框架中有两个非常重要的策略,旨在无须过多关注框架配置,将更多的精力放在业务逻辑的实现上。

(1) 开箱即用。开箱即用(Out Of Box)是指,在开发过程中通过在 MAVEN 项目的 pom.xml 文件中添加相关依赖包,然后使用对应注解代替烦琐的 XML 配置文件,以管理对象的生命周期。这个特点使得开发人员摆脱了复杂的配置工作以及依赖的管理工作,更加专注于业务逻辑。

(2) 约定优于配置。约定优于配置(Convention Over Configuration)是一种由 Spring Boot 本身配置目标结构,由开发者在结构中添加信息的软件设计范式。这一特点虽然降低了部分灵活性,增加了 BUG 定位的复杂性,但减少了开发人员需要做出决定的数量;同时也减少了大量的 XML 配置,并且可以将代码编译、测试和打包等工作自动化。

微服务是一个新兴的软件架构,就是把一个大型的单个应用程序和服务拆分为数十个支持微服务。一个微服务的策略可以让工作变得更简便,它可扩展单个组件,而不是整个应用程序堆栈,从而满足服务等级协议。它具有以下 3 个优势。

(1) 往往比传统的应用程序更有效地利用计算资源。开发人员只需要为额外的组件部署计算资源,最终使得更多的资源可以提供给其他任务。

(2) 开发者可以更新应用程序的单个组件,而不影响其他部分。测试微服务应用程序仍然是必需的,但它更容易识别和隔离问题,从而加快开发速度,并支持 DevOps 和持续应用程序开发。

(3) 有助于新兴的云服务,如事件驱动计算。事件处理时才需要使用计算资源,而企业只需要为每次事件,而不是固定数目的计算实例支付。

随着微服务概念的推广和实践,Spring Boot 的精简理念又使其成为 Java 微服务开发的不二之选,是适合微服务的 Java Web 框架。

9.2.2 Spring Boot 的特征

Spring Boot 应用系统开发模板的基本架构设计有以下两点说明。

(1) 前端常使用模板引擎,主要有 FreeMarker 和 Thymeleaf。它们都是用 Java 语言编写的,渲染模板并输出相应文本,使得界面的设计与应用的逻辑分离;同时,前端开发还会使用到 Bootstrap、AngularJS、JQuery 等。

(2) Spring MVC 框架用于数据到达服务器后处理请求。到数据访问层主要有 Hibernate、MyBatis、JPA 等持久层框架;数据库常用 MySQL;开发工具推荐 IntelliJIDEA。

Spring Boot 具备的主要特征有以下几个。

(1) Spring Boot 是伴随着 Spring 4.0 诞生的,集成了 Spring 框架原有的优秀基因。

(2) 遵循"约定优先于配置"的原则,使用 Spring Boot 只需要很少的配置,很多时候直接使用默认的配置即可。

(3) 对主流开发框架无配置集成,自动整合第三方框架。

(4) Spring Boot 提供了很多"开箱即用"的依赖模块。

(5) 内嵌 Servlet 容器,可以选择内嵌 Tomcat、Jetty 等 Web 容器,无须以 war 包形式部署项目。

(6) Spring Boot 根据项目依赖自动配置 Spring 框架,减少了项目使用的配置。

(7) 无须代码生成和 XML 配置,纯 Java 的配置方式,简单方便。

(8) 分布式开发,与 Spring Cloud 的微服务无缝结合。

因此,Spring Boot 的出现给开发者带来了便利,主要体现在以下 4 个方面。

(1) 使编码变得简单。推荐使用注解。

(2) 使配置变得简单。自动配置、快速构建项目、快速集成新技术。

(3) 使部署变得简单。内嵌 Tomcat、Jetty 等 Web 容器。

(4) 使监控变得简单。自带项目监控。

9.2.3　Spring Boot 开箱即用的依赖模块配置

　　Spring Boot 提供了针对企业应用开发各种场景的很多 spring-boot-starter 自动配置依赖模块,它们都约定以 spring-boot-starter-作为命名的前缀,并且都位于 org.springframework.boot 包或者命名空间下。

Spring Boot
环境搭建

　　下面通过"机票预订系统"的 pom.xml 进行配置说明。

```xml
<?xml version="1.0" encoding="ISO-8859-1"?>
<project xsi:schemaLocation="http://maven.apache.org/POM/4.0.0
http://maven.apache.org/xsd/maven-4.0.0.xsd" xmlns:context="http://www.
springframework.org/schema/context"xmlns:xsi="http://www.w3.org/2001/XML
    Schema-instance" xmlns="http://maven.apache.org/POM/4.0.0">
        <modelVersion>4.0.0</modelVersion>
        <!--要使用 springboot,就必须指定 parent 项目-->
    <parent>
        <groupId>org.springframework.boot</groupId>
        <artifactId>spring-boot-starter-parent</artifactId>
        <version>2.1.2.RELEASE</version>
        <relativePath/>
        <!--lookup parent from repository -->
    </parent>
    <!--机票预订系统项目配置-->
    <groupId>com.airbook</groupId>
    <artifactId>airbook</artifactId>
    <version>0.0.1-SNAPSHOT</version>
    <name>airbook</name>
    <description>Demo project for Spring Boot</description>
    <!--JDK1.8 配置-->
    <properties>
        <java.version>1.8</java.version>
    </properties>
    <dependencies>
        <!--引入支持 Servlet 的 jar-->
        <dependency>
            <groupId>javax.servlet</groupId>
            <artifactId>javax.servlet-api</artifactId>
            <scope>provided</scope>
        </dependency>
        <!--Spring-webmvd 框架配置,为 Spring 表现层提供支持-->
        <dependency>
            <groupId>org.springframework</groupId>
            <artifactId>spring-webmvc</artifactId>
        </dependency>
        <!--使用 JPA(Java Persistence API)资源库实现对数据库的操作-->
```

```
<dependency>
    <groupId>org.springframework.boot</groupId>
    <artifactId>spring-boot-starter-data-jpa</artifactId>
</dependency>
<!--整合 redis 框架-->
<dependency>
    <groupId>org.springframework.boot</groupId>
    <artifactId>spring-boot-starter-data-redis</artifactId>
</dependency>
<!--整合 Apache shiro 框架,包括 shiro-core、shiro-spring、shiro-ehcache-->
<dependency>
    <groupId>org.apache.shiro</groupId>
    <artifactId>shiro-core</artifactId>
    <version>1.2.2</version>
</dependency>
<dependency>
    <groupId>org.apache.shiro</groupId>
    <artifactId>shiro-spring</artifactId>
    <version>1.2.2</version>
</dependency>
<!--shiro ehcache -->
<dependency>
    <groupId>org.apache.shiro</groupId>
    <artifactId>shiro-ehcache</artifactId>
    <version>1.2.2</version>
</dependency>
<!--配置 thymeleaf 框架-->
<dependency>
    <groupId>org.springframework.boot</groupId>
    <artifactId>spring-boot-starter-thymeleaf</artifactId>
</dependency>
<!--添加 spring-boot-starter-test 包,配置单元测试-->
<dependency>
    <groupId>org.springframework.boot</groupId>
    <artifactId>spring-boot-starter-test</artifactId>
    <scope>test</scope>
</dependency>
<!--导入标签库-->
<dependency>
    <groupId>javax.servlet</groupId>
    <artifactId>jstl</artifactId>
</dependency>
<!--导入 Junit4 单元测试工具-->
<dependency>
```

```xml
        <groupId>junit</groupId>
        <artifactId>junit</artifactId>
        <version>4.12</version>
</dependency>
<dependency>
        <groupId>org.springframework.boot</groupId>
        <artifactId>spring-boot-test</artifactId>
        <version>RELEASE</version>
</dependency>
<dependency>
        <groupId>org.springframework</groupId>
        <artifactId>spring-test</artifactId>
        <version>4.3.12.RELEASE</version>
</dependency>
<!--导入 Json 包-->
<dependency>
        <groupId>com.alibaba</groupId>
        <artifactId>fastjson</artifactId>
        <version>1.2.9</version>
</dependency>
<!--IDEA 搭建的 Spring Boot 应用,通过 spring-boot-devtools 配置,支持热部
        署-->
<dependency>
        <groupId>org.springframework.boot</groupId>
        <artifactId>spring-boot-devtools</artifactId>
        <optional>true</optional>
</dependency>
<!--引入 JPA 实现对数据库的操作-->
<dependency>
        <groupId>org.springframework.boot</groupId>
        <artifactId>spring-boot-starter-data-jpa</artifactId>
</dependency>
<!--配置数据库 MySQL 5.1.35-->
<dependency>
        <groupId>mysql</groupId>
        <artifactId>mysql-connector-java</artifactId>
        <version>5.1.35</version>
</dependency>
<!--导入 javassist 类库,处理 Java 字节码-->
<dependency>
        <groupId>javassist</groupId>
        <artifactId>javassist</artifactId>
        <version>3.12.0.GA</version>
</dependency>
```

```
<!--导入 aspectjweaver,支持 Spring 面向切面的编程-->
<dependency>
    <groupId>org.aspectj</groupId>
    <artifactId>aspectjweaver</artifactId>
    <version>1.8.13</version>
</dependency>
<!--配置 mybatis 框架-->
<dependency>
    <groupId>org.mybatis</groupId>
    <artifactId>mybatis-spring</artifactId>
    <version>1.2.3</version>
</dependency>
<dependency>
    <groupId>javax.persistence</groupId>
    <artifactId>persistence-api</artifactId>
    <version>1.0</version>
</dependency>
<!--导入 JavaScript 框架 jquery-->
<dependency>
    <groupId>org.webjars</groupId>
    <artifactId>jquery</artifactId>
    <version>3.1.1</version>
</dependency>
<!--导入日志依赖模块 log4j-->
<dependency>
    <groupId>org.springframework.boot</groupId>
    <artifactId>spring-boot-starter-log4j</artifactId>
</dependency>
<!--导入 Web 开发依赖模块,实施 Web 应用-->
<dependency>
    <groupId>org.springframework.boot</groupId>
    <artifactId>spring-boot-starter-web</artifactId>
</dependency>
<!--导入实时监控模块,提供监控接口-->
<dependency>
    <groupId>org.springframework.boot</groupId>
    <artifactId>spring-boot-starter-actuator</artifactId>
</dependency>
</dependencies>
<build>
    <finalName>name</finalName>
</build>
<build>
    <!--配置 maven 集成框架-->
```

```
    <plugins>
        <plugin>
            <groupId>org.springframework.boot</groupId>
            <artifactId>spring-boot-maven-plugin</artifactId>
        </plugin>
    </plugins>
  </build>
</project>
```

从根本上讲,Spring Boot 就是一些类库的集合,是一个基于"约定优于配置"的原则,快速搭建应用的框架。虽然 Spring Boot 本质上依然是基于 Spring 的应用,但能省去很多样板化的配置,使得开发人员能够更专注于应用程序功能的开发。

9.3　Spring Boot 项目实践

了解了 Spring Boot 的工作机制,接着体验它的实际应用。

9.3.1　开发框架

Spring Boot 也实现了分层开发,其结构图如图 9.1 所示。

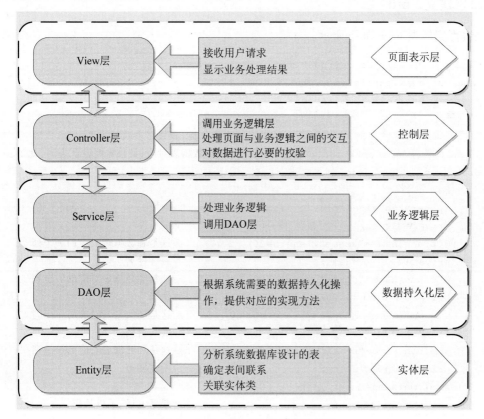

图 9.1　Spring Boot 分层开发结构图

9.3.2 准备工作

1. 建立开发环境

开发工具：IntelliJIDEA 5.0。
操作系统：Windows 10。

2. 开发软件配置

开发语言：JDK 1.8 或更高的版本。
服务器：Tomcat 8 或更高的版本。
数据库：MySQL 5.X 或更高。
基于 Spring 的构建：Spring 5 的新特征都可以在 Spring Boot 2.0 中使用。
项目管理工具：Maven 3.2 或更高的版本。
主开发框架：Spring Boot 2.0。

3. 建立数据库及表结构

在 8.4.2 节中已经介绍过建立数据库及关系表的过程，这里不再赘述。

9.3.3 建立 Entity 层

编写实体类 user，如下所示。

```
package com.airbook.airbook.modules.entity;
import javax.persistence.*;
import java.io.Serializable;


@Entity                    //告诉 JPA 这是一个实体类(和数据表映射的类)
@Table(name="user")        //@Table 来指定和哪个数据表对应;如果省略默认表名,就是 user
public class user implements Serializable {
    @Id                    //这是一个主键
    @GeneratedValue(strategy=GenerationType.IDENTITY)        //自增主键
    private int id;         //旅客身份证
    @Column(name="uname",length=20)                //这是和数据表对应的一个列
    private String uname;                          //旅客姓名
    @Column(name="upass",length=20)                //这是和数据表对应的一个列
    private String upass;                          //密码
    @Column(name="reupass",length=20)              //这是和数据表对应的一个列
    private String reupass;                        //确认密码
    @Column(name="ucity",length=20)                //这是和数据表对应的一个列
    private String ucity;                          //所在城市
    @Column(name="usex",length=20)
    private String usex;                           //联系电话(手机号码)
```

```java
public String getReupass() {
    return reupass;
}
public void setReupass(String reupass) {
    this.reupass=reupass;
}
public String getUcity() {
    return ucity;
}
public void setUcity(String ucity) {
    this.ucity=ucity;
}
public String getUphone() {
    returnusex;
}
public void setUphone(String phone) {
    usex=phone;
}
public String getUname() {
    return uname;
}
public void setUname(String uname) {
    this.uname=uname;
}
public String getUpass() {
    return upass;
}
public void setUpass(String upass) {
    this.upass=upass;
}
public int getId() {
    return id;
}
public void setId(int id) {
    this.id=id;
}

@Override
public String toString() {
    return "user{"+
            "id="+id+
            ", uname='"+uname+'\''+
            ", upass='"+upass+'\''+
            ", reupass='"+reupass+'\''+
```

```
                        ", ucity='"+ucity+'\''+
                        ", usex='"+usex+'\''+
                        '}';
            }
    }
```

从实体类 user 的代码中可以看出,注释@Entity、@Table、@Id 和@Column 已经完成了实体类的属性到数据库中关系表中的属性的映射,无须设置.xml 的 XML 配置文件。

同理,可以完成实体类 admin、air 和 booklist,在此不再赘述。

9.3.4 建立 DAO 层

DAO 层负责封装底层的数据访问细节,即隔离业务逻辑层和数据库,使概念清晰,又能提高开发效率。

(1) com.airbook.airbook.modules.dao.admindao 代码如下所示。

```
package com.airbook.airbook.modules.dao;
import com.airbook.airbook.modules.entity.admin;
import org.springframework.data.jpa.repository.JpaRepository;

public interface admindao extends JpaRepository<admin,Integer>{
    admin findByAdminname(String adminname);      //通过 JpaRepository接口进行管
                                                   //理员身份验证
    boolean existsByAdminname(String adminname);
}
```

(2) com.airbook.airbook.modules.dao.airdao 代码如下所示。

```
package com.airbook.airbook.modules.dao;
import com.airbook.airbook.modules.entity.air;
import org.mybatis.spring.annotation.MapperScan;
import org.springframework.data.jpa.repository.JpaRepository;
import org.springframework.stereotype.Repository;
import java.util.ArrayList;
import java.util.Date;
import java.util.List;

@Repository         //通知 Spring,把创建好的 airdao 注入给 Service
@MapperScan         //与实体类 air 对应
public interface airdao extends JpaRepository<air,Integer>{
    List<air>findAllByAnum(String anum);          //根据航班名查询航班(符合条件
                                                   //的可能有多个航班)
    List<air>findAllByAplace(String aplace);       //根据出发地和目的地查询航班
                                                   //(符合条件的可能有多个航班)
    List<air>findAllByAtime(String atime);         //根据出发时间查询航班(符合条
                                                   //件的可能有多个航班)
```

```
        List<air>findAllByAcompany(String acompany);   //根据航空公司查询航班(符合条
                                                        //件的可能有多个航班)
        air findAllById(int id);                        //根据航班号查询航班(唯一的)
        //判断是否有符合条件的航班
        boolean existsByAnum(String anum);
        boolean existsByAplace(String aplace);
        boolean existsByAtime(String atime);
        boolean existsByAcompany(String acompany);
}
```

　　@Repository 注解的作用是将 DAO 层的类标识为 Spring Bean,具体只将该注解标注在 DAO 类上即可。同时,为了让 Spring 能够扫描类路径中的类并识别出 @Repository 注解,需要在 XML 配置文件中启用 Bean 的自动扫描功能,这可以通过＜context:component -scan/＞实现。

　　@MapperScan 注解的作用是指定要变成实现类的接口所在的包,然后,包下面的所有接口在编译之后都会生成相应的实现类。

　　(3) com.airbook.airbook.modules.booklist.airdao 代码如下所示。

```
package com.airbook.airbook.modules.dao;
import com.airbook.airbook.modules.entity.booklist;
import org.mybatis.spring.annotation.MapperScan;
import org.springframework.data.jpa.repository.JpaRepository;
import org.springframework.stereotype.Repository;
import java.util.List;


@Repository
@MapperScan
public interface booklistdao extends JpaRepository<booklist,Integer>{
        List<booklist>findAllByUsername(String name);
        booklist findAllById(int id);
}
```

　　(4) com.airbook.airbook.modules.user.airdao 代码如下。

```
package com.airbook.airbook.modules.dao;
import com.airbook.airbook.modules.entity.user;
import io.lettuce.core.dynamic.annotation.Param;
import org.mybatis.spring.annotation.MapperScan;
import org.springframework.beans.factory.annotation.Autowired;
import org.mybatis.spring.annotation.MapperScan;
import org.springframework.data.jpa.repository.JpaRepository;
import org.springframework.stereotype.Repository;
import java.util.List;


@Repository
```

```
@MapperScan
public interface userdao extends JpaRepository<user,Integer>{
        user findByUname(String name);
        boolean existsByUname(String name);
}
```

使用 JpaRepository＜user,Integer＞,就无须为 DAO 设计 DAO 的抽象类了。

9.3.5 建立 Service 层

在 Service 层要考虑每个业务逻辑所能用到的持久层对象和 DAO。DAO 之上是业务逻辑层,可以在业务逻辑层中调用 DAO 类进行操作。

(1) com.airbook.airbook.modules.web.adminservice 代码如下所示。

```
package com.airbook.airbook.modules.web;
import com.airbook.airbook.modules.dao.admindao;
import com.airbook.airbook.modules.entity.admin;
import org.springframework.beans.factory.annotation.Autowired;
import org.springframework.stereotype.Service;
import org.springframework.web.bind.annotation.RequestParam;


@Service
public class adminservice {//验证管理员
    @Autowired
    private admindao admindao;
    private admin admin1=new admin();
    public admin findName(@RequestParam(value="adminname", required=true)
String adminname){
        admin1=admindao.findByAdminname(adminname);
        return admin1;
    }
    public boolean existsByadminname (@RequestParam(value=" adminname ",
required=true)String adminname){
        boolean flag=admindao.existsByAdminname(adminname);
        return flag;
    }
}
```

@Service 注解使用以下 3 种方法。

① getBean 的默认名称是类名(头字母小写),可以@Service("xxxx")定义。

② 定义的 bean 默认是单例的,可以使用@Service("beanName"),用@Scope 注解的@Scope("prototype")改变。

③ 可以通过@PostConstruct 和@PreDestroy 指定初始化方法和销毁方法(方法名任意)。

@Autowired 注解根据类型(type)进行自动注入,默认注入单例的 bean,它默认使用

byType 自动装配,如果存在类型的多个实例,就尝试使用 byName 匹配;如果通过
byName 也确定不了,可以通过 Primary 和 Priority 注解确定。

（2）com.airbook.airbook.modules.web.airservice 代码如下。

```java
package com.airbook.airbook.modules.web;
import com.airbook.airbook.modules.dao.airdao;
import com.airbook.airbook.modules.entity.air;
import org.springframework.beans.factory.annotation.Autowired;
import org.springframework.stereotype.Service;
import org.springframework.web.bind.annotation.PathVariable;
import org.springframework.web.bind.annotation.RequestParam;
import java.text.SimpleDateFormat;
import java.util.ArrayList;
import java.sql.Date;
import java.util.List;

@Service
public class airservice {
    @Autowired
    private airdao airdao;
    private air air=new air();
    public void setaid(@PathVariable("id") int id){
        air.setId(id);
    }
    public void setanum(@RequestParam(value="anum", required=true) String
anum){
        air.setAnum(anum);
    }
    public void setaplace(@RequestParam(value="aplace", required=true)
String aplace){
        air.setAplace(aplace);
    }
    public void setatime(@RequestParam(value="atime", required=true) String
atime){
        air.setAtime(atime);
    }
    public void setacompany(@RequestParam(value="acompany", required=true)
String acompany){
        air.setAcompany(acompany);
    }
    public void setaleft(@RequestParam(value="aleft", required=true) String
aleft){
        air.setAleft(aleft);
    }
```

```
public air getair(){    //获取航班指定属性
    air.getId();
    air.getAnum();
    air.getAplace();
    air.getAtime();
    air.getAcompany();
    air.getAleft();
    return air;
}
//调用 airdao 实现相应的数据操作
public List<air>findall(){//浏览全部航班
    return airdao.findAll();
}

public List<air>findallanum(@RequestParam(value="anum",required=true)
String anum){
    return airdao.findAllByAnum(anum);
}  //按航班名查询航班

public List<air>findallaplace(@RequestParam(value="aplace",required=
true)String aplace){
    return airdao.findAllByAplace(aplace);
}  //按出发地和目的地查询航班

public List<air>findallatime(@RequestParam(value="atime",required=
true)String atime){
    return airdao.findAllByAtime(atime);
}  //按出发时间查询航班

public List<air>findallacompany(@RequestParam(value="acompany",required
=true)String acompany){
    return airdao.findAllByAcompany(acompany);
}  //按航班公司查询航班

public air findallid(@RequestParam(value="id",required=true)int id){
    return airdao.findAllById(id);
}  //按航班号查询航班

public boolean existsByAnum(@RequestParam(value="anum",required=true)
String anum){
    boolean flag=airdao.existsByAnum(anum);
    return flag;
}
```

```
    public boolean existsByAplace(@RequestParam(value="aplace", required=
true)String aplace){
        boolean flag=airdao.existsByAplace(aplace);
        return flag;
    }

    public boolean existsByAtime(@RequestParam(value="atime", required=true)
String atime){
        boolean flag=airdao.existsByAtime(atime);
        return flag;
    }

    public boolean existsByAcompany(@RequestParam(value="acompany", required
=true)String acompany){
        boolean flag=airdao.existsByAcompany(acompany);
        return flag;
    }

    public void saveair(@RequestParam(value="air", required=true)air air){
        airdao.save(air);
    }

    public void delete(int id){
        air=airdao.findAllById(id);
        airdao.delete(air);
    }
}
```

（3）com.airbook.airbook.modules.web.booklistservice 代码如下。

```
package com.airbook.airbook.modules.web;
import com.airbook.airbook.modules.dao.booklistdao;
import com.airbook.airbook.modules.entity.air;
import com.airbook.airbook.modules.entity.booklist;
import com.airbook.airbook.modules.entity.user;
import org.springframework.beans.factory.annotation.Autowired;
import org.springframework.stereotype.Service;
import org.springframework.web.bind.annotation.PathVariable;
import org.springframework.web.bind.annotation.RequestParam;
import java.util.List;

@Service
public class booklistservice {
    @Autowired
    private booklistdao booklistdao;
```

```
    private booklist booklist=new booklist();
    public void setbooklist(user u, air a) {      //根据旅客身份证和航班号订票
        booklist.setAid(a.getId());
        booklist.setUid(u.getId());
        booklist.setUsername(u.getUname());
        booklist.setUsercity(u.getUcity());
        booklist.setUsex(u.getUsex());
        booklist.setAnum(a.getAnum());
        booklist.setAplace(a.getAplace());
        booklist.setAtime(a.getAtime());
        booklist.setAcompany(a.getAcompany());
        booklist.setAprice(a.getAprice());
        booklistdao.saveAndFlush(booklist);    //JPA 语句
    }     //订单属性设置

    public List<booklist>findbyusername(String username){
        //根据旅客名查询订单
        return booklistdao.findAllByUsername(username);
    }

    public void delete(int id){              //撤销指定旅客的订单
        booklist=booklistdao.findAllById(id);
        booklistdao.delete(booklist);
    }

    public String findanumbyid(int id) {//查询旅客订单航班
        booklist=booklistdao.findAllById(id);
        return booklist.getAnum();
    }
}
```

（4）com.airbook.airbook.modules.web.userservice 代码如下。

```
package com.airbook.airbook.modules.web;
import com.airbook.airbook.modules.dao.userdao;
import com.airbook.airbook.modules.entity.user;
import org.springframework.beans.factory.annotation.Autowired;
import org.springframework.stereotype.Service;
import org.springframework.web.bind.annotation.PathVariable;
import org.springframework.web.bind.annotation.RequestParam;

@Service
public class userservice {
    @Autowired
    private userdao userdao;
```

```
    private user user=new user();
    public void setUser(@PathVariable("id") int id,
                @RequestParam(value="uname", required=true) String name,
                @RequestParam(value="upass", required=true) String pass,
                @RequestParam(value="reupass", required=true) String repass,
                @RequestParam(value="ucity", required=true) String city,
                @RequestParam(value="usex", required=true) String sex){
        user.setUname(name);
        user.setUpass(pass);
        user.setId(id);
        user.setReupass(repass);
        user.setUcity(city);
        userdao.saveAndFlush(user);//JPA 语句
    }

    public user getUser(){
        user.getUname();
        user.getId();
        user.getUpass();
        user.getReupass();
        user.getUcity();
        user.getUsex();
        return user;
    }

    public user findUser(@PathVariable("id") int id){
        user=userdao.findById(id).get();
        return user;
    }

    public user findName(@RequestParam(value="uname", required=true) String
name){
        user=userdao.findByUname(name);
        return user;
    }

    public boolean existsByUname(@RequestParam(value="uname", required=true)
String name){
        boolean flag=userdao.existsByUname(name);
        return flag;
    }
}
```

9.3.6 建立 Controller 层

Controller 是 Spring Boot 里最基本的组件,它的作用是把用户提交的请求通过对 URL 的匹配分配给不同的接收器,再进行处理,然后向用户返回结果。它的重点就在于如何从 HTTP 请求中获得信息,提取参数,并分发给不同的处理服务。

(1) 创建 admincontroller 类(含后台服务)。

```
package com.airbook.airbook.modules.controller;
import com.airbook.airbook.modules.entity.admin;
import com.airbook.airbook.modules.entity.air;
import com.airbook.airbook.modules.utils.Dateformat1;
import com.airbook.airbook.modules.web.adminservice;
import com.airbook.airbook.modules.web.airservice;
import org.springframework.beans.factory.annotation.Autowired;
import org.springframework.stereotype.Controller;
import org.springframework.web.bind.annotation.RequestMapping;
import org.springframework.web.bind.annotation.RequestMethod;
import javax.servlet.http.HttpServletResponse;
import java.io.IOException;
import java.io.PrintWriter;
import java.text.DateFormat;
import java.util.Date;

@Controller
@RequestMapping("admin")
public class admincontroller {
    @Autowired
    private adminservice adminservice;
    @Autowired
    private airservice airservice;
    @RequestMapping(value="/login" ,method=RequestMethod.POST)
     public String login (admin admin, HttpServletResponse response) throws
IOException {//管理员登录
        String adminname=admin.getAdminname();
        String adminpassword=admin.getAdminpassword();
        response.setContentType("text/html;charset=UTF-8");
        PrintWriter out=response.getWriter();

        if(!adminservice.existsByadminname(adminname)){
            out.print("<script language=\"javascript\">alert('管理员不存在!');
            window.location.href='/'</script>");
                    return "airbook";
        }
        else{
```

```
        admin u=adminservice.findName(adminname);
        if(!u.getAdminpassword().equals(adminpassword)){
            out.print("<script language=\"javascript\">alert('密码不正确!');
            window.location.href='/'</script>");
            return "airbook";
        }
        else{
            out.print("<script language=\"javascript\">alert('登录成功!');
            window.location.href='/airbook/admin'</script>");
            return "admin";
        }
    }
}


@RequestMapping(value="/changeair",method=RequestMethod.POST)
public String changeair(air air,HttpServletResponse response)throws
IOException{                          //修改航班信息
    response.setContentType("text/html;charset=UTF-8");
    PrintWriter out=response.getWriter();
    airservice.saveair(air);        //通知 service 类执行业务逻辑
    out.print("<script language=\"javascript\">alert('修改成功,返回更改界
    面!');window.location.href='/airbook/admin'</script>");
    return "admin";
}


@RequestMapping(value="/addair",method=RequestMethod.POST)
public String addair(air air, String place1, String place2,
HttpServletResponse response) throws IOException{
    response.setContentType("text/html;charset=UTF-8");
    PrintWriter out=response.getWriter();
    air.setAplace(place1+"-"+place2);
    airservice.saveair(air);
    out.print("<script language=\"javascript\">alert('添加成功,返回更改界面!');
    window.location.href='/airbook/admin'</script>");
    return "admin";
}


@RequestMapping(value="/delete")
 public String delete ( int id, HttpServletResponse response) throws
IOException{//撤销航班
    response.setContentType("text/html;charset=UTF-8");
    PrintWriter out=response.getWriter();
    airservice.delete(id);
    out.print("<script language=\"javascript\">alert('删除成功,返回更改界面!');
```

```
        window.location.href='/airbook/admin'</script>");
        return "admin";
    }
}
```

（2）创建 aircontroller 类（航班查询）。

```
package com.airbook.airbook.modules.controller;
import com.airbook.airbook.modules.dao.airdao;
import com.airbook.airbook.modules.entity.air;
import com.airbook.airbook.modules.entity.user;
import com.airbook.airbook.modules.web.airservice;
import com.alibaba.fastjson.JSON;
import org.springframework.beans.factory.annotation.Autowired;
import org.springframework.beans.propertyeditors.CustomDateEditor;
import org.springframework.stereotype.Controller;
import org.springframework.ui.Model;
import org.springframework.web.bind.WebDataBinder;
import org.springframework.web.bind.annotation.*;

import javax.servlet.http.HttpServletResponse;
import java.io.IOException;
import java.lang.reflect.Method;
import java.text.DateFormat;
import java.text.SimpleDateFormat;
import java.util.ArrayList;
import java.util.Date;
import java.util.List;

@Controller
public class aircontroller {
    @Autowired
    airservice airservice;
    airdao airdao;

    @RequestMapping("/")
    public String form(Model model){
        List<air>air=new ArrayList<air>();
        air=airservice.findall();
        model.addAttribute("air",air);
        return "airbook";
    }

    @RequestMapping(value="/anum", method=RequestMethod.POST)    //根据航班号
                                                                //查询
```

```
@ResponseBody
public String anum(String anum,HttpServletResponse response){
    if(airservice.existsByAnum(anum)){
    List<air>list=new ArrayList<>();
    list=airservice.findallanum(anum);
    String json=JSON.toJSONString(list);
    System.out.println(json);
    return json;}
    else{
        return null;
    }
}


@RequestMapping(value="/aplace" , method=RequestMethod.POST)
                                                //根据出发地和目的地查询
@ResponseBody
public String aplace(String aplace,HttpServletResponse response){
    if(airservice.existsByAplace(aplace)){
    List<air>list=new ArrayList<>();
    list=airservice.findallaplace(aplace);
    String json=JSON.toJSONString(list);
    return json;}
    else{
        return null;
    }
}


@RequestMapping(value="/acompany" , method=RequestMethod.POST)
                                                //根据航空公司查询
@ResponseBody
public String acompany(String acompany,HttpServletResponse response){
    if(airservice.existsByAcompany(acompany)){
        List<air>list=new ArrayList<>();
        list=airservice.findallacompany(acompany);
        String json=JSON.toJSONString(list);
        System.out.println(json);
        return json;}
    else{
        return null;
    }
}

@RequestMapping(value="/atime" , method=RequestMethod.POST)//根据日期查询
@ResponseBody
```

```
public String atime(String atime, HttpServletResponse response){
    if(airservice.existsByAtime(atime)){
        List<air>list=new ArrayList<>();
        list=airservice.findallatime(atime);
        String json=JSON.toJSONString(list);
        return json;}
    else{
        return null;
    }
}

@RequestMapping(value="/findall", method=RequestMethod.POST)//查询所有
@ResponseBody
public String findall(String atime, HttpServletResponse response){
    List<air>list=new ArrayList<>();
    list=airservice.findall();
    String json=JSON.toJSONString(list);
    return json;
}
}
```

（3）创建 usercontroller 类（含订票）。

```
package com.airbook.airbook.modules.controller;
import com.airbook.airbook.modules.entity.air; import com.airbook.airbook.
modules.entity.user;
import com.airbook.airbook.modules.web.airservice; import com.airbook.
airbook.modules.web.booklistservice;
import com.airbook.airbook.modules.web.userservice; import com.airbook.
airbook.modules.web.waitservice;
import org.springframework.beans.factory.annotation.Autowired; import org.
springframework.stereotype.Controller;import org.springframework.ui.Model;
import org.springframework.web.bind.annotation.*;
import javax.servlet.http.HttpServletResponse;
import java.io.IOException;
import java.io.PrintWriter;
import java.util.ArrayList;
import java.util.List;

@Controller
@RequestMapping("airbook")
public class usercontroller {
    @Autowired
    userservice userservice;
    @Autowired
```

```java
airservice airservice;
@Autowired
booklistservice booklistservice;
@RequestMapping(value="/regist",method=RequestMethod.POST)
public String regist(@ModelAttribute(value="user")user user,
HttpServletResponse response) throws IOException {//注册会员
    response.setContentType("text/html;charset=UTF-8");
    PrintWriter out=response.getWriter();
    String upass=user.getUpass();
    String reupass=user.getReupass();
    String uname=user.getUname();
    if(upass.equals(reupass)&&!userservice.existsByUname(uname)){
        userservice.setUser(
                user.getId(),
                user.getUname(),
                user.getUpass(),
                user.getReupass(),
                user.getUcity(),
                user.getUsex());
        out.print("<script language=\"javascript\">alert('注册成功!');
        window.location.href='/'</script>");
        return "airbook";
    }
    else if(!upass.equals(reupass)){
        out.print("<script language=\"javascript\">alert('输入密码不相符!');
        window.location.href='/'</script>");
        return "airbook";
    }
    else{
        out.print("<script language=\"javascript\">alert('用户已存在!');
        window.location.href='/'</script>");
        return "airbook";
    }
}

@RequestMapping(value="/login",method=RequestMethod.POST)
public String login(@ModelAttribute(value="user")user user,
HttpServletResponse response) throws IOException {//会员登录系统
    String username=user.getUname();
    String password=user.getUpass();
    response.setContentType("text/html;charset=UTF-8");
    PrintWriter out=response.getWriter();
    if(!userservice.existsByUname(username)){
        out.print("<script language=\"javascript\">alert('用户不存在!');
```

```
            window.location.href='/'</script>");
            return "airbook";
        }
        else{
            user u=userservice.findName(username);
            if(!u.getUpass().equals(password)){
                out.print("<script language=\"javascript\">alert('密码不正确!');
                window.location.href='/'</script>");
                return "airbook";
            }
            else{
                out.print("<script language=\"javascript\">alert('登录成功!');
                window.location.href='/airbook/home'</script>");
                return "home";
            }
        }
    }


    @RequestMapping("/home")
    public String user(Model model){
        model.addAttribute("user",userservice.findUser(userservice.getUser().
getId()));
        return "home";
}


    @RequestMapping("/userbooking")
    public String userbooking(Model model){
        model.addAttribute("user",userservice.findUser(userservice.getUser().
getId()));
        List<air>air=new ArrayList<air>();
        air=airservice.findall();
        model.addAttribute("air",air);
        return "userbooking";
    }


    @RequestMapping("/userlist")
    public String userlist(Model model){
        model.addAttribute("userlist",booklistservice.findbyusername
(userservice.getUser().getUname()));
        model.addAttribute("user",userservice.findUser(userservice.getUser().
getId()));
        return "userlist";
}
```

```
    @RequestMapping("/userask")
    public String userask(Model model){
        model.addAttribute("user",userservice.findUser(userservice.getUser().
getId()));
        return "userask";
}


    @RequestMapping("/userset")
    public String userset(Model model){
        model.addAttribute("user",userservice.findUser(userservice.getUser().
getId()));
        return "userset";
    }


    @RequestMapping("/book")
    public String book(int id,Model model,HttpServletResponse response) throws
IOException {//订票
        user u=userservice.getUser();
        air a=airservice.findallid(id);
        int aleft=Integer.parseInt(a.getAleft());
        aleft=aleft-1;
        a.setAleft(String.valueOf(aleft));
        airservice.saveair(a);
        booklistservice.setbooklist(u,a);
        model.addAttribute("user",userservice.findUser(userservice.getUser().
getId()));
        response.setContentType("text/html;charset=UTF-8");
        PrintWriter out=response.getWriter();
        out.print("<script language=\"javascript\">alert('订票成功,进入订单界
面!');window.location.href='/airbook/userlist'</script>");
        return "userlist";
    }


@RequestMapping("/unbook")
public String unbook(int aid,int uid,int id,Model model,
HttpServletResponse response) throws IOException {
        model.addAttribute("user",userservice.findUser(userservice.getUser().
getId()));
        String anum=booklistservice.findanumbyid(id);
        if(waitservice.existanum(anum)==1){//预留功能
        }//删除第一个等待,并赋予订票
        else {
            air a=airservice.findallid(aid);
            int aleft=Integer.parseInt(a.getAleft());
```

```
        aleft=aleft+1;
        a.setAleft(String.valueOf(aleft));
        airservice.saveair(a);
    }
    booklistservice.delete(id);
    response.setContentType("text/html;charset=UTF-8");
    PrintWriter out=response.getWriter();
    out.print("<script language=\"javascript\">alert('退票成功,返回订单界
    面!');window.location.href='/airbook/userlist'</script>");
    return "userlist";
}


@RequestMapping("/admin")
public String admin(){
    return "admin";
}
}
```

@RequestMapping 注解可以在控制器类的级别或其中的方法的级别上使用。在类的级别上的注解会将一个特定请求或者请求模式映射到一个控制器上,之后还可以另外添加方法级别的注解进一步指定到处理方法的映射关系。

9.3.7 编写 Web 页面

Web 页面实现时,应该尽可能遵循界面设计原则,通过下面的代码,体会一些框架的使用和当今比较流行的一些 Web 开发前端技术。

```
<!DOCTYPE html PUBLIC "-//W3C//DTD XHTML 1.0 Transitional//EN"  "http://www.
w3.org/TR /xhtml1 /DTD/xhtml1-transitional.dtd">
<html xmlns="http://www.w3.org/1999/xhtml">
<html lang="en" xmlns:th="http://www.thymeleaf.org">

<head>
    <meta http-equiv="Content-Type" content="text/html; charset=utf-8"/>
    <title>机票预订系统主页</title>
    <meta name="keywords" content="前端模板">
    <meta name="description" content="前端模板">

<script type="text/javascript" th:src="@{/js/jquery/jquery-2.1.4.min.js}"
src="../static/js/jquery/ jquery-2.1.4.min.js"></script>
    < script type ="text/javascript" th: src="@ {/layui/layui.js}" src ="../
static/layui/layui.js"></script>
    <script type="text/javascript" th:src="@{/js/index/index.js}" src="../
static/js/index/index.js"></script>
    <script type="text/javascript" th:src="@{/js/index/freezeheader.js}"
```

```
        src="../static/js/index/freezehead er.js"></script>
    <script type="text/javascript" th:src="@{/layui/lay/modules/layer.js}"
        src="../static/layui/lay/modules/layer.js"></script>
     <link rel="stylesheet" th:href="@{/layui/css/layui.css}" href="../
static/layui/css/layui.css" media="all"/>
     <link rel="stylesheet" th:href="@{/layui/css/modules/layer/default/
layer.css}"
        href="../static/layui/css/modules/layer/default/layer.css"/>
    <link rel="stylesheet" th:href="@{/css/global.css}" href="../static/css/
global.css"/>
    <link href="https://cdn.bootcss.com/bootstrap/3.3.7/css/bootstrap.min.
css" rel="stylesheet">

    <style type="text/css">
        a:link, .div2 a:link {color: rgba(3, 2, 3, 0.82)}    /*未被访问的链接 蓝色*/
        a:visited, .div2 a:visited {color: #010101}    /*已被访问过的链接 蓝色*/
        a:active, .div2 a:active {color: #ff212b}        /*鼠标点中激活链接 蓝色*/
    </style>
    <style type="text/css">
        .footer{
        height: 100px;
        width: 100%;
        position: fixed;
        bottom: 0;
        background-color: #eeeeee;
        }
    </style>

    <script>
        function anum() { //按航班号搜索航班
            var table=null;
            $.ajax({
                type : 'post',
                url : '/anum',
                data: {anum:$("#anum").val()},
                dataType: "json",
                success : function(data) {
                    $.each(data,function(i,value){
                        table+="<tr><td>"+value.anum+"</td><td>+value.
                        aplace+"</td><td>" + value.atime+"</td><td>"+value.
                        acompany+"</td><td>"+value.aleft
                        if(value.aleft!=0){
                            table+="</td><td>"+"<a class='book' id='book"+
                            value.id+"'
```

```
                    href='/airbook/book?id="+value.id+"'>订票</a>"
                    +"</td></tr>";
                }else{
                    table+="</td><td><a class='wait' href='/airbook/
                    wait?id="+value.id+ "'>抢票</a>"+"</td></tr>"
                }
                $("#anumtable").html(table);
            })
        },
        error:function () {
            alert("未查到航班")
        }
    });
    }
</script>
<!--类似地,按出发地和目的地,以及出发时间搜索航班号-->
<script>
    function aplace() {
        var table=null;
        $("#showplace").val($("#showplace1").val()+"-"+$("#showplace2").
        val());
        $.ajax({
            type : 'post',
            url : '/aplace',
            data: {aplace:$("#showplace").val()},
            dataType : "json",
            success : function(data) {
                $.each(data,function(i,value){
                    $("#placetable").html(
                        table+="<tr><td>"+value.anum+"</td><td>"+value.
                        aplace+"</td><td>"+value.atime+"</td><td>"+
                        value.acompany+"</td><td>"+value.aleft+"</td><td>"
                        +"<a href='/airbook/book?id="+value.id+"'>订票
                        </a></td></tr>"
                    );
                })
            },
            error:function () {
                alert("未查到航班")
            }
        });
    }
</script>
<script>
```

```
        function atime() {
            var table=null;
            $.ajax({
                type : 'post',
                url : '/atime',
                data: {atime:$("#showtime").val()},
                dataType : "json",
                success : function(data) {
                    console.log(data);
                    $.each(data,function(i,value){
                        $("#timetable").html(
                            table+="<tr><td>"+value.anum+"</td><td>"+value.
                            aplace+"</td> < td>"+ value. atime +"</td> <td>"+
                            value.acompany+"</td><td>"+value.aleft+"</td><td>"
                            +"< a href = '/airbook/book? id = "+ value. id +"' >订票
                            </a></td></tr>"
                        );
                    })
                },
                error:function () {
                    alert("未查到航班")
                }
            });
        }
    </script>

</head>

<body>
    <div class="layui-header header">
        <div class="main">
            <ul class="layui-nav layui-nav-left" lay-filter="filter">
                <a class="logo" href="/airbook/home" title="Fly">Fly</a>
                                                    //airbook.html 为首页
                <li class="layui-nav-item nav-left">
                    <a href="/airbook/userbooking">我要订票</a>
                </li>
                <li class="layui-nav-item">
                    <a href="/airbook/userlist">我的行程</a>
                </li>
                <li class="layui-nav-item">
                    <a href="/airbook/userset">我的信息</a>
                </li>
            </ul>
```

```
            </div>
        </div>
        <div class="layui-container container" style="padding-top:70px;">
            <div class="layui-tab layui-bg-gray">
                <ul class="layui-tab-title">
                    <li class="layui-this">按航班查询</li>
                    <li>按地点查询</li>
                    <li>按时间查询</li>
                    <li>按公司查询</li>
                </ul>
                <div class="layui-tab-content">
                    <div class="layui-tab-item layui-show">
                        <label>航班号:</label>
                        < input class="layui-input-inline" id="anum" name="anum"
                        placeholder="输入航班号"/>
                        <button class="btn"  onclick="anum()">查询</button>
                        //调用 function anum()
                        <table class="layui-table" lay-size="sm">
                            <colgroup>
                                <col width="150">
                                <col width="400">
                                <col width="400">
                                <col width="200">
                                <col width="100">
                                <col width="100">
                            </colgroup>
                            <thead>
                            <tr>
                                <th>航班号</th>
                                <th>出发地-目的地</th>
                                <th>出发时间</th>
                                <th>航班公司</th>
                                <th>剩余票</th>
                                <th></th>
                            </tr>
                            </thead>
                            <tbody id="anumtable"></tbody>
                        </table>
                    </div>
                    <div class="layui-tab-item">
                        <label>出发地-目的地:</label>
                            < input class = " layui - input - inline " id = " showplace1 "
                            placeholder="请输入出发地"/>—
                            < input class = " layui - input - inline " id = " showplace2 "
```

```
                placeholder="请输入目的地"/>
        <input id="showplace" type="hidden"/>
        <button class="btn" onclick="aplace()">查询</button>
        //调用 aplace(),已省略
        <table class="layui-table" lay-size="sm">
            <colgroup>
                <col width="150">
                <col width="400">
                <col width="400">
                <col width="200">
                <col width="100">
                <col width="100">
            </colgroup>
            <thead>
            <tr>
                <th>航班号</th>
                <th>出发地-目的地</th>
                <th>出发时间</th>
                <th>航班公司</th>
                <th>剩余票</th>
                <th></th>
            </tr>
            </thead>
            <tbody id="placetable"></tbody>
        </table>
    </div>
    <div class="layui-tab-item">
        <label>出发日期:</label>
        <input class="layui-input-inline" id="showtime"
            type="date"/>
        <button class="btn" onclick="atime()">查询</button>
        <table class="layui-table" lay-size="sm">
            <colgroup>
                <col width="150">
                <col width="400">
                <col width="400">
                <col width="200">
                <col width="100">
                <col width="100">
            </colgroup>
            <thead>
            <tr>
                <th>航班号</th>
                <th>出发地-目的地</th>
```

```
                            <th>出发时间</th>
                            <th>航班公司</th>
                            <th>剩余票</th>
                            <th></th>
                    </tr>
                </thead>
                <tbody id="timetable"></tbody>
            </table>
        </div>
    </div>
</div>
<div class="footer" style="text-align: center;">
    <hr class="layui-bg-red">
    <p><a href="/" class="layui-bg-red">安全退出</a>基于 springboot 的机票
    预定系统 2019</p>
</div>
</body>
</html>
```

在系统前端用的框架主要有以下 3 个。

(1) jQuery 框架。

jQuery 框架是一个快速、简洁的 JavaScript 框架,是继 Prototype 之后又一个优秀的 JavaScript 代码库(或 JavaScript 框架)。jQuery 设计的宗旨是倡导"写更少的代码,做更多的事情。"它封装 JavaScript 常用的功能代码,提供一种简便的 JavaScript 设计模式,优化 HTML 文档操作、事件处理、动画设计和 Ajax 交互。

jQuery 的核心特性可以总结为以下几个。

① 具有独特的链式语法和短小清晰的多功能接口。

② 具有高效灵活的 CSS 选择器,并且可对 CSS 选择器进行扩展。

③ 拥有便捷的插件扩展机制和丰富的插件。

jQuery 兼容各种主流浏览器,如 IE 6.0＋、FF 1.5＋、Safari 2.0＋、Opera 9.0＋等。

(2) Layui 框架。

Layui 是一个开源的模块化前端 UI 框架,遵循原生 HTML/CSS/JavaScript 的书写与组织形式,门槛极低,拿来即用。Layui 的首个版本发布于 2016 年,是为服务端程序员量身定做的。事实上,Layui 更多的时候面向于后端开发者,所以在组织形式上毅然采用了几年前的以浏览器为宿主的类 AMD 模块管理方式,但并不受限于 CommonJS 的那些条条框框,它拥有自己的模式,更加轻量、简单。Layui 定义为"经典模块化",并非刻意强调"模块"理念本身,而是有意避开当下 JavaScript 社区的主流方案,试图以尽可能简单的方式诠释高效。

Layui 的经典在于对返璞归真的执念,以当前浏览器普通认可的方式组织模块。Layui 这种轻量的组织方式,仍然可以填补 WebPack 以外的许多场景。

Layui 的主要特征有以下几个。

① 轻量、简单,遵循原生的 HTML/CSS/JS 书写方式。

② 一个接口几行代码而已,直接初始化整个框架,无须复杂操作。

③ 支持多 tab,可以打开多窗口。

④ 支持无限级菜单和对 font-awesome 图标库的完美支持。

⑤ 适用于开发后端模式,在服务器页面上有非常好的效果。

⑥ 刷新页面会保留当前的窗口,并且会定位当前窗口对应的左侧菜单栏。

⑦ 自适应手机移动端网站后台。

(3) Vue 框架。

Vue 是一套用于构建用户界面的渐进式框架。与其他大型框架不同的是,Vue 被设计为可以自底向上逐层应用。

Vue 的核心的功能是一个视图模板引擎,但这不是说 Vue 就不能成为一个框架。图 9.2 包含了 Vue 的所有部件。

图 9.2 渐进式 Vue 框架

在声明式渲染(视图模板引擎)的基础上,可以通过添加组件系统、客户端路由、大规模状态管理构建一个完整的框架。更重要的是,这些功能相互独立,可以在核心功能的基础上任意选用其他部件,不一定全部整合在一起。可以看到,所说的"渐进式",其实就是 Vue 的使用方式,同时也体现了 Vue 的设计的理念。

Vue 的核心库只关注视图层,不仅易于上手,还便于与第三方库或既有项目整合。另一方面,当与现代化的工具链以及各种支持类库结合使用时,Vue 也完全能够为复杂的单页应用提供驱动。

Vue 框架的主要特征有以下几个。

(1) 遵循 MVVM 模式(m->model、v->view、vm->view model)。

(2) 编码简洁、体积小、运行效率高,且适合移动端/PC 端。

(3) 只关注 UI,可以轻松引入 Vue 插件或其他第三方库开发项目。

(4) 采用自底向上增量开发的设计,它的目标是通过尽可能简单的 API,实现响应的数据绑定和组合的视图组件。

(5) 实现数据双向绑定,使数据保持一致。

(6) 不支持 IE8,且没有成名库。

9.4 随 堂 笔 记

一、本章摘要

_____

_____

_____

_____

_____

_____

_____

_____

_____

_____

二、练练手

（1）下面的（　　）语言是非过程化语言。

  A. C++   B. Java   C. Python   D. SQL

（2）关于程序设计语言，下面的选项（　　）是正确的。

  A. 加了注释的程序一般会比同样的没有加注释的程序运行速度慢

  B. 由高级语言开发的程序不能使用在低层次的硬件系统中

  C. 高级语言相对于低级语言更容易实现跨平台的移植

  D. 都不对

（3）（　　）不是良好的编程风格。

  A. 变量名采用单字母符号或单字母加数字串

  B. 为变量设置初始值

  C. 程序代码采用缩进格式

  D. 程序中包含必要注释

（4）下列叙述中，（　　）具有良好的编程风格。

  A. 可以尽量使用标准文本以外的语句

  B. 对所有的输入数据进行校验

  C. 用计数方法而不是用文件结束符判别输入的结束

  D. 可以显式说明变量，也可以隐式说明

（5）变量名 MyData 属于（　　）命名规则。

  A. Pascal   B. Camel   C. Hungarian   D. 全不对

（6）（　　）有助于提高程序的可读性。

  A. 良好的编程风格   B. 选择效率高的程序设计语言

C. 使用三种标准控制语句　　　　　　D. 选择效率高的算法

(7) 为了提高程序的可读性,不属于编程风格需要注意的是(　　　)。

A. 添加表示程序层次的缩进格　　　　B. 程序的注释

C. 变量名的法则　　　　　　　　　　D. 程序员的水平

(8) 程序中的注释可以增加程序的(　　　)。

A. 可移植性　　　　B. 效率　　　　C. 可读性　　　　D. 可复用性

(9) 更适合用来开发操作系统的编程语言是(　　　)。

A. C/C++　　　　B. Java　　　　C. Python　　　　D. JavaScript

(10) (　　　)不适合大数据编程。

A. R 语言　　　　B. Python　　　　C. MatLab　　　　D. Oracle

(11) 下列因素中,(　　　)不是选择程序设计语言的依据。

A. 项目的应用领域　　　　　　　　　B. 软件开发的方法

C. 程序设计风格　　　　　　　　　　D. 算法和数据结构的复杂性

(12) (　　　)不是计算机程序设计语言。

A. PROLOG　　　　B. Ada　　　　C. LISP　　　　D. UML

(13) 世界上第一个程序员是(　　　)。

A. Ada Lovelace　　　　　　　　　　B. Grace Hopper

C. Hedy Lamarr　　　　　　　　　　D. Frances Allen

(14) 下列选项中,不属于程序设计语言的分类是(　　　)。

A. 机器语言　　　　B. 人工语言　　　　C. 汇编语言　　　　D. 高级语言

(15) Spring Boot 2.0 需要(　　　)或者更新的版本。

A. Java 5　　　　B. Java 6　　　　C. Java 7　　　　D. Java 8

三、动动脑

(1) 搭建 Spring Boot 框架,并配置 Maven 插件。

(2) 在 Spring Boot 中开发并实现"机票预订系统"的主要功能。

四、读读书

《编程珠玑》

作者:[美]乔恩·本特利(Jon Bentley)

书号:9787115516282

出版社:人民邮电出版社

本书是计算机科学方面的经典名著。本书的内容围绕程序设计人员面对的一系列实际问题展开。作者 Jon Bentley 以其独有的洞察力和创造力引导读者理解这些问题并学会解决问题的方法,而这些正是程序员实际编程生涯中至关重要的。

本书通过一些精心设计的有趣而又颇具指导意义的程序,对实用程序设计技巧及基本设计原则进行了透彻而睿智的描述,为复杂的编程问题提供了清晰而完备的解决思路。在本书中,作者选取许多具有典型意义的复杂编程和算法问题,生动描绘了历史上众大师们在探索解决方案中发生的轶事、走过的弯路和不断精益求精的历程,引导读者像真正的程序员和软件工程师那样富于创新性地思考,并透彻阐述和总结了许多独特而精妙的设计原则、思考和解决问题的方法,以及实用程序设计技巧。

　　本书对各个层次的程序员都有帮助。《编程珠玑》如同精美的珍珠出自饱受沙砾折磨的牡蛎,程序员们的精彩设计也来源于曾经折磨他们的实际问题。

软件测试

导读

通过前面的章节,已了解软件的基本实现过程,那么,编制代码后的测试是干什么的?是不是就是我们在实现编码中的调试? 项目测试的承担者是不是就是程序员?

"为什么微软在做产品时,测试人员占一大半以上?"Windows 产品越来越稳定,崩溃、死机和蓝屏现象逐步减少,充分说明测试在软件开发中的重要性。国内的测试状况,从起初的程序员兼顾测试,到如今的专职测试人员配置,也说明项目测试的必要性和重要性。

软件测试就是通过手工测试或者利用测试工具,按照测试计划、测试方案和测试流程对软件产品进行功能和性能测试,甚至针对具体需要设计不同的测试工具、设计和维护测试系统,对测试方案可能出现的问题进行分析和评估。执行测试用例后,要跟踪故障,以确保软件项目符合用户的需求。

作为软件质量保障的一个重要环节,软件测试贯穿于软件生命周期的各个阶段。

从整体行业背景看,一方面,中国的很多软件企业都存在着重开发、轻测试的现象,造成日后软件产品的质量问题频出,亟待解决;另一方面,市场上的软件测试人员偏少,岗位缺口较大,不少企业以开发暂代测试,以作急用。

从职业发展看,软件测试人才更强调岗位的经验积累。从业者拥有几年的测试经验背景后,可以逐步转向管理或者资深测试工程师,担当测试经理或者部门主管,所以职业寿命更长。另外,由于国内软件测试工程师人才奇缺,并且一般只有大中型企业才会单独设立软件测试部门,所以,软件测试人员就业有保障,待遇普遍较高。

综合以上分析看,软件测试行业前景广阔。

10.1 软件测试基础

10.1.1 软件测试的定义和目标

可以从正向和反向两方面对软件测试下定义。

1. 正向定义

1983 年 IEEE 提出的软件工程术语中给软件测试下的定义是："使用人工或自动的手段运行或测定某个软件系统的过程,其目的在于检验它是否满足规定的需求或弄清预期结果与实际结果之间的差别"。这个定义明确指出,软件测试的目的是为了检验软件系统是否满足需求。它再也不是一个一次性的、只是开发后期的活动,而是与整个开发流程融合成一体。软件测试已成为一个专业,需要运用专门的方法和手段,需要专门的人才和专家承担。

2. 反向定义

G.Myers 给出了关于测试的一些规则,可以看作测试的目标或定义。

(1) 测试是为了发现程序中的错误而执行程序的过程。

(2) 好的测试方案是极可能发现迄今为止尚未发现的错误的测试方案。

(3) 成功的测试是发现了至今为止尚未发现的错误的测试。

要完整地理解软件测试,就要从不同方面和视角辩证地审视软件测试。概括起来,软件测试就是贯穿整个软件开发生命周期、对软件产品(包括阶段性产品)进行验证和确认的活动过程,其目的是尽快、尽早地发现在软件产品中存在的各种问题,即与用户需求、预先的定义不一致的地方。

因此,从心理学角度看,由程序的编写者进行测试是不恰当的。而且,在集成测试以及后续测试阶段中通常由其他人员组成的测试小组(或第三方测试机构)完成测试工作。此外,应该认识到测试只能查找出程序中的错误,而不能证明程序是正确的。

10.1.2 软件测试的准则

为了能设计出有效的测试方案,软件工程师必须深入理解并正确运用指导软件测试的基本准则。

(1) 所有测试都应该能追溯到用户需求。

(2) 应该远在测试开始之前就制订出测试计划。

(3) 把 Pareto 原理应用到软件测试中,即 80% 的错误是 20% 的模块造成的。

(4) 应该从"小规模"测试开始,并逐步进行"大规模"测试。

(5) 穷举测试是不可能的。

(6) 为了达到最佳的测试效果,应该由独立的第三方从事测试工作。

10.1.3　测试方法

常规的测试方法主要按以下 3 个角度进行划分。

1. 按是否查看程序内部结构划分

1）黑盒测试

黑盒测试是根据软件需求规格对软件进行的测试,这类测试不考虑软件内部的运作原理,因此,软件对用户来说就像一个黑盒子。简单来说,这种测试只关心输入和输出的结果,并不考虑程序的源代码。黑盒测试可分为功能测试和性能测试。

(1)功能测试。它是黑盒测试的一方面,检查实际软件的功能是否符合用户的需求,包括逻辑功能测试、界面测试、易用性测试和兼容性测试。

(2)性能测试。软件的性能主要有时间性能和空间性能两种。其中,时间性能主要指软件对一个具体事务的响应时间,而空间性能主要指软件运行时所消耗的系统资源。

2）白盒测试

白盒测试是把测试对象看作一个打开的盒子。利用白盒测试法进行动态测试时,需要测试软件产品的内部结构和处理过程,不需测试软件产品的功能。与黑盒测试相反,这种测试要研究程序里面的源代码和程序结构。

3）灰盒测试

灰盒测试是介于白盒测试与黑盒测试的一种测试,多用于集成测试阶段。它不仅关注输出、输入的正确性,同时也关注程序内部的情况。

2. 按是否运行程序划分

1）静态测试

静态测试不运行被测程序,仅通过分析或检查源程序的语法、结构、过程、接口等检查程序的正确性。通过对软件需求规格说明书、软件设计说明书、源程序等做结构分析、流程图分析、符号执行来找错。它可以由人工进行,充分发挥人的逻辑思维优势;也可以借助软件测试工具自动进行。静态测试包括代码检查、静态结构分析以及代码质量度量等。

在实际使用中,代码检查比动态测试更有效率,能快速找到缺陷,发现 30%～70%的逻辑设计和编码缺陷;代码检查看到的是问题本身,而非征兆。但是,代码检查非常耗费时间,而且需要知识和经验的积累。代码检查应在编译和动态测试之前进行,在检查前应准备好需求描述文档、程序设计文档、程序的源代码清单、代码编码标准和代码缺陷检查表等。静态测试具有发现缺陷早、降低返工成本、覆盖重点和发现缺陷的概率高的优点;它的缺点是耗时长、不能依赖测试工具,并且对知识和经验要求高。

2）动态测试

动态测试是指通过运行软件检验软件的动态行为和运行结果的正确性。具体操作是输入相应的测试数据,检查输出结果和预期结果是否相符的过程。同时,分析运行效率和健壮性等性能。这种方法主要由三部分组成:构造测试实例、执行程序、分析程序的输出结果。根据动态测试在软件开发过程中所处的阶段和作用,动态测试可分为 10.2 节中的

6 个步骤。

动态测试也是 IT 公司的测试工作的主要方式。

3. 按阶段划分

1）单元测试

单元测试是最微小规模的测试，测试的是某个功能或代码块。单元测试由程序员而非测试员做，因为单元测试需要知道内部程序设计和编码的细节知识。

2）集成测试

集成测试是指一个应用系统的各个部件的联合测试，以决定它们能否在一起共同工作并没有冲突。部件可以是代码块、独立的应用、网络上的客户端或服务器端程序。这种类型的测试尤其与客户服务器和分布式系统有关。一般地，在集成测试以前，需要完成单元测试。

3）确认测试

确认测试的目的是表明软件是可以工作的，并且符合《软件需求规格说明书》中规定的全部功能和性能要求。确认测试是按照需求分析阶段编制的《确认测试计划》进行的。

4）系统测试

系统测试是将整个软件系统作为一个整体进行测试，包括对功能、性能，以及软件所运行的软硬件环境进行测试。

5）验收测试

验收测试是基于客户或最终用户的规格书的最终测试，或基于用户一段时间的使用后，看软件是否满足客户要求。一般从功能、用户界面、性能、业务关联性进行测试。

6）回归测试

回归测试是指在发生修改之后，重新测试先前的测试和修改后的结果，以保证修改的正确性。理论上，软件产生新版本，都需要进行回归测试，验证以前发现和修复的错误是否在新软件版本上再次出现。

10.2 测 试 步 骤

根据软件测试第 4 条准则，测试过程必须分步骤进行，后一个步骤在逻辑上是前一个步骤的继续。大型软件系统通常由若干个子系统组成，每个子系统又由许多模块组成，因此，测试过程基本上由下述 6 个步骤组成。

10.2.1　单元测试

单元测试集中检测软件设计的最小单位——模块。单元测试主要使用白盒测试技术，对多个模块的测试可以并行地进行。一般地，单元测试由程序员测试。

单元测试的目标主要有以下两个。

（1）保证每个模块作为一个单元能正确运行。

（2）发现编码和详细设计的错误。

单元测试着重从下述 5 个方面对模块进行测试。

(1) 模块接口(接口测试)。

通过模块的接口,检查数据能否正确进、出。检查的内容包括参数的数目、次序、属性或单位系统与变元是否一致,是否修改了输入变元,输出变元值是否正确,全局变量的定义和用法在各个模块中是否一致。

(2) 局部数据结构。

对于模块而言,局部的数据结构是常见的错误来源。检查的内容包括局部数据说明、初始化、默认值等是否正确。

(3) 重要的执行路径(路径测试)。

由于不能穷尽测试,因此,选择有代表性、最可能发现错误的执行通路进行测试是十分关键的。检查的内容包括是否有错误的计算、不正确的比较和不适当的控制流。

(4) 出错处理路径。

好的设计应该能遇见出错条件,并设置适当的处理错误的通路。检查的内容包括是否有遗漏的出错处理通路,错误是否难易描述,预计的错误是否与实际错误不同,对错误的处理是否得当,错误定位是否准确。

(5) 边界条件。

边界测试是单元测试最后的,也是最重要的任务。检查的内容包括数组和循环在边界的操作是否正确,数据值、控制量和数据结构边界操作是否有误。

软件结构中的模块并不是一个独立的模块,必须在一个测试环境中进行测试。因此,单元测试中必须为每个模块设计和开发驱动模块(driver)或桩模块(stub)。

(1) 驱动模块。

驱动模块是用来模拟被测试模块的上一级模块,相当于被测模块的主程序。它接收数据,将相关数据传送给被测模块,启用被测模块,并输出相应的结果。驱动模块可以通过模拟一系列用户操作行为,自动调用被测试模块中的函数。驱动模块的设置,使对模块的测试不必与用户界面真正交互。

(2) 桩模块。

桩模块是指模拟被测试的模块所调用的模块,而不是软件产品的组成部分。它使用被它代替的模块的接口,可能做最少量的数据操作,输出对入口的检验或操作结果,并且把控制归还给调用它的模块。在集成测试前要为被测模块编制一些模拟其下级模块功能的“替身”模块,以代替被测模块的接口。

10.2.2　集成测试

集成测试也叫组装测试,它在单元测试的基础上将所有模块按照设计要求(如根据软件结构图)组装成为子系统或系统,进行集成测试。集成测试以黑盒测试技术为主,以白盒测试技术为辅。

集成测试是测试和组装软件的系统化技术,主要目标是以下两个方面。

(1) 发现与接口有关的问题。

(2) 发现总体设计阶段的问题。

集成测试期间,除了进行接口测试和路径测试外,还需要着重测试的内容包括以下几个方面。

(1) 功能测试。

功能测试的基本方法是构造一些合理输入(在需求范围之内),检查输出是否与期望相同。功能测试有两种比较好的测试方法。

① 等价划分是指把输入空间划分为几个"等价区间",在每个"等价区间"中只测试一个典型值就可以了。

② 边界值测试法是对等价划分法的补充。除了典型值外,还要用边界值作为测试用例。

(2) 性能测试。

性能测试即软件处理事务的速度,一是为了检验性能是否符合需求,二是为了得到某些性能数据以供参考。有时关心测试的"绝对值",有时关心测试的"相对值"。

由模块组装成程序时,有非渐增式测试和渐增式测试两种方法。

1. 非渐增式测试方法

非渐增式测试也称作大爆炸集成。在该方法中,先分别测试每个模块;然后将所有模块按软件层次结构图组装到一起;最后,把庞大的程序作为一个整体测试。

非渐增式测试方法使得测试者面对的情况十分复杂:在庞大的程序中想诊断定位一个错误是非常困难的,改正错误更是极端困难;而且,一旦改正一个错误之后,马上又会遇到新的错误。这个过程将继续下去,测试好像没有尽头。

2. 渐增式测试方法

在该方法中,把要测试的模块同已经测试好的模块结合起来进行测试;测试完以后,再把下一个应该测试的模块结合进来测试;以此类推,每次增加一个模块完成新一轮的集成测试。因此,这种方法比较容易定位和改正错误;对接口可能进行更彻底的测试;可以使用系统化的测试方法。因此,集成测试普遍采用的方法是渐增式测试方法。

渐增式测试实际上同时完成单元测试和集成测试;把程序划分成小段构造和测试,在这个过程中比较容易定位和改正错误。

下面介绍渐增式测试方式的 3 种集成策略。

1) 自顶向下集成

自顶向下集成就是从主控制模块开始,沿着程序的控制层次向下移动,逐渐把各个模块结合起来。在把附属于主控制模块的那些模块组装到程序结构中时,安装次序或者使用深度优先策略,或者使用宽度优先策略。

(1) 深度优先策略。

在此策略中,先组装在软件结构的一条主控制通路上的所有模块,直到测试完所有控制通路,测试过程如图 10.1 所示(其中,A、B、C、D、E、F 分别是驱动模块,S_1、S_2、S_3、S_4、S_5 分别是桩模块)。

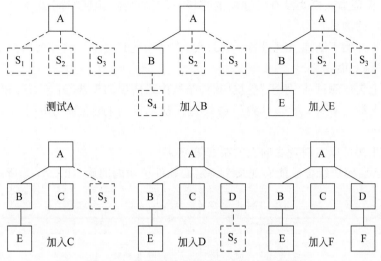

图 10.1 按深度优先策略集成测试示意图

（2）宽度优先策略。

在此策略中，沿软件结构水平地移动，把处于同一个控制层次上的所有模块组装起来，直到测试完所有层次的模块，如图 10.2 所示。

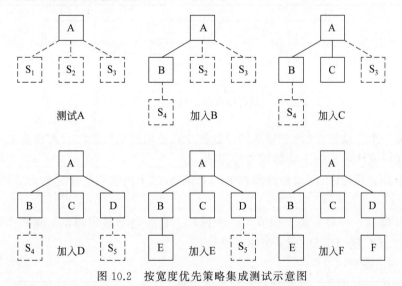

图 10.2 按宽度优先策略集成测试示意图

把模块集成为软件结构的过程由下述 4 个步骤完成。

① 对主控制模块进行测试，测试时用桩模块代替所有直接附属于主控制模块的模块。

② 根据选定的结合策略（深度优先策略或宽度优先策略），每次用一个实际模块代换一个桩模块（新结合进来的模块往往又需要新的桩模块）。

③ 在结合进一个模块的同时进行测试。

④ 为了保证加入模块没有引进新的错误,可能需要进行回归测试(即全部或部分地重复以前做过的测试)。

从第②步开始不断地重复进行上述过程,直到构造起完整的软件结构为止。

2)自底向上集成

自底向上集成测试从"原子"模块(软件结构中最底层的模块)开始组装和测试。因为是从底部向上结合模块,总能得到下层处理模块功能,因此在此方法中不需要设计桩模块。

用下述步骤可以实现自底向上的结合策略。

(1)把低层模块组合成能实现某个特定的软件子功能的族,如图 10.3 所示。

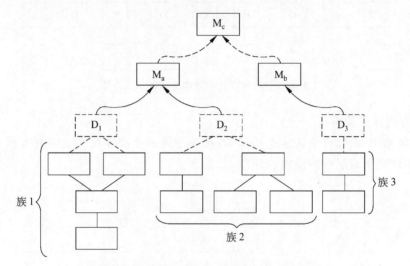

图 10.3　软件结构图中功能族划分示意图

(2)写一个驱动程序(用于测试的控制程序),协调测试数据的输入和输出。

(3)对由模块组成的子功能族进行测试。

(4)去掉驱动程序,沿软件结构自下向上移动,把子功能族组合起来形成更大的子功能族。

上述步骤(2)～(4)实质上构成了一个循环。自底向上集成测试示意图如图 10.4 所示(其中,D_1、D_2、D_3、D_4、D_5 分别为驱动模块)。

3)三明治集成

三明治集成方法是一种混合式渐增测试策略,综合了自顶向下和自底向上两种集成方法的优点。一般来说,对软件结构的上层使用自顶向下结合的方法;对下层使用自底向上结合的方法。三明治集成方法执行的步骤如下所示。

(1)确定以图 10.4 中的 B 模块为界决定使用三明治集成策略。

(2)对模块 B 及其所在层下面的各层使用自底向上的集成策略。

(3)对模块 B 所在层上面的层次使用自顶向下的集成策略。

(4)把模块 B 所在层的各模块与相应的下层集成。

(5)对系统进行整体测试。

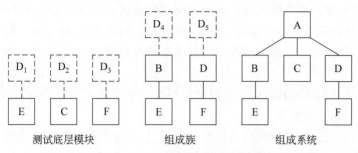

图 10.4　自底向上集成测试示意图

4) 各种集成测试方法的比较

一般来说,一种集成测试方法的优点恰好是另一种测试方法的缺点。

不同集成策略的比较见表 10.1。

表 10.1　不同集成策略的比较

方　法	优　点	缺　点
非渐增式	项目更新少数功能时使用	① 没有错误隔离手段; ② 主要设计错误发现得晚; ③ 潜在可重用代码的测试不充分; ④ 需要驱动程序和存根程序
自顶向下	① 具有错误隔离手段; ② 主要设计错误发现得早; ③ 不需要设计驱动程序; ④ 容易较早呈现软件架构全貌	① 潜在可重用代码的测试不充分; ② 需要设计桩模块,成本较高
自底向上	① 具有错误隔离手段; ② 潜在可重用代码能充分测试; ③ 不需要设计桩模块,降低成本; ④ 可以并行测试	① 主要设计错误发现得晚; ② 需要设计驱动模块; ③ 较晚呈现软件架构全貌
三明治	① 具有错误隔离手段; ② 主要设计错误发现得早; ③ 潜在可重用代码能充分测试; ④ 减少了桩和驱动模块的开发	① 中间层不能尽早得到充分的测试; ② 增加了定位测试的难度

3. 回归测试

在集成测试过程中,每当一个新模块结合进来时,程序就发生了变化,如建立了新的数据流路径、出现了新的 I/O 操作,或者激活了新的控制逻辑。这些变化可能会使结合前工作正常的功能出现问题。

在集成测试范畴内,回归测试是指重新执行已经做过的测试的某个子集,以保证测试过程中的变化没有带来非预期的副作用。

回归测试作为软件生命周期的一个组成部分,在整个软件测试过程中占有很大的工作量比重,软件开发的各个阶段都会进行多次回归测试。在增量和快速迭代开发中,新版本的连续发布使回归测试进行得更加频繁;在极端编程方法中,更是要求每天都进行若干次回归测试。因此,通过选择正确的回归测试策略改进回归测试的效率和有效性是非常有意义的。

回归测试可以通过重新执行全部测试用例的一个子集人工地进行,也可以使用自动化的捕获回放工具自动进行。

回归测试集(已执行过的测试用例的子集)包括下述 3 类不同的测试用例。

(1)检测软件全部功能的代表性测试用例。

(2)专门针对可能受修改影响的软件功能的附加测试用例。

(3)针对被修改过的软件成分的测试用例。

在集成测试过程中,回归测试用例的数量可能会大。因此,应该把回归测试集设计成只包括可以检测程序每个主要功能中的一类或多类错误的一些测试用例集。

10.2.3　确认测试

确认测试是对通过组合测试的软件进行的,这些软件已经存于系统目标设备的介质上。确认测试的目的是要表明软件是可以工作的,并且符合软件需求规格说明书中规定的全部功能和性能要求,这些明确的规定就是软件确认测试的基础。

确认测试又称有效性测试,是在模拟的环境下按照软件需求规格说明书中规定的要求制订出的"确认测试计划"进行的,运用黑盒测试的方法,验证被测软件是否满足软件需求规格说明书列出的需求、软件的功能和性能及其他特性是否与用户的要求一致。

测试工作由一个独立的组织进行,而且测试要从用户观点出发。

10.2.4　系统测试

系统测试是对整个系统的测试,即将硬件、软件、操作人员看作一个整体,检验它是否有不符合软件需求规格说明书的地方。这种测试可以发现软件需求分析和软件设计中的错误:如安全测试是测试安全措施是否完善?能不能保证系统不受非法侵入?压力测试是测试系统在正常数据量以及超负荷量(如多个用户同时存取)等情况下是否还能正常工作。

系统测试的目的是验证最终的软件系统是否满足用户规定的需求,主要测试的内容包括以下 9 个方面。

(1)接口测试。

接口测试是测试系统组件之间接口的一种测试,主要用于测试系统与外部其他系统之间的接口,以及系统内部各个子模块(或者子系统)之间的接口。测试的重点是检查接口参数传递的正确性、接口功能实现的正确性、输出结果的正确性,以及对各种异常情况的容错处理的完整性和合理性。

(2)功能测试。

功能测试用于测试软件系统的功能是否正确,其依据是软件需求规格说明书。由于正确性是软件最重要的质量因素,所以功能测试必不可少。

（3）健壮性测试。

健壮性是指在异常情况下，软件能正常运行的能力。健壮性有两层含义：容错能力和恢复能力。容错性测试通常构造一些不合理的输入引诱软件出错；恢复测试重点考查系统能否重新运行、有无重要的数据丢失，以及是否毁坏了其他相关的软件、硬件。

（4）性能测试。

性能测试是通过自动化的测试工具模拟多种正常、峰值以及异常负载条件对系统的各项性能指标进行测试。负载测试和压力测试都属于性能测试，两者可以结合进行。通过负载测试，确定在各种工作负载下系统的性能，目标是测试当负载逐渐增加时，系统各项性能指标的变化情况；压力测试是通过确定一个系统的瓶颈或者不能接受的性能点，获得系统能提供的最大服务级别的测试。

（5）用户界面测试。

多数软件都拥有图形用户界面。图形用户界面的测试重点是正确性、易用性和视觉效果。在评价易用性和视觉效果时，主观性非常强，应当考虑多个人的观点。

（6）安全性测试。

信息安全性是指防止系统被非法入侵的能力，既属于技术问题，又属于管理问题。信息安全性测试有如下步骤：首先，为非法入侵设立目标；其次，邀请（或悬赏）黑客扮演者，设法入侵系统，实现"入侵目标"，如果入侵成功，则能获取详细的入侵过程描述；最后，根据入侵描述，对系统进行防御入侵设计。

（7）压力测试。

压力测试获取系统能正常运行的极限状态。压力测试的主要任务是：构造正确的输入，使劲折腾系统却让它刚好不瘫痪。压力测试的一个变种是敏感测试。敏感测试的目的是发现什么样的输入可能会引发系统产生不稳定的现象。

（8）可靠性测试。

可靠性是指在一定的环境下、给定的时间内，系统不发生故障的概率。软件可靠性测试可能会花费很长时间。比较实用的办法是，让用户使用该系统，记录每次发生故障的时刻，计算出相邻故障的时间间隔，注意要去掉非工作时间。统计出不发生故障的"最小时间间隔""最大时间间隔"和"平均时间间隔"。

（9）安装/反安装测试。

市面上有非常流行的、专门制作安装/反安装程序的一些工具，如 Install Shelled。安装/反安装测试的主要测试工作包括：至少在标准配置和最低配置两种环境下测试系统；如果有安装界面，应当尝试各种选项，如选择"全部""部分"以及"升级"等。

10.2.5　验收测试

验收测试是部署软件之前的最后一个测试操作，是在软件产品完成单元测试、集成测试和系统测试之后，产品发布之前所进行的软件测试活动。它是技术测试的最后一个阶段，也称为交付测试。验收测试的目的是确保软件准备就绪，并且可以让最终用户将软件系统用于执行的既定功能和任务。

验收测试包括 Alpha 测试和 Beta 测试两个阶段。

（1）Alpha 测试由用户在开发者的场所进行，并且在开发者对用户的"指导"下进行测试。Alpha 测试是在受控的环境中进行的。

（2）Beta 测试由软件的最终用户在一个或多个客户场所进行。开发者通常不在 Beta 测试的现场，因此，Beta 测试是软件在开发者不能控制的环境中的"真实"应用。

10.2.6　平行运行

平行运行是指同时运行新开发出的系统和将被它取代的旧系统，并且比较新旧两个系统的处理结果。

可以在准生产环境中运行新系统而又不冒风险，因此，用户能有一段熟悉新系统的时间；同时，可以验证用户指南和使用手册之类的文档，能够以准生产模式对新系统进行全负荷测试，可以用测试结果验证性能指标。

10.3　测试用例

进行软件测试时，要对系统的功能或特性进行验证，这就需要从不同的方面获得不同的数据作为功能的输入数据验证功能或特性。

10.3.1　测试用例的定义

测试用例是对一项特定的软件产品进行测试任务的描述，体现为测试方案、方法、技术和策略等。

IEEE 标准给出了测试用例的定义：测试用例是一组测试输入、执行条件和预期结果的集合，目的是满足一个特定的目标，如执行一条特定的程序路径或检验是否符合一个特定的需求。

简单地说，测试用例就是设计一个场景，软件程序在这种场景下必须能够正常运行，并且达到程序所设计的执行结果。

测试用例的内容包括以下 7 个方面。

（1）测试目标。证明软件的功能和性能与需求说明相符。

（2）测试环境。硬件＋软件＋网络设备＋历史数据。

（3）输入数据。以发现软件错误和缺陷为目的的一组或多组测试数据。

（4）测试步骤。包括测试准备、环境和人员配置、测试用例设计和执行等。

（5）预期结果。被测试功能对应于（3）的测试数据的正常的输出结果。

（6）测试脚本。它是一个特定测试的一系列指令，也可以被自动化测试工具执行。

（7）测试用例文档。组合（1）～（6）内容，形成测试用例设计文档。

10.3.2　测试用例的作用和重要性

测试用例的作用主要体现在以下 4 个方面。

（1）指导测试的实施（突出重点、目标明确）。

（2）评估测试结果的度量（测试覆盖率、合格率）。

（3）具有可维护性和可复用性（适应新版本、可反复使用，缩短项目周期，提高效率）。

（4）分析缺陷的标准（适时有目的地补充用例）。

测试用例作为测试工作的指导，是软件测试必须遵守的准则，是软件测试质量稳定的根本保障。其目的是能够将软件测试的行为转化成可管理的模式；同时，测试用例也是将测试具体化的方法之一。

测试用例的重要性体现在以下 5 个方面。

（1）测试用例构成了设计和指定测试过程的基础。

（2）测试的"深度"与测试用例的数量成比例。

（3）测试工作量与测试用例的数量成比例。

（4）测试设计和开发的类型以及所需要的资源主要受控于测试用例。

（5）测试用例通常根据它们所关联的测试类型或测试需求分类，而且将随类型和需求进行相应的改变。

影响软件测试的因素有很多，例如软件本身的复杂程度、开发人员（包括分析、设计、编程和测试的人员）的素质、测试方法和技术的运用等。有些因素是客观存在、无法避免的；有些因素则是波动的、不稳定的。例如，开发队伍是流动的，有经验的开发人员走了，新人不断补充进来；每个开发人员的工作也会受情绪影响等。有了测试用例，无论是谁测试，参照测试用例实施，都能保障测试的质量；即便最初的测试用例考虑不周全，但是，随着测试的进行和软件版本的更新，也将日趋完善。

因此，测试用例的设计和编制是软件测试活动中最重要的，更是软件测试质量稳定的强有力的保障。

10.3.3　测试用例的设计原则

测试用例一般遵循如下 5 个设计原则。

（1）有效性。对于输入的约束条件，都有相应的期望输出。

（2）经济性。使用有限的输入数据，尽可能多地发现软件缺陷。

（3）完备性。不仅选择合理的输入数据，还要考虑不合理的输入数据。

（4）可判定性。执行结果必须是可判定的。

（5）可再现性。对同样的测试用例，执行结果应当是相同的。

10.3.4　测试用例的设计步骤

设计测试用例一般遵循如下 4 个步骤。

（1）制定测试用例的策略和思想，在测试计划中描述出来。

（2）设计测试用例的框架。

（3）依据测试计划逐步设计出具体的测试用例，包括：

① 设计出测试用例文档模板。

② 根据不同事件设计测试用例。

（4）通过测试用例的评审，不断优化测试用例。

10.3.5　测试用例设计文档模板

在实际测试中,为了有效记录测试过程和结果,往往需要设计测试用例模板。模板的形式有多种版本,但是不同的版本必须具有测试用例的核心内容,如输入数据、预期结果、实际结果以及两者对比后出错的原因。

表 10.2 是一种测试用例设计文档模板。

表 10.2　测试用例设计文档模板

软件/项目名称		软件版本	
功能模块名称		编制人	
测试用例 ID		测试用例名称	
用例更新者		更新时间	
测试功能点			
测试目的			
测试类型			
预置条件		特殊规程说明	
参考信息			

序号	操作描述	输入测试数据	预期结果	实际结果	测试状态(P/F)

测试人员		开发人员		负责人	

10.4　测 试 技 术

设计测试用例是测试阶段的关键技术问题。测试方案包括具体的测试目的(例如,要测试的具体功能)、应该输入的测试数据和预期的结果,其中最困难的问题是设计测试的输入数据。

不同的测试数据发现程序错误的能力差别很大,为了提高测试效率、降低测试成本,应该选择高效的测试数据,因为能做到穷尽测试。因此,如何选用少量“最有效的”测试数据,做到尽可能完备的测试就尤为最要了。

设计测试方案的基本目标是,确定一组最可能发现某个或一类错误的测试数据。已研究出的许多测试技术各有优势,不能说哪种技术最好,更没有哪种测试技术可以替代其余所有技术;同一种技术在不同的应用场合效果可能相差很大,因此,通常需要联合使用多种设计测试数据的技术。

10.4.1　白盒测试

白盒测试把程序看成装在一个透明的白盒子里,测试者完全知道程序的结构和处理算法。白盒测试法是按照程序内部的逻辑测试程序,检测程序中的主要执行通路是否能按预定要求正确工作,因此,白盒测试又称结构测试。

白盒测试的测试方法有代码检查法、静态结构分析法、逻辑覆盖法以及控制结构测试法等。控制结构测试法又包括基本路径测试、条件测试和循环测试等。

1. 逻辑覆盖法

逻辑覆盖法是以程序内部的逻辑结构为基础的设计测试用例的技术。从覆盖源程序语句的详尽程度分析,大致有以下一些不同的覆盖标准:语句覆盖、判定覆盖、条件覆盖、判定/条件覆盖、条件组合覆盖以及路径覆盖,这 6 种覆盖标准按照测试路径覆盖能力由弱到强排列。图 10.5 表示出几种覆盖标准之间的关系。

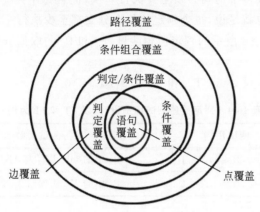

图 10.5　逻辑覆盖标准示意图

1）语句覆盖

选择足够多的测试数据,使被测程序中的每个语句至少执行一次。

【例 10-1】　图 10.6 所示的程序流程图描述了一个被测试模块的处理算法(从上到下的两个判定分别为 P_1 和 P_2)。

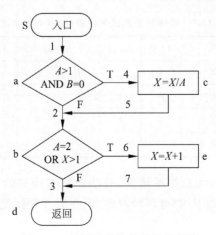

图 10.6　被测试模块的程序流程图

【例 10-1-1】 语句覆盖测试用例设计见表 10.3。

表 10.3 语句覆盖测试用例设计

覆盖路径	测试用例	测试失败示例说明
Sacbed	$A=2,B=0,X=4$	P_2 中的 OR 误写为 AND,查不出错误

语句覆盖的特点是:对程序的逻辑覆盖很少;只关心判定表达式的值,而没有分别测试判定表达式的不同取值以及表达式中每个条件取不同值时的情况。

因此,语句覆盖是很弱的逻辑覆盖标准。

2) 判定覆盖(分支覆盖)

判定覆盖强调不仅每个语句必须至少执行一次,而且每个判定的每种可能的结果都应该至少执行一次。也就是说,每个判定的每个分支都至少执行一次。

【例 10-1-2】 图 10.6 所示的判定覆盖测试,P_1 和 P_2 的取值分别有 3 组:TT 和 FF、TF 和 FT、FT 和 TF。

判定覆盖测试用例设计(以 TT 和 FF 为例)见表 10.4。

表 10.4 判定覆盖测试用例设计(以 TT 和 FF 为例)

覆盖路径	测试用例	测试失败示例说明
Sacbed	$A=2,B=0,X=4$	P_2 中的 OR 误写为 AND,查不出错误
Sabd	$A=1,B=0,X=1$	P_2 中的 $X>1$ 误写为 $X<1$,查不出错误

判定覆盖比语句覆盖强,但对程序逻辑的覆盖程度仍不高,路径覆盖率只是 50%。

3) 条件覆盖

条件覆盖定义为不仅每个语句至少执行一次,而且使判定表达式中的每个条件都取到各种可能的结果。

【例 10-1-3】 图 10.6 所示算法中的所有条件概况:$A>1,A\leqslant1;B=0,B\neq0;A=2,$ $A\neq2;X>1,X\leqslant1$。条件覆盖测试用例设计(有两种情况)见表 10.5。

表 10.5 条件覆盖测试用例设计(有两种情况)

	覆盖路径	测试用例	$A>1$	$A\leqslant1$	$B=0$	$B\neq0$	$A=2$	$A\neq2$	$X>1$	$X\leqslant1$
1	Sacbed	$A=2,B=0,X=4$	T	F	T	F	T	F	T	F
	Sabd	$A=1,B=1,X=1$	F	T	F	T	F	T	F	T
2	Sacbed	$A=2,B=0,X=1$	T	F	T	F	T	F	F	T
	Sabed	$A=1,B=1,X=2$	F	T	F	T	F	T	T	F

从表 10.5 中可以看出,无论哪种情况,算法中所有条件的"真"和"假"都执行一次。在第 1 种情况中,判定 P_1 和 P_2 都有两种取值;但在第 2 种情况中,P_1 有两种取值,而 P_2 只有 T 一种取值。

由此可得,条件覆盖不一定包含判定覆盖,判定覆盖不一定包含条件覆盖(表 10.4 已说明)。通常,条件覆盖比判定覆盖强,因为它使每个条件都取到了两个不同的结果,判定覆盖却只关心整个判定表达式的值。此外,条件覆盖法仍查不出表 10.4 中测试失败示例中的错误。

4) 判定/条件覆盖

判定/条件覆盖使得判定表达式中的每个条件都取到各种可能的值,每个判定表达式也都取到各种可能的结果。

表 10.5 中的第 1 种情况就满足判定/条件覆盖,因此,有时判定/条件覆盖也并不比条件覆盖更强,也仍查不出表 10.4 中测试失败示例中的错误。

5) 条件组合覆盖

条件组合覆盖的含义是要求选取足够多的测试数据,使得每个判定表达式中条件的各种可能组合都至少出现一次。

【例 10-1-4】 图 10.6 所示算法的所有条件组合为以下 8 组。

① $A>1,B=0$;
② $A>1,B\neq0$;
③ $A\leqslant1,B=0$;
④ $A\leqslant1,B\neq0$;
⑤ $A=2,X>1$;
⑥ $A=2,X\leqslant1$;
⑦ $A\neq2,X>1$;
⑧ $A\neq2,X\leqslant1$。

经过合并后,有 4 组测试数据可以使得上面的 8 种组合每种至少出现一次。经过分析,表 10.6 得出了条件组合覆盖中的测试用例。

表 10.6 条件组合覆盖测试用例设计

覆盖路径	条件组合方式	测试用例
Sacbed	①和⑤组合	$A=2,B=0,X=4$
Sabed	②和⑥组合	$A=2,B=1,X=1$
Sabed	③和⑦组合	$A=1,B=0,X=2$
Sabd	④和⑧组合	$A=1,B=1,X=1$

显然,满足条件组合覆盖的测试数据,也一定满足判定覆盖、条件覆盖和判定/条件覆盖。因此,条件组合覆盖是前述集中覆盖标准中最强的。但是,满足条件组合覆盖标准的测试数据并不一定覆盖算法中的每条路径。

6) 路径覆盖

路径覆盖的含义是:选取足够多的测试数据,使程序的每条可能路径都至少执行一次(如果程序图中有环,则要求每个环至少测试一次)。

【例 10-1-5】 很显然,表 10.6 中,只能测试到图 10.6 所示算法中 4 条路径中的 3 条路径,因此,将重复路径的一组测试用例用没有路径的测试用例替换,就能达到路径测试。

但是,这就破坏了条件组合覆盖,有关判定中条件表达式的错误仍旧检查不出来。做到这步,往往在条件组合基础上补充用例,完成遗漏路径的测试。在条件组合覆盖基础上达到的路径覆盖的测试用例设计见表 10.7。

表 10.7　路径覆盖测试用例设计(含条件组合覆盖)

覆盖路径	条件组合方式	测试用例
Sacbed	①和⑤组合	$A=2,B=0,X=4$
Sabed	②和⑥组合	$A=2,B=1,X=1$
Sabed	③和⑦组合	$A=1,B=0,X=2$
Sabd	④和⑧组合	$A=1,B=1,X=1$
Sacbd	补充	$A=3,B=0,X=1$

此外,图 10.5 中还有两个覆盖需要说明。

7) 点覆盖

点覆盖的含义是,选取足够多的测试数据,使得程序执行路径至少经过流图的每个结点一次。由于流图的每个结点与一条或多条语句相对应,因此,点覆盖标准和语句覆盖标准是相同的。

8) 边覆盖

边覆盖的含义是,选取足够多的测试数据,使得程序执行路径至少经过流图中的每条边一次。通常,边覆盖和判定覆盖是一致的。

2. 基本路径测试

基本路径测试是 Tom McCabe 提出的一种白盒测试技术,是一种控制结构测试法。

(1) 计算程序的环形复杂度。

(2) 以该复杂度为指南定义执行路径的基本集合数。

(3) 从该基本集导出的测试用例可保证程序中的每条语句至少执行一次,而且每个条件在执行时都分别取"真""假"两种值。

【例 10-2】　某一程序的流图如图 10.7 所示。

对该程序进行基本路径测试的流程有以下 4 个步骤。

(1) 根据具体算法画出程序流程图,将流程图转换为流图(见图 10.7)。

(2) 计算流图的环形复杂度。

$$V(G)=区域数=P+1=E-V+2=5+1=17-13+2=6$$

其中,P 为分支数,E 为弧数,V 为顶点数。

(3) 确定线性独立路径的基本集合。

所谓独立路径,是指至少引入程序的一个新处理语句集合或一个新条件的路径,用流图术语描述,独立路径至少包含一条在定义该路径之前不曾用过的边。

对于图 10.7,若环形复杂度为 6,则含有 6 条独立测试路径:

路径 1: 1—2—10—11—13

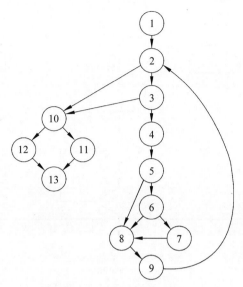

图 10.7　某一程序的流图

路径 2：1—2—10—12—13

路径 3：1—2—3—10—11(12)—13

路径 4：1—2—3—4—5—8—9—2—10—11(12)—13

路径 5：1—2—3—4—5—6—8—9—2—10—11(12)—13

路径 6：1—2—3—4—5—6—7—8—9—2—10—11(12)—13

(4) 设计可强制执行每条独立路径的测试用例。

应该选取测试数据使得在测试每条路径时都适当地设置好了各个判定结点的条件。在测试过程中,执行每个测试用例并把实际输出结果与预期结果相比较。

一旦执行完所有测试用例,就可以确保程序中的所有语句都至少被执行了一次,而且每个条件都分别取过 true 值和 false 值。某些独立路径不能以独立的方式测试,这些路径必须作为另一个路径的一部分测试。

3. 循环测试

循环测试也是一种白盒测试,它专注于测试循环结构的有效性。在结构化的程序中通常只有 3 种循环,即简单循环、串接循环和嵌套循环,如图 10.8 所示。

1) 简单循环的测试

应该使用下列测试集测试简单循环,其中 n 是允许通过循环的最大次数。

(1) 跳过循环。

(2) 只通过循环一次。

(3) 通过循环 2 次。

(4) 通过循环 m 次,其中 $m < n-1$。

(5) 通过循环 $n-1, n, n+1$ 次。

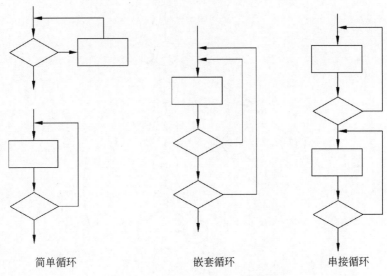

简单循环   嵌套循环   串接循环

图 10.8　结构化程序的 3 种结构

2）嵌套循环的测试

嵌套循环的测试，步骤如下。

（1）从最内层循环开始测试，其他循环都设置为最小值。

（2）对最内层循环使用简单循环测试方法，使外层循环的迭代参数取最小值，并为越界值或非法值增加一些额外的测试。

（3）由内向外对下一个循环进行测试，但保持所有其他外层循环为最小值，其他嵌套循环为"典型"值。

（4）继续进行下去，直到测试完所有循环。

3）串接循环的测试

如果串接循环的各个循环都彼此独立，则可以使用测试简单循环的方法测试串接循环；如果两个循环串接，而且第一个循环的循环计数器值是第二个循环的初始值，则这两个环并不是独立的。当循环不独立时，建议使用测试嵌套循环的方法测试串接循环。

10.4.2　黑盒测试

黑盒测试也称功能测试，它通过测试检测每个功能是否都能正常使用。在测试中，把程序看作一个不能打开的黑盒子，在完全不考虑程序内部结构和内部特性的情况下，在程序接口进行测试，它只检查程序功能是否按照软件需求规格说明书的规定正常使用，程序是否能适当地接收输入数据而产生正确的输出信息。黑盒测试着眼于程序外部结构，不考虑内部逻辑结构，主要针对软件界面和软件功能进行测试。

黑盒测试着重测试软件功能，错误类型主要包括以下几个。

（1）功能不正确或遗漏了功能。

（2）界面错误。

（3）数据结构错误或外部数据库访问错误。

（4）性能错误。

（5）初始化和终止错误。

黑盒测试标准为测试用例尽可能少；一个测试用例能指出一类错误。黑盒测试技术包括等价划分法、边界值分析法、错误推测法、决策表法、因果图法等。

1. 等价划分法

等价划分是一种黑盒测试技术，它把程序的输入域划分成若干个数据类，据此导出测试用例。等价划分法力图设计出能发现若干类错误的测试用例，从而减少测试用例的数目，每类中的一个典型值在测试中的作用与这一类中所有其他值的作用相同。

使用等价划分法设计测试方案，首先需要划分输入数据的等价类；其次还常常需要分析输出数据的等价类，以便根据输出数据的等价类导出对应的输入数据等价类。

等价划分的启发式规则主要有以下几个。

（1）如果规定了输入值的范围，则可划分出一个有效的等价类（输入值在此范围内），两个无效的等价类（输入值小于最小值或大于最大值）。

（2）如果规定了输入数据的个数，则类似地也可划分出一个有效的等价类和两个无效的等价类。

（3）如果规定了输入数据的一组值，而且程序对不同的输入值进行不同的处理，则每个允许的输入值是一个有效的等价类。此外，还有一个无效的等价类（任一个不允许的输入值）。

（4）如果规定了输入数据必须遵循的规则，则可划分出一个有效的等价类（符合规则）和若干个无效等价类（从各种不同角度违反规则）。

（5）如果规定了输入数据为整型，则可以划分出正整数、零和负整数3个有效类。

（6）如果程序处理对象是表格，则应该使用空表，以及含一项或多项的表。

（7）如果存在输入条件规定了"必须是"的情况，则应确定一个有效等价类（"是"的情况）和一个无效等价类（"不是"的情况）。

使用等价类生成测试用例，其过程如下所示。

（1）为每个等价类设置一个不同的编号。

（2）编写新的测试用例，尽可能多地覆盖尚未被涵盖的有效等价类，直到所有的有效等价类都被测试用例所覆盖（包含进去）。

（3）编写新的用例，覆盖一个而且只覆盖一个尚未被覆盖的无效等价类，重复这一步骤，直到所有的无效等价类都被覆盖为止。

以下是用等价划分法设计测试用例的一个实例。

【例10-3】 某一PASCAL语言版本中规定：在同一说明语句中，标识符至少必须有一个；有效字符数为8个，最大字符数为80个；标识符由字母开头，后跟字母或数字的任意组合；标识符必须先说明，后使用。

分析：将输入分成5大类，每类再划分有效等价类和无效等价类，见表10.8。

表 10.8 等价类划分表

输入条件	有效等价类	无效等价类
标识符的个数	1 个(1),多个(2)	0 个(3)
标识符的字符数	1~8 个(4)	0 个(5),>8 个(6),>80(7)
标识符的组成	字母(8),数字(9)	非字母数字字符(10),保留字(11)
第 1 个字符	字母(12)	非字母(13)
标识符的使用	先说明,后使用(14)	未说明,先使用(15)

解答:选取 1 个测试用例,覆盖了所有的有效等价类:

① VAR x,T1234567:REAL;

    BEGIN   x :=3.414;

               T1234567 :=2.732;

    …

    覆盖(1),(2),(4),(8),(9),(12),(14)

选取 8 个测试用例,分别覆盖 1 个无效等价类:

② VAR:REAL;　　　　　　覆盖(3)

③ VAR x,:REAL;　　　　　覆盖(5)

④ VAR T12345678:REAL;　　覆盖(6)

⑤ VAR T12345…:REAL;　　覆盖(7)—多于 80 个字符

⑥ VAR T $:CHAR;　　　　覆盖(10)

⑦ VAR GOTO:INTEGER;　　覆盖(11)

⑧ VAR 2T:REAL;　　　　　覆盖(13)

⑨ VAR PAR:REAL;　　　　覆盖(15)

    BEGIN …

    PAP := SIN (3.14 * 0.8)/6;

等价划分法的优点主要是简单,可量测;清楚地梳理被测对象,即考虑了单个输入域的各类情况;避免了盲目或随机选取输入数据的不完整性和覆盖的不稳定性。

当然,等价划分法也存在不足,如没有对组合情况进行充分的考虑;难确定不可测的等价类;需要结合其他测试用例设计的方法进行补充。

2. 边界值分析法

经验表明,处理边界情况时程序最容易发生错误,许多程序错误出现在下标、纯量、数据结构和循环等的边界附近。使用边界值分析法设计测试方案首先应该确定边界条件;然后,选取的测试数据应该刚好等于、刚刚小于和刚刚大于边界值。所谓边界条件,是指输入和输出等价类中那些恰在边界,或超过边界,或在边界上下的状态。

通常,设计测试方案时总是联合使用等价划分和边界值分析两种技术。边界值分析法与等价划分方法存在两个方面的不同。

（1）与从等价类中挑选出任意一个元素作为代表不同，边界值分析需要选择一个或多个元素，以便等价类的每个边界都经过一次测试。

（2）与仅关注输入条件（输入空间）不同，边界值分析法还需要考虑从结果空间（输出等价类）设计测试用例。

下面给出一些使用边界值分析法的通用指南。

（1）如果规定了输入值的范围，则应针对范围的边界设计测试用例。

（2）如果规定了输入数据的个数，则应针对最小数量输入值、最大数量输入值，以及比最小数少一个、比最大数多一个的情况设计测试用例。

（3）对每个输出条件应用指南1（控制输出值的范围）。

（4）对每个输出条件应用指南2（控制输出项数）。

（5）如果程序的输入或输出是一个有序序列，则应特别注意该序列中的第一个和最后一个元素。

（6）此外，发挥聪明才智，找出其他边界条件。

边界值分析法常用的方法有以下两个（边界值测试点如图10.9所示）。

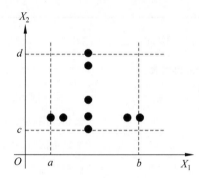 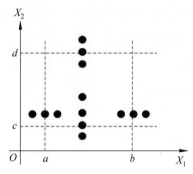

图10.9 边界取值示意图

（1）一般边界值分析：如果有 n 个边界，则测试用例数目为 $4n+1$。

（2）健壮性边界值分析：它是一般边界值分析的扩展，测试用例数目为 $6n+1$。

【例10-4】 a,b,c（在 $1\sim100$ 取值）分别为三角形的三条边，通过程序判断由这三条边构成的三角形类型：等边三角形、等腰三角形、一般三角形或非三角形（不能构成三角形）。采用边界值分析法设计其测试用例。

分析：输入的 a,b,c 必须满足以下条件：

（1）$1\leqslant a\leqslant100,1\leqslant b\leqslant100,1\leqslant c\leqslant100$；

（2）$a<b+c,b<a+c,c<a+b$。

解答：三角形边界值分析测试用例见表10.9。

表10.9 边界值分析表

测试用例编号	变量 a	变量 b	变量 c	预期输出
Test1	50	50	1	等腰三角形
Test2	50	50	2	等腰三角形

测试用例编号	变量 a	变量 b	变量 c	预期输出
Test3	50	50	50	等边三角形
Test4	50	50	99	等腰三角形
Test5	50	50	100	非三角形
Test6	50	1	50	等腰三角形
Test7	50	2	50	等腰三角形
Test8	50	99	50	等腰三角形
Test9	50	100	50	非三角形
Test10	1	50	50	等腰三角形
Test11	2	50	50	等腰三角形
Test12	99	50	50	等腰三角形
Test13	100	50	50	非三角形

若增加健壮性边界的测试,则在表10.9的基础上增加了6个用例,见表10.10。

表 10.10　补充的测试用例表

测试用例编号	变量 a	变量 b	变量 c	预期输出
Test14	0	50	50	边值超范围,重新输入
Test15	101	50	50	边值超范围,重新输入
Test16	50	0	50	边值超范围,重新输入
Test17	50	101	50	边值超范围,重新输入
Test18	50	50	0	边值超范围,重新输入
Test19	50	50	101	边值超范围,重新输入

如果被测试的程序是多个独立变量的函数,这些变量受无量的限制,则较适合采用边界值分析法。但下列情况使用边界值分析法,测试用例会不充分:变量之间存在依赖关系,如年、月、日3个变量的函数;边界分析对布尔变量和逻辑变量没有多大意义,布尔变量 true 和 false,其余3个值不明。

3. 错误推测法

使用边界值分析和等价划分技术,有助于设计出具有代表性的、容易暴露程序错误的测试方案。但是,不同类型、不同特点的程序通常又有一些特殊的容易出错的情况;再有,使用分组的测试数据能使程序正常工作,但数据的组合却可能测出程序的错误;此外,对于规模较小的程序,无须设计复杂组合的测试数据。因此,有些测试需要凭借测试人员的经验和直觉,从预备的测试方案中选出最有可能发现程序中错误的方案。

所谓的错误推测法,指的是在测试程序时,测试人员可以根据经验或直觉推测程序中可能存在的各种错误,进而有针对性地编写检查这些错误的测试用例的方法。它的基本思想是列举出程序中可能的错误和容易发生错误的特殊情况,并且根据它们选择测试方案。

例如,在单元测试时曾列出的许多在模块中常见的错误、以前产品测试中曾经发现的错误等,这些都是经验的总结;再有,输入数据和输出数据为 0 的情况;输入表格为空格或输入表格只有一行,这些都是容易发生错误的情况。可以选择这些情况下的例子作为测试用例。

经验是错误推测法的一个重要因素,也就是说带有主观性,这决定了错误推测法的优缺点。错误推测法的主要优点是:充分发挥人的直觉和经验,集思广益,方便使用,容易快速切入等。当然,错误推测法也存在不足,如难以知道测试的覆盖率,可能丢失大量未知的区域,带有主观性且难以复制等。

4. 决策表法

决策表又称判定表,是分析和表达多逻辑条件下执行不同操作情况下的一种工具,它能够将复杂的问题按照各种可能的情况全部列举出来,简明并避免遗漏,设计出完整的测试用例集合。在黑盒测试技术中,决策表法是最严格的测试方法之一。

一张决策表由 4 部分组成,见表 10.11,其含义已在 8.5.2 节说明。

表 10.11 决策表的组成部分

条件桩	条件项
动作桩	动作项

表 10.11 中的任何一个条件组合的特定取值及其相应要执行的操作称为规则。

决策表的建立步骤包括以下几个。

(1) 列出所有的条件桩和动作桩。

(2) 确定规则的个数,假如有 n 个条件(只取"真"或"假"值),则有 2^n 种规则。

(3) 填入条件项。

(4) 填入动作项,得到初始决策表。

(5) 合并相似规则,得到优化决策表。

【例 10-5】 某校制定了教师的讲课课时津贴标准。对于各种性质的讲座,无论教师是什么职称,每课时津贴费一律是 50 元。对于一般的授课,则根据教师的职称决定每课时津贴费:教授 30 元,副教授 25 元,讲师 20 元,助教 15 元。

分析:教师的职称分 4 类,授课性质分 2 类,因此,共有 8 个条件组合项。

解答:(1) 决策表中条件桩有 6 个,条件项有 8 个;动作桩有 5 个,动作项有 8 个,见表 10.12。

(2) 表 10.12 中,任何职称的教师讲座的费用一律相同。因此,优化后决策表测试用例分析表见表 10.13。

表 10.12　决策表测试用例分析表

	1	2	3	4	5	6	7	8
讲课	T	T	T	T	F	F	F	F
讲座	F	F	F	F	T	T	T	T
教授	T	F	F	F	T	F	F	F
副教授	F	T	F	F	F	T	F	F
讲师	F	F	T	F	F	F	T	F
助教	F	F	F	T	F	F	F	T
50					√	√	√	√
30	√							
25		√						
20			√					
15				√				

表 10.13　优化后决策表测试用例分析表

	1	2	3	4	5
讲座	F	F	F	F	T
教授	T	F	F	F	
副教授	F	T	F	F	
讲师	F	F	T	F	
助教	F	F	F	T	
50					√
30	√				
25		√			
20			√		
15				√	

（3）根据决策表设计测试用例见表 10.14。

表 10.14　决策表测试用例（补充 3 个输入无效的测试用例）

测试用例编号	讲座或讲课	职称	预期输出
Test1	讲座	教授	50
Test2	讲座	副教授	50
Test3	讲座	讲师	50
Test4	讲座	助教	50

续表

测试用例编号	讲座或讲课	职称	预期输出
Test5	讲课	教授	30
Test6	讲课	副教授	25
Test7	讲课	讲师	20
Test8	讲课	助教	15
Test9	—	任意	无效类型
Test10	讲座	—	无效职称
Test11	讲课	—	无效职称

使用决策表设计测试用例的条件主要有以下几个。

（1）规格说明以决策表形式给出，或很容易转换为决策表。

（2）条件的排列顺序不影响执行的操作。

（3）规则的排列顺序不影响执行的操作。

（4）每当某一规则的条件已经满足，并确定要执行的操作后，不必检验别的规则。

（5）如果某一规则得到满足，则要执行多个操作，但与操作的执行次序无关。

当输入条件之间的组合对输出结果有影响，则可以使用决策表解决：能把复杂的问题按各种可能的情况——列举出来，简明而易于理解，也可避免遗漏。但决策表法不能表达重复执行的动作，如循环结构；当输入条件过多，组合数量规模大时，会增大测试工作量。

5. 因果图法

因果图法是一种根据输入条件的组合设计测试用例的黑盒方法。其基本思想是从用自然语言书写的功能说明中找出因（输入条件）和果（输出或程序状态的修改），制成一张因果图（由粗到细精化）；通过画因果图把模块功能说明书转换成一张判定表；再为判定表的每列设计测试数据。因果图的基本符号与约束见表10.15。

表 10.15　因果图的基本符号与约束

类别	名　称	图　符	含　义
因果关系	一一对应关系	原因 o——o 结果	原因出现，结果出现；反之亦然
	否定关系	原因 o~—o 结果	原因出现，结果不出现；原因不出现，结果出现
	选择关系	原因1 o 　　∨ o 结果 原因2 o	若几个原因中有一个出现，则结果出现；只有当原因都不出现，结果才不出现
	并列关系	原因1 o 　　∧ o 结果 原因2 o	若几个原因同时出现，则结果出现；若几个原因中有一个不出现，则结果就不出现

续表

类别	名 称	图 符	含 义
约束关系	E 关系(输入互斥)	⊶ 原因a E 原因b	表示 a,b 两个原因不会同时成立,两个中最多有一个成立
	I 关系(输入包含)	⊶ 原因a I 原因b 原因c	表示 a,b 和 c 三个原因中至少有一个必须成立
	O 关系(输入唯一)	⊶ 原因a O 原因b	表示 a,b 原因中必须有一个且仅有一个成立
	R 关系(输入要求)	⊶ 原因a R 原因b	表示 a 出现时,b 必须出现
	M 关系(输出屏蔽)	原因a ⊶ 原因b M	表示 a 出现时,b 不能出现

用因果图法设计测试用例的步骤主要有以下几个。

(1) 根据软件需求规格说明书中的描述识别出"因"和"果",将输入条件或规范划分成若干个可操作部分。

(2) 画出因果图,并注释一定的约束条件。

(3) 由于语法或环境限制,有些原因和结果之间组合不能出现,应标记并注明这些特殊情况的约束或限制条件。

(4) 通过有条理地跟踪因果图中的状态,将因果图转换成有限项的决策表,表中每列代表一个测试用例。

(5) 根据决策表写出每列的测试用例。

【例 10-6】 假设一个程序的功能是查询音乐考级成绩,并且将成绩输出。其中:

(1) 第 1 位输入 G 表示钢琴、S 表示手风琴、T 表示小提琴。

(2) 第 2 位输入级别,它是 1~9 的数字;如果第 1 位输入的不是 G、S、T,则输出信息"没有此乐器"。

(3) 如果第 2 位输入的不是 1~9 的数字,则输出信息"没有此级别"。

(4) 输入正确时,查询并且输出考级的成绩。

分析:

输入分 2 类:一类为乐器;另一类为级别。

结果有 3 个:"没有此乐器""查询结果"以及"没有此级别"。

根据描述确认输入与输出的对应关系。

解答:(1) 绘制音乐考级查询因果关系,如图 10.10 所示。

(2) 将图 10.10 转换为决策表,并写出相应测试用例,见表 10.16。

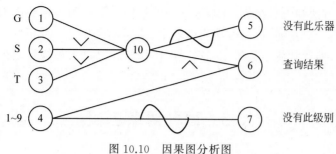

图 10.10　因果图分析图

表 10.16　因果图转换后的决策表及测试用例

		1	2	3	4	5	6	7	8
原因	1	1	1	0	0	0	0	0	0
	2	0	0	1	1	0	0	0	0
	3	0	0	0	0	1	1	0	0
	4	1	0	1	0	1	0	1	0
结果	5							√	√
	6	√		√		√			
	7		√		√		√		√
测试用例		G1G3G9	GM	S1S3S9	SM	T1T3T9	TM	X1X3X9	XM
		G0G10	G；	S0S10	S！	T0T10	T；	X0X10	X＃

因果图法的主要优点是：克服了其他方法没有考虑输入条件的组合的缺点；考虑了输出对输入条件的依赖关系；作为一种辅助作用，通过因果图可以检查需求说明书中的某些不一致或不完备的地方。

由于因果图较为复杂，所以一般只用于较小的程序。对于逻辑结构复杂的软件，先用因果图进行图形分析，再用决策表进行统计，最后设计测试用例。

10.4.3　灰盒测试

灰盒测试是介于白盒测试与黑盒测试的一种测试，多用于集成测试阶段，不仅关注输出、输入的正确性；同时，也关注程序内部的情况。灰盒测试不像白盒那样详细、完整，但又比黑盒测试更关注程序的内部逻辑，常常通过一些表征性的现象、事件、标志判断内部的运行状态。

灰盒测试结合了白盒测试和黑盒测试的要素，它考虑了用户端、特定的系统知识和操作环境，它在系统组件的协同性环境中评价应用软件的设计。

灰盒测试通常与 Web 服务应用一起使用，因为尽管应用程序复杂多变，并不断发展进步，因特网仍可以提供相对稳定的接口。由于不需要测试者接触源代码，因此，灰盒测试不存在侵略性和偏见；此外，开发者和测试者间有明显的区别，灰盒测试也会使得人事冲突的风险减到最小。不过，灰盒测试相对白盒测试更加难以发现并解决潜在问题，尤其在一个单一的应用中，白盒测试的内部细节可以完全掌握。

灰盒测试由方法和工具组成,这些方法和工具取材于应用程序的内部知识和与之交互的环境,能够用于黑盒测试,以提高测试效率、错误发现和错误分析的效率。灰盒测试涉及输入和输出,但通常使用关于代码和程序操作等在测试人员视野之外的信息设计测试及测试用例。

10.5 面向对象测试

10.5.1 面向对象方法对测试的影响

面向对象的测试目标与传统信息系统的测试目标一致,但 OO 系统的测试策略与传统的结构化系统的测试策略有很大的不同,这种不同主要体现在两个方面,分别是测试的焦点从模块移向了类,以及测试的视角扩大到了分析和设计模型。

面向对象方法对软件测试的影响主要体现在以下 3 个方面。

1) 封装性影响测试

(1) 对象是被动的,激活后可能进入新状态。

(2) 封装机制给测试用例执行时预期判断带来困难。

2) 继承性影响测试

(1) 继承有利于代码复用,也导致错误传播率提高。

(2) 反扩展性公理、反分解性公理、反组合性公理。

(3) 增加了测试的工作量和复杂度。

3) 多态性影响测试

(1) 多态性导致的不确定性,增加了测试用例的选取难度。

(2) 多态导致多状态,增加了测试的复杂度。

10.5.2 面向对象测试模型

面向对象开发模型分为:面向对象分析(OOA)、面向对象设计(OOD)和面向对象编程(OOP)3 个阶段。分析阶段产生整个问题空间的抽象描述,在此基础上进一步归纳出适应于面向对象编程语言的类和类结构,最后形成代码。

面向对象开发模型中,分析模型映射为设计模型,设计模型又映射为源程序代码,具有一致性和统一性。因此,面向对象开发模型能有效地将分析、设计的文本或图表代码化,不断适应用户需求的变化。针对这种开发模型,结合传统的测试步骤的划分,将面向对象的软件测试分为面向对象分析的测试(OOATest)、面向对象设计的测试(OODTest)、面向对象编程的测试(OOPTest),使开发阶段的测试与编码完成后的单元测试、集成测试、系统测试成为一个整体。

面向对象测试模型如图 10.11 所示。

OOATest 和 OODTest 是对分析结果和设计结果的测试,主要对分析设计产生的文本进行,是软件开发前期的关键性测试。OOPTest 主要针对编码风格和程序代码实现进行测试,其主要的测试内容在面向对象单元测试和面向对象集成测试中体现。

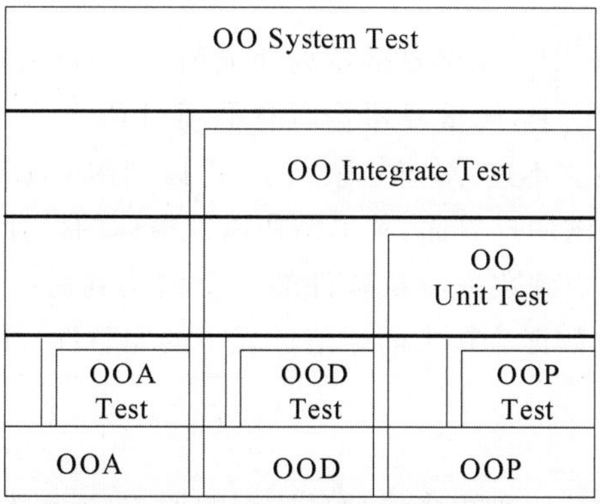

图 10.11　面向对象测试模型

面向对象单元测试是对程序内部具体单一的功能模块进行测试,是进行面向对象集成测试的基础。面向对象集成测试主要对系统内部的相互服务进行测试,如成员函数之间相互作用、类之间的消息传递等。面向对象集成测试不但要基于面向对象单元测试,更要参见 OOD 或 OODTest 的结果。面向对象系统测试是基于面向对象集成测试的最后阶段的测试,主要以用户需求为测试标准,需要借鉴 OOA 或 OOATest 的结果。

10.5.3　测试计划的制订

测试计划在项目开始初期完成,其内容包括测试目的、范围、方法和软件测试的重点。可以根据测试计划做宏观调控,进行相应资源配置;测试人员也能根据测试计划了解测试内容,以及项目在不同阶段的测试重点。

1. 制订测试计划的目的

专业的测试必须以测试计划为依据。测试计划一般由项目组长制订,它是测试过程中的纲领性文件,也是规范软件测试内容、方法和过程的重要途径,其目的主要包括以下 4 点。

(1) 使得软件测试有目的、有计划、有条理地进行。

(2) 提前预知项目开发过程中出现的问题。

(3) 有助于开发人员更好地理解项目,明确测试范围和测试重点。

(4) 测试管理人员可以明确测试任务和测试方法,保持测试实施过程顺畅沟通;可以跟踪和控制测试进度,应对测试过程中可能出现的各种变更。

2. 制订测试计划

尽管测试的每个步骤都是独立的,但是必须有一个起到框架作用的测试计划。一个项目的测试计划应该包括以下几个内容。

1) 产品基本情况调研

需要了解测试项目的名称、项目开发的背景和开发情况、需要完成的功能。对有的测试项目,还要包括测试的目的和测试重点。

2）测试需求说明

需要列出测试的范围，即列出测试的主要功能列表。具体包括以下 3 点：

（1）功能的测试。理论上，测试要覆盖所有的项目功能，虽然测试的内容很多，但是它们有利于测试的完整性。不过，对于复杂系统，可以利用 Pareto 原理测试重点功能。

（2）设计的测试。测试用户界面、菜单结构以及窗体的设计等是否合理。

（3）整体考虑。要考虑到数据流从软件的一个模块到另一个模块的过程的准确性。在面向对象测试中则考虑数据流在类间通信过程中的完整性、准确性和一致性（在面向对象方法中类就是模块）。

3）计划表

测试的计划表可以做成一种由多个项目通用的形式，根据大致的时间评估制作，操作流程要以软件测试的常规周期作为参考。也可以明确指定在具体的时候测试具体的功能或做具体的测试。

4）配置测试资源

测试资源包括测试环境、人力资源以及测试工具。

（1）测试环境是指为了完成软件测试工作所必需的计算机硬件、软件、网络设备、历史数据的总称。

（2）人力资源包括测试系统分析设计人员、软件开发人员、软件测试人员、配置管理人员、质量保证人员，以及测试文档编制人员，还涉及测试任务、时间、人员分配以及任务输出的产品。

（3）测试工具分为自动化软件测试工具和测试管理工具。自动化软件测试工具存在的价值是为了提高测试效率，用软件代替一些人工输入。测试管理工具是为了复用测试用例，提高软件测试的价值。

5）系统风险估计

风险估计可以分为以下几个方面：

（1）与被测试模块相关的其他模块，可能会出现问题评估。

（2）在测试过程中，由于人员流动、资源限制等原因，测试管理者要注意协调。

（3）如果项目暂停，何时重启以及启动条件都需要说明。

6）测试的策略和记录

测试策略是整个测试计划的重点，侧重测试过程，评估风险，定义测试范围，确定测试方法，制定测试启动，停止，完成标准和条件。另外，本部分还需要考虑功能测试、性能测试、容量测试以及安全测试等，尽可能考虑到细节，越详细越好；并制作测试记录文档的模板，为即将开始的测试做准备。

7）问题跟踪报告

在测试的计划阶段，应明确如何报告已发现的问题，以及界定问题的性质。问题报告的内容包括问题的发现者和修改者、问题发现的频率、发现问题的测试案例，以及与问题相关的测试环境。

8）测试计划的发布

完成测试计划后，应交付相关人员审阅，并根据审阅意见进行修订，再次送审；如此反复,直至测试计划审阅通过。

3. 测试计划的书写格式

软件项目的测试计划是描述测试目的、范围、方法和软件测试的
重点等的文档。对于验证软件产品的可接受程度,编写测试计划文档
是一种有用的方式,其书写格式如下所示。

软件测试计划示例

1　文档说明

测试计划文档信息表见表 1.1。

表 1.1　测试计划文档信息表

文件标识	版本/状态	创建/修订日期	审阅人/日期	修订人
测试计划 A2	1.0			

2　引言

2.1　简介

2.2　目的

2.3　背景

2.4　范围

2.4.1　准备测试的功能(以下功能将被测试,以确保软件项目能满足规定的需求)

(1)功能 1

(2)功能 2

⋮

(n)功能 n

测试列表和测试范围见表 2.1。

表 2.1　测试列表和测试范围

测试功能	测试结果	回归测试范围	测试人员
功能 1	N/A(new)	N/A	
功能 2	N/A(new)	N/A	
⋮	N/A(new)	N/A	
功能 n	N/A(new)	N/A	

﹡[Y][P][N][N/A]分别代表"全部通过""部分通过""绝大多数没通过""无法测试/测试用例不
合适"

2.4.2　不准备测试的功能

3　测试参考文档和测试提交文档

3.1　测试参考文档(软件需求规格说明书)

3.2　测试提交文档(测试计划、测试用例设计说明书、测试 Bug 单、测试小结、测试分析报告)

4　测试进度

测试进度见表 4.1。

表 4.1　测试进度表

测试活动	计划开始日期	实际开始日期	结束日期
制订测试计划			
单元测试30 天			
集成测试15 天			

续表

测试活动	计划开始日期	实际开始日期	结束日期
系统测试8天			
性能测试2天			
验收测试5天			
测试评估1天			
产品发布			

5 测试资源

5.1 人力资源

表5.1列出了此项目测试的人员配备。

表5.1 人力资源安排表

角色	所推荐的最少资源(所分配的专职角色数量)	具体职责或注释	测试结果	回归测试范围	测试人员
测试设计人员	2~3	制订和维护测试计划,设计测试用例及测试过程,生成测试分析报告	N/A(new)	N/A	
测试人员	3~4	执行集成测试和系统测试,记录测试结果	N/A(new)	N/A	
设计人员	1	设计测试需要的驱动程序和桩	N/A(new)	N/A	
编码人员	2~3	编写测试驱动程序和桩,执行单元测试	N/A(new)	N/A	

5.2 测试环境

表5.2列出了测试的系统环境。

表5.2 测试环境综合表

软件环境(如相关软件、操作系统等)	
操作系统:	
应用服务器和Web服务器	
数据库系统	
客户端软件	
硬件环境(如网络、设备等)	
对兼作应用服务器、Web服务器和数据库服务器的机器配置要求	
客户机要求	
网络条件和设备	

5.3 测试工具

测试工具列表见表 5.3。

表 5.3 测试工具列表

用途	工具	生产厂商/自产	版本
单元测试工具			
功能测试工具			

6 系统风险

可能出现的风险如下：(仅供参考)

(1) Bug 的修复情况。

(2) 模块功能的实现情况。

(3) 系统整体功能的实现情况。

(4) 代码的编写质量。

(5) 人员经验以及对软件的熟悉度。

(6) 开发人员、测试人员关于项目约定的执行情况。

(7) 人员调整导致研发周期延迟。

(8) 开发时间的缩短导致某些测试计划无法执行。

7 测试策略

测试策略提供了对测试对象进行测试的推荐方法。下面列出本系统测试的各个阶段可能用到的测试方法。

7.1 接口测试

接口测试记录表见表 7.1。

表 7.1 接口测试记录表

测试目标	确保接口调用的正确性
测试范围	所有软件、硬件接口,记录输入输出数据
技术	
开始标准	
完成标准	
测试重点和优先级	
需考虑的特殊事项	接口的限制条件

7.2 集成测试

集成测试也叫组装测试或联合测试。集成测试的主要目的是检测系统能否达到业务需求,检测系统对业务处理是否存在逻辑不严谨及错误,检测需求是否存在不合理的标准及要求。

此阶段测试基于功能完成的测试。集成测试记录表见表 7.2。

表 7.2　集成测试记录表

测试目标	检测需求中业务流程,数据流的正确性
测试范围	需求中明确的业务流程,或组合不同功能模块而形成一个大的功能
技术	利用有效的和无效的数据执行各个用例、用例流或功能,以核实以下内容: 在使用有效数据时得到预期的结果 在使用无效数据时显示相应的错误消息或警告消息 各业务规则都得到了正确的应用
开始标准	在完成某个集成测试时必须达到标准
完成标准	所计划的测试已全部执行;所发现的缺陷已全部解决
测试重点和优先级	测试重点指在测试过程中需着重测试的地方,优先级可以根据需求及重要程度而定
需考虑的特殊事项	确定或说明将对功能测试的实施和执行造成影响的事项或因素(内部的或外部的)

7.3　功能测试

对测试对象的功能测试应侧重所有可直接追踪到业务功能和业务规则的测试需求。此类测试基于黑盒技术,该技术通过图形用户界面(GUI)与应用程序进行交互,并对交互的输出或结果进行分析,以此核实应用程序及其内部进程。表 7.3 为各种应用程序列出了推荐使用的测试概要。

表 7.3　功能测试记录表

测试目标	确保测试的功能正常,其中包括导航、数据输入、处理和检索等功能
测试范围	
技术	利用有效的和无效的数据执行各个用例、用例流或功能,以核实以下内容: 在使用有效数据时得到预期的结果 在使用无效数据时显示相应的错误消息或警告消息 各业务规则都得到了正确的应用
开始标准	
完成标准	
测试重点和优先级	
需考虑的特殊事项	确定或说明将对功能测试的实施和执行造成影响的事项或因素(内部的或外部的)

7.4　用户界面测试

对图形用户界面进行测试。界面测试记录表见表 7.4。

表 7.4 　界面测试记录表

测试目标	通过浏览测试可正确反映业务的功能和需求,浏览包括窗口与窗口之间、字段与字段之间的浏览,以及各种访问方法(Tab 键、鼠标移动和快捷键)的使用窗口的对象和特征(如菜单、大小、位置、状态和中心)都符合标准
测试范围	
技术	为每个窗口创建或修改测试,以核实各个应用程序窗口和对象都可正确地进行浏览,并处于正常的对象状态
开始标准	
完成标准	成功地核实出各个窗口都与基准版本保持一致,或符合可接受标准
测试重点和优先级	
需考虑的特殊事项	

7.5 　性能评测

性能评测是一种性能测试,它对响应时间、事务处理速率和其他与时间相关的需求进行评测和评估。性能评测的目标是核实性能需求是否都已满足。性能测试记录表见表 7.5。

表 7.5 　性能测试记录表

测试目标	核实所指定的事务或业务功能在以下情况的性能行为: 正常的预期工作量 预期的最繁重工作量
测试范围	
技术	使用为功能或业务周期测试制定的测试过程 通过修改数据文件增加事务数量,或通过修改脚本增加每项事务的迭代数量脚本在一台计算机上运行(最好是以单个用户、单个事务为基准),并在多个客户机(虚拟的或实际的客户机,请参见下面的“需考虑的特殊事项”)上重复
开始标准	
完成标准	单个事务或单个用户:在每个事务所预期时间范围内成功地完成测试脚本,没有发生任何故障 多个事务或用户在可接受的时间范围内成功地完成测试脚本,没有发生任何故障
测试重点和优先级	
需考虑的特殊事项	综合的性能测试还包括在服务器上添加后台工作量 可采用多种方法执行此操作,其中包括: 性能测试应在专用的计算机上或在专用的环境内执行,以便实现完全的控制和精确的评测 性能测试所用的数据库应该是实际大小或相同缩放比例的数据库

7.6 容量测试

容量测试使测试对象处理大量的数据,以确定是否达到了将使软件发生故障的极限。容量测试还将确定测试对象在给定时间内能够持续处理的最大负载或工作量。容量测试记录表见表7.6。

表 7.6 容量测试记录表

测试目标	核实测试对象在以下高容量条件下能否正常运行: 连接或模拟了最大(实际或实际允许)数量的客户机,所有客户机在长时间内执行相同的且情况(性能)最坏的业务功能 已达到最大的数据库大小(实际的或按比例缩放的),而且同时执行多个查询或报表事务
测试范围	
技术	使用为性能评测或负载测试制定的测试 应该使用多台客户机运行相同的测试或互补的测试,以便在长时间内产生最繁重的事务量或最差的事务组合 创建最大的数据库大小(实际的、按比例缩放的,或填充了代表性数据的数据库),并使用多台客户机在长时间内同时运行查询和报表事务
开始标准	
完成标准	计划的测试已全部执行,且达到或超出指定的系统限制时没有出现任何软件故障
测试重点和优先级	
需考虑的特殊事项	对于上述的高容量条件,哪个时间段是可以接受的时间

7.7 安全性测试

侧重安全性的两个关键方面:应用程序级别的安全性,包括对数据或业务功能的访问;系统级别的安全性,包括对系统的登录。

应用程序级别的安全性可确保:在预期的安全性情况下,用户只能访问特定的功能模块。

系统级别的安全性可确保:只有具备系统访问权限的用户,才能访问应用程序。

安全测试记录表见表7.7。

表 7.7 安全测试记录表

测试目标	应用程序级别的安全性:核实用户只能访问其所属用户类型已被授权访问的那些功能或数据 系统级别的安全性:核实只有具备系统和应用程序访问权限的用户才能访问系统和应用程序
测试范围	
技术	应用程序级别的安全性:确定并列出各用户类型及其被授权访问的功能或数据 为各用户类型创建测试,并通过创建各用户类型所特有的事务核实其权限 修改用户类型并为相同的用户重新运行测试。对于每种用户类型,确保正确地提供或拒绝了这些附加的功能或数据

续表

开始标准	
完成标准	各种已知的用户类型都可访问相应的功能或数据,而且所有事务都按照预期的方式运行,并在先前的应用程序功能测试中运行了所有事务
测试重点和优先级	
需考虑的特殊事项	必须与相应的网络或系统管理员对系统访问权限进行检查和讨论。由于此测试可能是网络管理员或者系统管理员的职能,因此可能不需要执行此测试

8 问题跟踪报告

问题跟踪表见表 8.1。

表 8.1 问题跟踪表

发出部门		发出者	
发出日期		报告编号	
问题 1 陈述			
结论	□ 项目计划问题　□ 人员职责问题　□ 需求问题　□ 设计问题 □ 编码问题　　　□ 变更控制问题　□ 版本控制问题 □ 测试环境问题　□ 其他问题		
产生原因		修改或完善方案	
……// 有 n 个问题,就应有 n 个陈述			
跟踪效果	□ 半个月　　　□ 一个月　　　□ 三个月		
备注			

4. 测试计划的修改和维护

在项目进行的过程中,可能由于资源、时间的限制,以及市场需求的变化,需要及时对项目做必要的调整。因此,需要对测试计划进行相应的变动。

通常,测试计划文档应该由一个人维护或把文档统一存放于类似 CVS(Concurrent Versions System)的工具里,这样可以避免因多人修改造成的版本不一致错误。修改时应该标注有改动的地方,并且在版本信息里加上索引。当别人看到修改版本时,会定位修改之处,这样既可避免重复修订,又可提高工作效率。

10.5.4 面向对象的单元测试

面向对象的软件测试过程以层次增量的方式进行。

(1) 对类的函数进行测试。

（2）对类进行测试。

（3）将多个类集成为类簇或子系统进行集成测试。

（4）进行系统测试。

面向对象的单元测试与传统的单元测试不同，封装的类是单元测试的重点，而类中包含的操作是最小可测试单元。所以，面向对象的单元测试就是对类进行测试。

面向对象的单元测试针对类中的成员函数以及成员函数间的交互进行测试；面向对象的集成测试主要对系统内部的相互服务进行测试（消息传递）；面向对象的系统测试是基于面向对象的集成测试最后阶段的测试，主要以用户需求为测试标准。

面向对象测试与传统测试的区别见表 10.17。

表 10.17　面向对象测试与传统测试的区别

传统测试	面向对象测试	
单元测试	类测试	方法测试
		对象测试
集成测试	类的集成模块测试	
系统测试	系统测试	

类测试包括功能型测试（黑盒测试）和结构型测试（白盒测试），即测试类的方法，对方法调用关系进行测试。

类的测试方法有很多，主要有以下 4 种。

（1）基于服务的测试，即测试类中的每个服务（方法）。

（2）基于对象的测试，即进行实例化测试，通过构造函数和析构函数完成。

（3）基于状态的测试，即考察类的实例在某生命周期各个状态下的情况。

（4）基于响应状态的测试，即从类和对象的责任出发，以外界向对象发送特定的消息序列测试对象。

下面主要介绍基于服务的测试和基于状态的测试两种方法。

1. 基于服务的测试

基于服务的测试过程如下列各步所示。

（1）设计类（类数据成员和针对数据成员的服务）。

（2）构造服务的块分支图（Block Branch Diagram，BBD）由下面 5 部分组成。

① Du＝{全局数据或类数据集合}

② Dd＝{修改了的全局数据或类数据集合}

③ P＝{参数和函数的返回值集合（↓输入，↑输出，↓↑输入/输出），最后一项为返回值（若最后一项省略，则无返回值）}

④ Fe＝{调用的其他服务}

⑤ G＝块体（程序流程图的改版，每个判断框只有单个条件），如图 10.12 所示。

（3）根据 BBD 绘制程序流程图和流图。

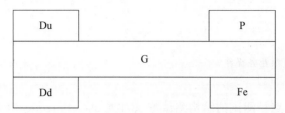

图 10.12　基于服务的块分支图

（4）确定基本路径。

（5）设计测试用例。

【**例 10-7**】　用 BBD 对机票预订系统旅客类（user）进行结构测试和功能测试。usercontroller 类的关键代码如下所示。

```
public class usercontroller {
    @Autowired
    userservice userservice;
    @Autowired
    airservice airservice;
    @Autowired
    booklistservice booklistservice;
    ……//旅客注册操作
    @RequestMapping(value="/login",method=RequestMethod.POST)
      public String login(@ModelAttribute(value="user") user user,
      HttpServletResponse response) throws IOException {   //会员登录操作
        String username=user.getUname();
        String password=user.getUpass();
        response.setContentType("text/html;charset=UTF-8");
        PrintWriter out=response.getWriter();
        if(!userservice.existsByUname(username)){
            //调用按会员名进行会员查询的业务逻辑
            out.print("<script language=\"javascript\">alert('用户不存在!');
            window.location.href='/'</script>");
            return "airbook";
        }
        else{
            user u=userservice.findName(username);
            if(!u.getUpass().equals(password)){
                out.print("<script language=\"javascript\">alert('密码不正确!');
                return "airbook";
            }
            else{
                out.print("<script language=\"javascript\">alert('登录成功!');
                window.location.href='/airbook /home'</script>");
                return "home";
```

```
          }
        }
      }
……//会员订票业务操作
}
```

分析：采用基本路径测试的结构测试方法对类 usercontroller 中的登录函数 login()进行测试,查找语句覆盖和分支覆盖的错误。

解答：(1) 类 usercontroller 中构造函数 login()的 BBD,如图 10.13 所示。

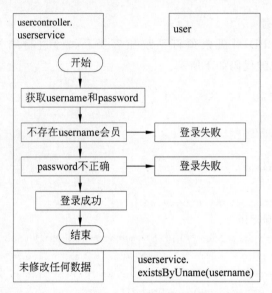

图 10.13 类 usercontroller 中构造函数 login()的 BBD

(2) 绘制 BBD 对应的程序流程图和与程序流程图对应的流图,如图 10.14 所示。

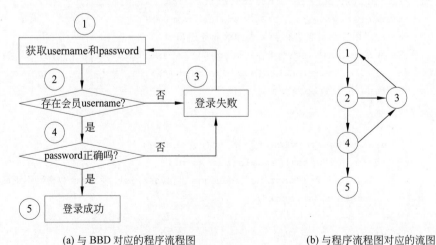

(a) 与 BBD 对应的程序流程图   (b) 与程序流程图对应的流图

图 10.14 程序流程图及对应的流图

（3）确定基本路径集。根据图 10.14(b)可以得出程序复杂度＝2＋1＝3。

因此,存在 3 条基本测试路径:

Path1:①—②—③—①

Path2:①—②—④—③—①

Path3:①—②—④—⑤

（4）根据测试路径设计测试用例,见表 10.18。

表 10.18　由基本测试路径得出的测试用例表

ID	输入数据		结果判断	返回值	通过的路径
	username	password			
Test1	Mar	123456	没有此会员	airbook 页面的登录界面	Path1
Test2	Mary	123	密码错误	airbook 页面的登录界面	Path2
Test3	Mary	123456	登录成功	home 会员操作页面	Path3
Test4		123456	没有此会员	airbook 页面的登录界面	Path1
Test5	Mary		密码错误	airbook 页面的登录界面	Path2
Test6			没有此会员	airbook 页面的登录界面	Path1

注:采用边界值测试法补充 Test4～Test6。反之,这几条补充的测试用例可以反馈给程序员,作为改进代码的依据。

2. 基于状态的测试

对象状态的测试依赖对象状态的行为,而不是控制结构或单个数据,所以,状态测试的主要思想是观察类的实例在各个生命周期的状态,以及外界向对象发送特定消息序列的方法以测试对象的相应状态。

执行前对象状态的变化可能导致一个成员方法执行完全不同的功能;此外,用户对方法的调用又具有不确定性,测试会变得复杂,也超过了传统测试所覆盖的范围。因此,通过构造对象状态图(Object State Diagram,OSD)进行类的状态测试。

OSD 可分为原子对象状态图(AOSD)和组合对象状态图(COSD)。

（1）AOSD

AOSD 描述的是一个类的数据成员的状态和状态的转换,它可作类的数据成员的动态行为的测试模型。AOSD 中的转换是类的成员从源状态到目的状态的状态改变。

AOSD＝$(S,\sigma,\delta,q_0,q_f)$,如图 10.15 所示。

其中,S 是有限的状态集合;σ 是有限的触发集合;δ 是转换函数,是 $(S\cup S_\lambda)\times\sigma$ 到 S 的映射,S_λ 表示对象生成的以前存在的状态;q_0 是 S 的初始状态集合;q_f 是 S 的终止状态集合;t_i 是相关的条件或函数调用。

与传统的有限状态比较,AOSD 的扩展有以下 3 个特点。

① 可能有多于一个的初始状态。

② 一个转换可以是有条件的,也可以是无条件的。

③ 有些转换是交互转换,即一个 AOSD 中的交互转换可以激发另一个 AOSD 中的转换。

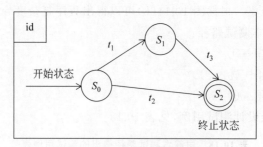

图 10.15 原子对象状态图

（2）COSD

COSD 描述的是对象的正交的不同部分之间的动态行为，它可用来检查对象的状态和状态的转换。

由类的定义可知，类对象的数据属性来源于内部定义的数据成员、继承的数据成员和聚集到类中的其他类对象。在 OSD 中，相应地用 3 部分表示对象的动态行为。

① 定义的部分。表示在该类中定义的数据成员的状态及转换，由对象的状态定义的数据成员的状态图组成。

② 聚集的部分。表示对象中的成员对象的状态行为，由构成对象的成员对象的状态图组成。

③ 继承的部分。表示继承的数据成员的状态及转换，由派生出复杂对象的基类的对象的状态图组成。

一个复合的 OSD 记为 COSD（一个 AOSD 的组合是一个 COSD，一个 AOSD 和 COSD 的组合也是 COSD），如图 10.16 所示。

【例 10-8】 测试"机票预订系统"中的 usecontroller 类。

分析：该方法在实现时涉及 3 个类，通过消息传递，实现类间通信。

（1）airservice 类。该类的主要服务是根据不同的查询条件搜索指定的航班。可以用一个 AOSD 描述。

（2）useservice 类。该类的主要服务是会员的登录。可以用一个 AOSD 描述。

（3）booklistservice 类。描述订票的过程，需要来自 user 类和 air 类的数据，因此用一个 COSD 描述。

因此，可以得出此例的 COSD，如图 10.17 所示。

图 10.16 COSD

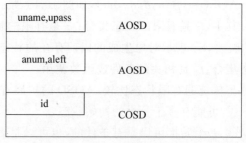

图 10.17 usecontroller 类复合 COSD

解答：（1）绘制 AOSD 和 COSD。

由于会员登录和航班查找都是静态搜索，状态图比较简单，搜索结果分别是查找失败和成功。这里重点讲解 usecontroller 类的 COSD 的建立，即用 UML 的状态图叙述。

usecontroller 类的 COSD 的表示如图 10.18 所示。

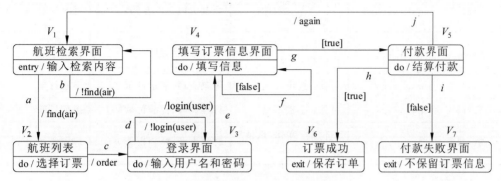

图 10.18 用 UML 状态图表示的 COSD

其中，V_i 是状态编号（$1 \leqslant i \leqslant 7$）；字母 a,b,c,d,e,f,g,h,i,j 代表状态 V_i 到状态 V_j 的路径（$1 \leqslant i \leqslant 7, 1 \leqslant j \leqslant 7$）。

（2）在图 10.18 上标注事件（可以用函数表示）或条件，生成状态转换表，见表 10.19。

表 10.19 usecontroller 类状态转换表

路径编号	起始状态	事件或条件	输入	结束状态
a	V_1	find(air)，检索航班成功	输入检索条件	V_2
b	V_1	!find(air)，检索航班失败	输入检索条件	V_1
c	V_2	单击"订票"按钮	鼠标操作	V_3
d	V_3	!login(user)，登录失败	输入用户名和密码	V_3
e	V_3	login(user)，登录成功	输入用户名和密码	V_4
f	V_4	错误的信息	填写订票信息	V_4
g	V_4	正确的信息	填写订票信息	V_5
h	V_5	订票成功	付款	V_6
i	V_5	订票失败	不付款	V_7
j	V_5	单击"再次订票"按钮	鼠标操作	V_1

（3）生成测试用例表。

根据表 10.19 所示的状态转换表，采用覆盖典型路径法可得出测试用例表，见表 10.20。

（4）由于状态的跳转具有重复性，因此需要补充测试用例，以覆盖所有能出现的路径。可以通过（0）-切换覆盖～（$N-1$）-切换覆盖，通过分析状态的输入路径、输出路径以及切换路径，力求覆盖所有路径，请读者根据具体方法补充测试用例。

表 10.20   基于状态的测试用例表

测试用例编号	覆盖路径序列	测试数据	预期结果	运行结果
Test1	b	航班号：abcdef	检索失败：没有此航班	检索失败
Test2	a,c,d	用户名：abc 密码：abc	登录失败：非法会员	登录失败
Test3	a,c,e,f	身份证：123456 订票数：-1	填写错误信息	身份证或订票数额出错
Test4	a,c,e,g,h	付款：指定数额	等票成功,显示订单	显示订单
Test5	a,c,e,g,i	付款：金额不足	订票失败,提醒付款	提醒付款
Test6	a,c,e,g,j	不付款：单击"取消"按钮	订票失败,转到检索界面	界面跳转

10.5.5   面向对象的集成测试

传统的集成测试是对通过集成完成的功能模块进行测试,一般可以在部分程序编译完成的情况下进行。而对于面向对象的程序,功能的调用是在程序的不同类中进行的,即类是通过消息传递实现与别的类之间的通信。

类的行为与它的状态密切相关,状态不仅体现在类数据成员的值,还包括其他类中的状态信息。因此,面向对象的集成测试通常需要在整个程序编译完成后进行;面向对象的程序具有动态行为,程序的控制流往往无法确定;只能对编译后的程序做基于黑盒的集成测试。

1. 类簇测试内容

面向对象的集成测试主要测试类簇。类簇是一组相互合作的类,主要考查一组协同操作的类之间的相互作用。类簇测试的重点是类之间的逻辑关系,如关联、继承、聚合多态等,即检查类之间的相互配合。

类簇测试的主要内容包括以下 3 点。

(1)测试关联和聚合关系。

将具有关联和聚合(或组合)关系的类组装在一起,选择主动发生消息的类的测试用例为此测试的用例,加载驱动程序运行测试用例,类之间的消息传递与之相应。

(2)测试继承关系。

D. E. Perry 和 G. E. Kaiser 根据 Weyuker 的测试充分性公理对此进行讨论,认为子类中继承的方法和重定义的方法必须在子类的环境中重新测试。对继承关系的测试主要是对派生类继承部分的测试,它可重用父类的测试用例,利用回归测试进行,对派生类的非继承部分需要重新设计测试用例进行类测试。

(3)测试多态/动态绑定。

多态/动态绑定显著增加了系统运行中可能出现的执行路径。多态/动态绑定在程序运行中带来的不确定性,使得设计多态实例变量的测试用例大幅增长,这些实例的每种可能取值至少应该在测试用例中出现一次。

2. 面向对象集成测试的策略

从类与类之间的相互关系出发,对面向对象软件的集成测试有两种策略。

1) 基于线程的测试

这种测试策略集成对某输入或事件做出回应的相互协作的一组类(一个线程),分别集成并测试每个线程,同时应用回归测试保证没有副作用。

可用 UML 中的活动图、顺序图或状态图(如图 10.18 所示,对于某个输入,得到的相应结果或状态)描述每个线程,分析过程可参考 10.5.4 节中基于状态的测试。

2) 基于使用的测试

这种策略通过测试很少使用服务器类的类(独立类)而开始构造系统,在独立类测试完成后,再增加使用独立类的类(依赖类)进行测试,一直到构成完整的系统。

例如,对 usecontroller 类的测试,可以先测试单类 useservice 和 airservice;然后测试 booklistservice 类;最终测试 usecontroller 类。可以用 UML 中的动态图进行测试。

在面向对象的集成测试时,要考虑类的测试顺序。由于面向对象软件结构没有明显的层次结构,因此,传统软件集成测试中的自顶向下和自底向上策略对于面向对象集成测试没有太大意义;其次,类之间的直接和间接的交互操作,每次将一个操作集成到类中往往是行不通的。因此,在面向对象集成测试中应该注意以下 3 个问题。

(1) 面向对象系统本质上由小的、可重用的组件构成。因此,集成测试对于面向对象测试来说更重要。

(2) 面向对象系统下组件的开发一般更具备并行性,因此对频繁集成要求更高。

(3) 要提高组件开发的并行性,集成测试时就需要考虑类的完成顺序;同时,也需要设计驱动器模拟其他没有实现的类的功能。

3. 类继承测试的测试过程及测试用例的生成

面向对象的集成测试能够检测出相对独立的单元测试无法检测出的那些类相互作用时才会产生的错误。基于单元测试对成员函数行为正确性的保证,集成测试只关注系统的结构和内部的相互作用。面向对象的集成测试可分两步进行。

1) 静态测试

利用"可逆过程",通过源程序得到类图和函数功能调用关系图。把得到的结果与 OOD 设计结果("正向工程"结果)进行对比,检测测试结构和实现上是否有缺陷,即检测 OOP 是否达到了设计要求。

2) 动态测试

动态测试设计测试用例时,通常需要功能调用结构图、类图,或者实体关系图作为参考,确定不需要被重复测试的部分,优化测试用例、减少测试工作量,以达到测试的覆盖标准。

测试所要达到的覆盖标准可以有以下 3 个。

(1) 达到类所有的服务要求或服务提供的一定覆盖率。

（2）依据类之间传递的消息，达到执行线程的一定覆盖率。

（3）达到类的所有状态的一定覆盖率等。

具体设计测试用例时，可参考以下步骤。

（1）先选定检测的类，参考 OOD 分析结果，仔细判断类的状态和相应的行为、类或成员函数间传递的消息、输入输出的界定等。

（2）确定覆盖标准。

（3）利用软件结构图确定待测类的所有关联。

（4）根据类的对象构造测试用例，确认激发类状态的输入、使用类的服务和期望产生的行为等。

注意，设计测试用例时，不但要设计出满足功能的输入，还应该有意识地设计一些功能失效的用例，从而确认是否有不合法的行为以及要求不相适应的服务等。

10.5.6　面向对象的系统测试

面向对象的单元测试和集成测试仅能保证软件开发的功能得以实现，不能确认在实际运行时是否满足用户的需要，是否大量存在实际使用条件下会被诱发产生错误的隐患。为此，开发完成的软件需要测试它与系统其他部分配套运行的表现，以保证在系统各部分协调工作的环境下也能正常工作。

面向对象的系统测试可以套用传统的系统测试，但在测试用例的形式上有所不同，其测试用例可以从对象-行为模型和作为面向对象分析的一部分的事件流图中导出。

面向对象的系统测试应该尽量搭建与用户实际使用环境相同的测试平台，为了保证被测试系统的完整性，对临时没有的系统设备需要设置模拟设备。系统测试时，应该参考 OOA 的结果，对应描述的对象、属性和各种服务，检测软件是否能完全"再现"问题。系统测试不仅是检测软件的整体行为表现，从另一个侧面看，也是对软件开发设计的再确认。

1. 面向对象的系统测试的具体测试内容

面向对象的系统测试的主要内容包括以下 7 个方面。

（1）功能测试。

功能测试是系统测试最常用和必需的测试，以软件需求规格说明书为测试标准。

（2）强度测试。

强度测试是测试软件在一些超负荷情况下，功能的实现情况。如要求软件某一行为的大量重复、输入大量的数据或大数值数据、对数据库大量复杂的查询等。

（3）性能测试。

测试系统的性能指标，如传输连接的最长时限、传输的错误率、计算的进度、记录的精度、响应的时限和恢复时限等。

（4）安全测试。

验证安装在系统内的保护机构确实能对系统进行保护。设计测试用例试图突破系统的安全保密措施，检验系统是否存在安全保密的漏洞。

（5）恢复测试。

采用人工的干扰使软件出错，从而检查系统的恢复能力，特别是通信能力。

（6）可用性测试。

测试用户是否满意，具体体现为操作是否方便、用户界面是否友好等。

（7）安装/卸载测试等。

系统测试需要对被测的软件结合需求分析做仔细的测试分析，建立测试用例。

2. 面向对象系统的测试工具

面向对象系统的测试中需要使用一些工具或分析模型帮助测试。这些工具包括用例、类图、顺序图、活动图和状态图等。

10.6 软件测试报告格式

集成测试、确认测试完成后，测试工程师需要提交自己测试任务的状态。

（1）功能的运行情况。

（2）存在的问题。

（3）没有测试的部分以及没有测试的理由。

项目负责人搜集所有的测试任务状态，编写测试报告，提交给项目经理或者产品经理。测试报告的模板如下所示。

软件测试报告示例

---

1 范围

1.1 标识

文件状态:	文件标识:	测试报告 A5
[ ]草稿	当前版本:	1.0
[ ]正式发布	作者:	
[√]正在修改	完成日期:	
	审核人:	

1.2 编写目的

1.3 文档概述

1.4 基线

1.5 测试方法概述

1.6 测试环境配置

1.7 测试目的

2 测试的执行情况

2.1 测试进度

测试阶段及时间安排见表2.1。

表 2.1　测试阶段及时间安排

序号	测 试 内 容	时间(起始时间-结束时间)
1	单元测试阶段	
2	集成测试阶段	
3	缺陷的验证测试	

2.2　测试跟踪的信息

测试跟踪信息列表见表 2.2。

表 2.2　测试跟踪信息列表

缺陷编号	功能点	操作	预期结果	运行结果	处理人	处理时间	缺陷等级	缺陷分类	处理决定
Bug1	登录	空	输入错误				一般	需求	
……	……	……	……	……	……	……	……	……	……

2.3　完成的测试点

已完成的测试点列表见表 2.3。

表 2.3　已完成的测试点列表

功能点	用户及权限	测试重点	测试人	测试时间	测试用例数	缺陷数	处理状态
登录		无限登录?			3	3	已处理
……	……	……	……	……	……	……	……

2.4　未完成的测试点

未完成的测试点列表见表 2.4。

表 2.4　未完成的测试点列表

功能点	用户及权限	测试重点	测试人	测试时间	测试用例数	操作	预期结果
登录	会员	无限登录?			3	1 正确 2 错误 3 空	成功 失败 输入提示
……		……	……	……	……	……	……

2.5　测试覆盖率以及风险分析

2.5.1　测试覆盖率

2.5.2　风险分析

3　功能的验证

3.1　功能说明(用例图)

3.2　软件结构图(类图)

3.3 单元测试

3.3.1 类1(例如:旅客类)

3.3.1.1 功能点1(例如:登录)

(1) 简要描述

(2) 测试方法(例如:基于服务的测试)

(3) 测试过程(例如:构造BBD)

(4) 根据测试用例模板进行测试用例说明

登录功能测试用例如表3.1所示。

表3.1 登录功能测试用例

软件/项目名称		软件版本	
功能模块名称		编制人	
测试用例 ID		测试用例名称	
用例入库者		入库时间	
用例更新者		更新时间	
测试功能点			
测试目的			
测试类型			
预置条件		特殊规程说明	
参考信息			

序号	操作描述	输入测试数据	预期结果	实际结果	测试状态(P/F)

测试人员		开发人员		负责人	

(5) 测试代码及说明(可以之后补充)

......

3.3.1.n 功能点n

3.3.2 类2

⋮

3.3.n 类n

3.4 集成测试(重点测试有消息通信的类)

3.4.1 功能点1(例如:订票)

(1) 测试方法(例如:基于线程的测试方法)

(2) 绘制动态图(例如:状态图或时序图)

(3) 测试过程

(4) 设计测试用例

订票功能测试用例如表3.×××所示。

表 3.×××　订票功能测试用例

软件/项目名称		软件版本	
功能模块名称		编制人	
测试用例 ID		测试用例名称	
用例入库者		入库时间	
用例更新者		更新时间	
测试功能点			
测试目的			
测试类型			
预置条件		特殊规程说明	
参考信息			

序号	操作描述	输入测试数据	预期结果	实际结果	测试状态(P/F)

测试人员		开发人员		负责人	

3.4.2　功能点 2

⋮

3.4.*n*　功能点 *n*

4　主要问题列表

4.1　列出仍旧无法解决的各类问题以及其数量

问题列表见表 4.1。

表 4.1　问题列表

问题序号	功能点	问题描述	测试人	测试时间	缺陷数	缺陷等级	受理状态
1	订票	一次订多张票			2	一般	待处理
……	……	……	……	……	……	……	……

4.2　详细列出未解决的严重问题

严重问题列表见表 4.2。

表 4.2　严重问题列表

问题序号	功能点	问题描述	测试人	测试时间	缺陷数	缺陷等级	受理状态
1	订票	分次订票 数据丢失			1	严重	待处理
……	……	……	……	……	……	……	……

5　项目的功能质量评估

5.1　质量标准(按需求规格说明书要求)

5.1.1　功能 1 标准

5.1.2　功能 2 标准

    ⋮

5.1.n　功能 n 标准

5.2　实际结果

5.2.1　功能 1 结论

5.2.2　功能 2 结论

    ⋮

5.2.n　功能 n 结论

6　附上所有没有解决的主要问题列表(缺陷列表)

缺陷列表见表 6.1。

表 6.1　缺陷列表

缺陷号	缺陷标题	缺陷状态	优先级	缺陷来源	缺陷根源
1001		Open	严重	需求说明书	通信
……		Open	一般	设计文档	设计方法
n		Delay	一般	数据库	测试策略

10.7　软件测试工具实践

10.7.1　JUnit 简介

JUnit 是由 *Erich Gamma*(《设计模式》)和 Kent Beck(极限编程)用 Java 编写的进行单元测试的开源框架。伴随着敏捷和 TDD 的发展,JUnit 也成为 Java 世界应用最为广泛的自动化测试框架。

开发者只遵循 JUnit 的框架编写测试代码,JUnit 就可以自动完成测试。由于 JUnit 相对独立于所编写的代码,测试代码可以先于实现代码进行编写,符合极限编程的测试优先设计理念。对于极限编程而言,在编写代码之前写测试代码,这样强制要求程序员在写代码之前好好地思考代码的功能和逻辑,对于重构而言也是相同的。

JUnit 用于单元测试,具有如下优势:

(1)开源测试框架。在其基础上可以进行二次开发。

(2)使用方便。可以快速撰写测试并检测程序代码,类似编译程序。

(3)检验结果并提供立即回馈。自动执行并检查结果、回馈信息。

(4)合成测试系列的层级架构。引入了重构概念,把测试组织成测试,允许组合多个测试自动回归测试。

(5)与 IDE 集成:一般集成在 Eclipse 软件工具中,使用方便。

10.7.2 JUnit 特点

JUnit 是一个开放源代码的 Java 测试框架,用于编写和运行可重复的测试,是用于单元测试框架体系 xUnit 的一个实例(用于 Java 语言),包括以下特性。

(1) 使测试代码与产品代码分开,有利于代码的打包发布和测试代码管理。

(2) 针对某个类的测试代码,以较少的改动应用到另一个类的测试,提供了一个编写测试类的框架,使测试代码更加方便。

(3) 使用断言方法判断期望值和实际值的差异,返回 Boolean 值。

(4) 易于集成到程序中的构建过程中,与 Ant 结合还可以实施增量开发。

(5) JUnit 的源代码是公开的,故可以进行二次开发。

(6) JUnit 具有很强的扩展性,可以方便地对 Unit 进行扩展。

JUnit 3 在大量的 Java 应用开发中已经得到了广泛的应用,而到 JUnit 4 更引入了灵活的注解模式(基于 Java 5 新特征,如注释、静态导入等),一度成为 Java 应用单元测试的标准;从 2006 年发布 JUnit 4,直到 2017 年推出 JUnit 5,JUnit 5 需要 Java 8 及更高的版本,将不单纯是一个测试框架,会作为一个 Platform,提供其他各类测试框架的接入能力,将不同测试框架接入到同一个平台体系,成为 JUnit 生态的一部分。

10.7.3 JUnit 4 中的注释

在此,以 JUnit 4 作为单元测试的入门测试工具。JUnit 4 可以使用注释的方式。

(1) @Before 相当于 setUp(),表示在每个方法测试之前调用,完成初始化工作。

(2) @After 相当于 tearDown(),表示在每个方法测试之后调用,完成清除工作。

(3) @Test 表示测试的类。

(4) @BeforeClass 在调用测试类之前执行,但是它只执行一次。

(5) @AfterClass 在调用测试类之后执行,它也只执行一次。

(6) @TestUite 负责多个类的组合测试。

(7) @Ignore 可以忽略测试方法。

(8) @RunWith 指定测试类使用某个运行器。

(9) @Parameters 指定测试类的测试数据集合。

(10) @Rule 允许灵活添加或重新定义测试类中的每个测试方法的行为。

(11) @FixMethodOrder 指定测试方法的执行顺序。

一个测试类单元测试的执行顺序为:@BeforeClass→@Before→@Test→@After→@AfterClass。每个测试方法的调用顺序为:@Before→@Test→@After。

这些注释在使用时需要设置导入"import org.junit. * ;"。

10.7.4 JUnit 4 中常用的断言

JUnit 提供了一些辅助函数,用于帮助开发人员确定某些被测试函数是否工作正常。通常把所有这些函数统称为断言。断言是单元测试最基本的组成部分。断言是编写测试用例的核心实现方式,即期望值是多少,测试的结果是什么,以此判断测试是否通过。

JUnit 4 中常用的断言见表 10.21。

表 10.21　JUnit 4 中常用的断言

断言名称	含　义
assertArrayEquals(expecteds,actuals)	查看两个数组是否相等
assertEquals(expected,actual)	查看两个对象是否相等,类似于字符串比较使用的 equals()方法
assertNotEquals(first,second)	查看两个对象是否不相等
assertNull(object)	查看对象是否为空
assertNotNull(object)	查看对象是否不为空
assertSame(expected,actual)	查看两个对象的引用是否相等,类似于使用"＝＝"比较两个对象
assertNotSame(unexpected,actual)	查看两个对象的引用是否不相等,类似于使用"!＝"比较两个对象
assertTrue(condition)	查看运行结果是否为 true
assertFalse(condition)	查看运行结果是否为 false
assertThat(actual,matcher)	查看实际值是否满足指定的条件
fail()	让测试失败

这些注释在使用时需要设置静态导入"import static org.junit.Assert;"。

10.7.5　JUnit 4 实践

1. 配置 JUnit 4

(1) 在 IDEA 中配置 JUnit 4,只需要在 pom.xml 中进行配置,如下所示。

```
<properties>
    <junit.version>4.12</junit.version>
</properties>
<dependencies>
    <!--单元测试-->
    <dependency>
        <groupId>junit</groupId>
        <artifactId>junit</artifactId>
        <version>$ {junit.version}</version>
        <scope>test</scope>
    </dependency>
</dependencies>
```

（2）在 Eclipse 中的配置。

单元测试示例

① 新建一个项目，分别设置被测包和测试包。

② 导入 JUnit 4，如图 10.19 和图 10.20 所示。

（3）进行测试（不分 IDE）。

① 对被测包里的一个被测程序 Login（以"航空订票系统"登录为例）进行单元测试。对该程序进行测试用例设计，包括流图设计、基本路径设计以及测试用例设计。

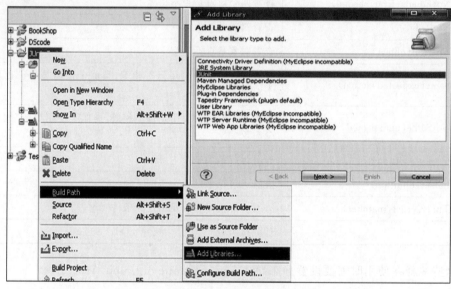

图 10.19　导入 JUnit 包界面一

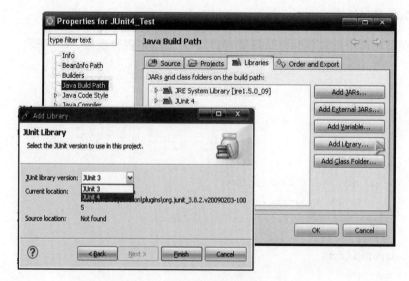

图 10.20　导入 JUnit 包界面二

"登录"程序流程图及对应的流图如图 10.14 所示,根据流图可以得出 3 条基本路径,设计出的测试用例见表 10.18。

② 在测试包里新建一个 Login 的测试类(New→JUnit Test CASE→输入测试程序名 LoginTest→选择被测试的方法 Login()→Finish),编写测试代码,如下所示。

```
//导入测试框架
import static org.junit.Assert.*;
import org.junit.Test;

import com.Login; //导入被测试类

public class LoginTest {
    @Test
    public void testLogin() {
        Login login1= new Login("Mary","123456");      //success(path3)---Test3
        assertTrue(login1.LoginUser());
        Login login2= new Login("Mar","123456");        //error(path1)---Test1
        assertTrue(login2.LoginUser());
        Login login3= new Login("Mary","123");          //error(path2)---Test2
        assertTrue(login3.LoginUser());
        Login login4= new Login(" ","123456");          //null(path1)---Test4
        assertTrue(login4.LoginUser());
        Login login5= new Login("Mary"," ");            //nullr(path2)---Test5
        assertTrue(login5.LoginUser());
        Login login6= new Login("","");                 //null(path1)---Test6
        assertTrue(login6.LoginUser());
    }
}
```

③ 测试结果。在表 10.18 中,6 条测试用例均通过。Login 测试结果如图 10.21 所示。

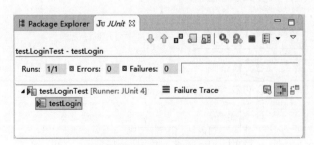

图 10.21　Login 测试结果

④ 测试说明。

图 10.21 说明已测试程序中所有的基本路径和特殊情况(边界值),没有发现错误。一旦图 10.21 中 Errors 不为 0,或 Failures 不为 0,则说明程序有错,必须修改;依次往复,

直到需要测试的基本路径中没有错误为止。

使用 JUnit 工具,也能进行集成测试,读者可以自行研究。总之,用 JUnit 进行单元测试可以提高开发人员单元测试的效率,大大减少了其在单元测试中的工作量。

10.8　随堂笔记

一、本章摘要

_____

_____

_____

_____

_____

_____

_____

_____

_____

二、练练手

(1) 以下关于测试的叙述中,正确的是(　　)。

　　A. 实际上,可以采用穷举测试发现软件中的所有错误

　　B. 错误很多的程序段修改后错误一般会非常少

　　C. 测试可用来证明软件没有错误

　　D. 白盒测试技术中,采用路径覆盖法往往比采用语句覆盖法能发现更多的错误

(2) 对下图所示的程序流程图进行判定覆盖测试,至少需要(　　)个测试用例。采用 McCabe 度量法计算其环路复杂度为(　　)。

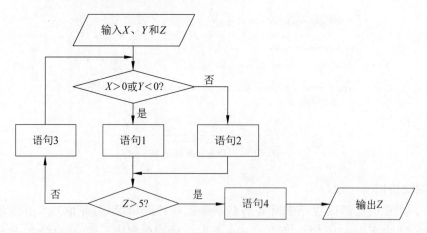

A. 2   B. 3   C. 4   D. 5

(3) ( )的测试步骤中需要进行局部数据结构测试。

  A. 单元测试   B. 集成测试   C. 确认测试   D. 系统测试

(4) 以下哪几个是黑盒测试的测试方法?( )

 ① 测试用例覆盖 ② 输出覆盖 ③ 输入覆盖 ④ 分支覆盖 ⑤ 语句覆盖 ⑥ 条件覆盖

  A. ①⑤⑥   B. ②③④   C. ①②③   D. ④⑤⑥

(5) 为了提高测试的效率,正确的做法是( )。

  A. 选择发现错误可能性大的数据作为测试用例

  B. 随机选取测试用例

  C. 取一切可能的输入数据作为测试用例

  D. 在完成程序的编码之后再制订软件的测试计划

(6) 软件的集成测试工作最好由( )承担,以提高集成测试的效果。

  A. 该软件的设计人员

  B. 该软件开发组的负责人

  C. 不属于该软件开发组的软件设计人员

  D. 该软件的编程人员

(7) 与设计测试数据无关的文档是( )。

  A. 设计文档   B. 需求说明书

  C. 项目开发计划   D. 源代码

(8) 根据软件需求规格说明书,在开发环境下对已集成的软件系统进行的测试是( )。

  A. 系统测试   B. 单元测试   C. 确认测试   D. 验收测试

(9) 软件设计阶段的测试主要采取的方式是( )。

  A. 评审   B. 白盒测试   C. 黑盒测试   D. 动态测试

(10) 以程序的内部结构为基础的测试技术属于( )。

  A. 白盒测试   B. 黑盒测试   C. 灰盒测试   D. 数据测试

(11) 进行单元测试时,常用的方法是( )。

  A. 采用白盒测试,辅之以黑盒测试   B. 白盒测试

  C. 采用黑盒测试,辅之以白盒测试   D. 黑盒测试

(12) 下列选项中,( )不属于软件缺陷。

  A. 软件没有实现需求规格说明书中要求的功能

  B. 软件中出现了需求规格说明书中不应该出现的功能

  C. 软件实现了需求规格说明书中的功能,但未达到性能要求

  D. 软件实现了需求规格说明书中的功能,但因受限制而未考虑到移植性问题

(13) ( )计划是在需求分析阶段编制的。

  A. 确认测试   B. 集成测试   C. 单元测试   D. 系统测试

(14) 如果一个判定中的复合条件表达式为(A>1||B≤3),则为了达到100%的条件

覆盖率,至少需要设计( )个测试用例。

    A. 1   B. 2   C. 3   D. 4

(15) 经验表明,在程序测试中,某模块与其他模块相比,若该模块已发现并改正的错误较多,则该模块中残存的错误数目与其他模块相比通常应该( )。

    A. 较少   B. 相似   C. 较多   D. 不确定

三、动动脑

(1) 使用黑盒测试方法为注册会员用例设计测试用例。

(2) 使用基本路径测试法为订票算法设计测试用例。

四、读读书

《软件测试的艺术》

作者:[美] Glenford J. Myers,Tom Badgett,Corey Sandler

书号:9787111376606

出版社:机械工业出版社

本书的作者 Glenford J. Myers 是 IBM 系统研究所前高级研究员,同时还是 Radisys 公司的创始人和前 CEO。

本书从第 1 版付梓到现在已经 30 余年,是软件测试领域的经典著作。本书结构清晰、讲解生动活泼,简明扼要地展示了久经考验的软件测试方法和智慧。本书以反向思维方式给出了软件测试的定义:"测试是为发现错误而执行程序的过程"。

本书以一次自评价测试开篇,从软件测试的心理学和经济学入手,探讨了代码检查、走查与评审、测试用例的设计、模块(单元)测试、系统测试、调试等主题,以及极限测试、互联网应用测试等高级主题,全面展现了作者的软件测试思想。

第 3 版在前两版的基础上,结合软件测试的发展进行了更新,覆盖了可用性测试、移动应用测试以及敏捷开发测试等。

软件测试中大多数都是心理学的问题,所以,作者总结了软件测试的十个指导原则,例如,程序员应当避免测试自己编写的程序;测试用例的编写不仅应当根据有效和预期的输入情况,而且也应当根据无效和未预料到的输入情况;计划测试工作时不应默许假定不会发现错误;软件测试是一项极富创造性、极具智力挑战性的工作等。这些指导原则用于指导软件开发和软件测试工作。不论是做开发,还是做测试,根据这些原则不仅可以指导自己更好地进行测试,同时也可以在开发方面给予启示。

软件部署

导读

软件项目完成后,经过客户的验收测试,达到质量要求,就可以部署到客户的工作环境上。软件部署环节是指将软件项目本身,包括配置文件、用户手册、帮助文档等进行收集、打包、安装、配置、发布的过程。在信息产业高速发展的时代,软件部署工作越来越重要。

在测试环境里,软件的各个功能都能正常运行。但是,一旦项目部署到客户工作环境中,一些功能可能不能正常启动,如缺少数据库的补丁,或缺少运行文件包等。因此,在软件项目部署前,必须制订详细和严格的部署计划和检查列表。

据 Standish Group 统计,软件缺陷造成的损失,相当大的部分是由于部署的失败所引起的,可见软件部署工作的重要意义。

在部署前,测试环境必须模拟客户的真实环境。按照制订的部署计划进行模拟部署,以确保软件在客户实际环境中一次性能部署成功。在模拟测试时,要考虑各种类型的测试,如最低的硬件配置、网络宽带要求、不同版本包的兼容测试等。

软件部署和软件测试一样,需要制订详细的部署计划。部署计划是项目产品上线前的一个循序渐进的部署指导;部署计划制订后,必须经过审核、修改,直至最终发布;一旦部署计划发布,项目成员就要在部署计划的指导下按部就班地实施部署。因此,部署计划有助于对软件部署进行有效的跟踪和管理。

当今的网络时代,网络入侵和攻击越来越频繁,这些攻击可能导致数据的崩溃和服务器的瘫痪,从而给客户带来紧急损失。因此,安全部署会越来越重要。安全部署主要分两部分:一部分是网络安全,无论是什么样的软件系统,都必须配置网络设备、服务器设备和操作系统等,这些设备要加强安全保护措施;另一部分是系统安全,在部署软件时,要选用稳定性好的服务器,安装合适的杀毒软件、防火墙等。如果存在系统漏洞,要及时打补丁;要监控系统日志,一旦发现异常情况,及时处理。

11.1　软件部署的任务和目标

11.1.1　软件部署的定义

随着软件系统的日益复杂,软件的应用不再是独立的系统。不论是可执行文件,还是数据,都可能分散在计算机网络内。另外,一个完整软件应用系统的各个组成配置(硬件和软件)共同协作才能满足客户的需求,但是它们可能由不同的软件开发商提供(更新和升级不一定同步进行)。因此,软件开发商需要找到一个方法处理系统环境中越来越多的不确定性风险,以保证他们提供的配置能正常运行。例如,在软件开发商保证成功的安装前,确定一个特定的网站以及明确说明能使用这些软件配置的具体软件。此外,软件开发商也需要考虑到不同配置之间的不兼容性、可能出现的问题以及克服问题的措施。

由此可见,软件部署将是一个软件生命周期的关键步骤。软件部署指的是软件的发布、安装、激活、停用、更新和移除的一个大而复杂的过程。软件部署包括组成系统的各部分软件的部署,以及整个软件系统本身的部署。

无论是何种部署,其目的都是把软件系统放到实际环境中,以保证整个软件系统能正常工作。

11.1.2　软件部署的步骤

软件部署的步骤主要包含软件的发布、安装、激活、停用、更新、改写、卸载和退役,如图 11.1 所示。

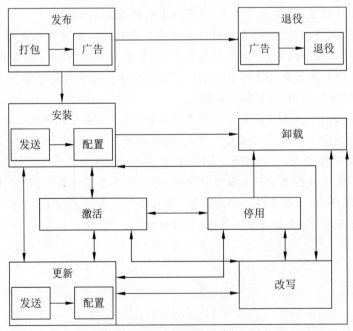

图 11.1　软件部署的整体过程

（1）发布。发布是开发过程与部署过程的接口,包含从准备安装到客户移交系统所必需的所有操作。因此,发布活动包括以下 4 个方面。

① 确定资源。确定软件系统在客户环境正常运行所需的所有资源。

② 收集信息。收集所有软件部署后续活动执行所需要的信息。

③ 打包交付。打包系统,交付给用户。软件系统包含所有系统组成部分、系统说明、对外部组件的需求和依赖、部署程序,以及与系统在客户端管理相关的所有信息。

④ 发布广告。发布适当的关于所发布系统特点的信息给对系统感兴趣的人。

（2）安装。安装涵盖客户运行环境的初始化。这是一个复杂的、部署好的过程,要配置软件系统所需要的所有资源。安装涉及以下两个子活动。

① 软件开发商向客户移交软件产品。

② 配置软件运行环境,等待软件产品在客户环境中被激活。

（3）激活。它是启动一个软件系统工作的活动。对于简单的系统,激活通过执行某种形式的命令(如单击图形或图标)完成;对于复杂的系统,启动服务器或服务进程后,才能激活软件系统。

值得一提的是,部署过程中的某些活动可能需要激活其他活动;也就是说,可能需要这些支持系统的递归部署。如果软件系统包被压缩成存档文件,那么安装过程必须能够激活存档工具把系统包解开、安装。如果存档工具不能用,那么,对存档工具的递归部署就是必需的。

（4）停用。它是激活的逆向操作,指的是关闭已安装系统的所有正在工作的活动模块。停用经常在其他部署活动(如更新)开始之前。

（5）更新。它是安装部署的一个特例,是一个系统版本更新的过程。有些系统可能不需要停用这个活动,当旧版本仍然在使用时,可以进行更新。与安装活动类似,更新也包括完成操作所需要的资源的配置。

（6）改写。改写是修改之前已经安装的软件系统。但是,与更新活动不同的是,更新活动属于远程事件,如软件供应商发布了一个更新,触发了更新活动;而改写属于本地事件,如由客户环境变动而引起的活动。改写活动可能采取纠正措施,以保证软件部署的正确性。

（7）卸载。当客户不再使用某一系统时,系统可以被卸载。当然,在卸载系统时最好通知系统客户。卸载活动除了删除文件外,也可能涉及其他系统的重新配置。

（8）退役。退役是被标记为过时的系统。与卸载一样,退役行为要保证不会引发问题,因此需要通知系统客户。

11.1.3 软件部署的需求分析

虽然软件项目在发布时才发布软件部署需求,但是,在软件需求分析阶段就需要进行软件部署的需求分析。软件部署的需求分析必须基于客户的需求和软件项目的实际情况,主要包括软件部署所需要的所有资源的分析。

1. 服务器的选择

服务器的选择并不单指服务器类型的选择(选择 Linux,还是选择 UNIX);还包括服务器数量的选择,即选择使用多少服务器提供不同或者相同的应用服务,如图 11.2 和图 11.3 所示。

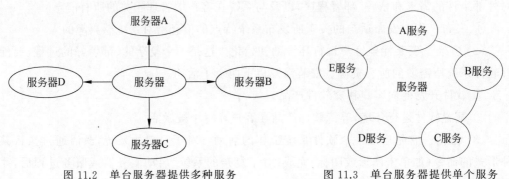

图 11.2　单台服务器提供多种服务　　　　图 11.3　单台服务器提供单个服务

1) 服务器类型的选择依据

从稳定性、安全性、带宽、存储性能、可支持访问量的大小,以及所需提供的应用服务的特点等方面选择服务器。建议使用云服务器,其成本不高,适合小型网站。

2) 服务器结构的选择依据

一般来说,选择服务器结构时,要考虑以下 3 个因素。

(1) 基于当前客户需求。从应用服务的特点出发,结合稳定性、安全性、可支持访问量、存储性能和响应时间考虑;同时兼顾搭建服务器结构的性价比。

(2) 便于软件系统的可扩充性。当单个应用或整个软件系统的访问量增大时,只增加服务器数量便可以解决问题。

(3) 便于系统的可维护性。便于单个应用服务的升级,即单个应用不能满足客户需求、增加新功能、提高性能等时,只升级该类服务便可以保证整个软件系统的运行。

2. 数据库的选择

数据库的选择包括数据库类型的选择、数据库结构的选择,以及数据复制工具的选择。

(1) 选择数据库类型。

根据客户需求,如使用客流量、交互数据量大小、高峰期并发流量、使用软件用户区域等,判断所需要的数据库的性能,从而确定数据库的类型。如是关系型数据库,还是非关系型数据库? 如果是非关系型数据库,那么是层次型数据库,还是网状型数据库?

(2) 选择数据库结构。

根据客户软件系统的实际需要,兼顾可扩展性和与其他系统的兼容性等,确定数据库的结构。如果数据量不大,可以建立一个数据库管理所有必需的信息。但是,如果软件系统的用户数量多,且分布广,可以建立多个数据库。以机票预订系统为例,如果使用软件系统的用户多且分布广,可分为旅客、航班、订票等多个数据库。

（3）选择数据复制工具。

根据复制数据量的大小、复制数据的方式(同步或异步复制)选择合理的数据复制工具。

11.2 制订软件部署计划

软件部署也需要制订详细的部署计划,以便对软件部署进行指导,并对部署进行有效的跟踪和管理。部署计划制订后,需要经过审阅、修改,直至软件产品最终发布投入使用。

软件部署计划的编制模板如下所示。

---

1 介绍

1.1 项目名称

1.2 目的

1.3 实施日期

1.4 预计完成时间

1.5 定义、缩写

2 参考资料

《项目安装说明书》

3 部署计划

3.1 责任

部署人员职责表见表3.1。

表3.1 部署人员职责表

责任人	负责内容	职位
……	……	……

3.2 计划

部署进度表见表3.2。

表3.2 部署进度表

任务	时间	完成标志
……	……	……

4 资源

4.1 设备

安装 Windows X 的 PC 一台

4.2 硬件

硬件配置表见表4.1。

表 4.1 硬件配置表

内存	……
硬盘	……
其他设备	……

4.3 人员信息

人员配置表见表4.2。

表 4.2 人员配置表

姓　名	职　责	联系电话	邮　箱
……	……	……	……

11.3　安全部署

随着网络应用的深入,随之而来的是网络入侵和攻击。这些入侵和攻击不仅可能损坏网络设备,导致数据的崩溃和服务器的瘫痪,而且可能破坏和遗漏客户数据,从而给客户带来经济损失。因此,软件系统的安全部署变得越来越重要。

软件系统的安全部署主要包括网络安全和系统安全。

1．网络安全

1）物理安全

物理安全的目的是保护路由器、工作站、网络服务器等硬件实体和通信链路免受自然灾害、人为破坏和搭线窃听攻击。只有使内部网和公共网物理隔离,才能真正保证内部信息网不受来自互联网的黑客攻击。此外,物理隔离也为内部网划定了明确的安全边界,使得网络的可控性增强,便于内部管理。

物理安全措施主要包括:安全制度、数据备份、辐射防护、屏幕口令保护、隐藏销毁、状态监测、报警确认、应急恢复、机房管理、运行管理、安全组织和人员管理等手段。

物理安全是相对的,在设计物理安全方案时,要综合考虑需要保护的硬件、软件以及信息的价值,从而采用适当的物理保护措施。当物理架构不满足要求的时候,应该建议客户或与客户协商修改网络架构,以满足要求。

2）人员管理

软件项目的安全部署中应配备一定数量的网络配置管理员、数据库管理员、安全管理员等岗位,应各司其职。

3）数据备份

根据客户软件系统的实际情况,设置合理的数据备份系统和责任人,定期对数据进行备份。

2. 系统安全

维护系统安全的主要措施包括以下7个方面。

（1）选择稳定的系统服务器。

（2）一旦发现系统漏洞,应打全合适的补丁。确认无漏洞后,才能投入使用。

（3）配置合适的杀毒软件和防火墙,设置并定期更新访问权限。

（4）优化系统配置和安全策略。

（5）关闭不适用的服务器端口。

（6）初始化数据,定期进行数据备份。

（7）监控系统日志。

11.4 软件部署实践

下面以"机票预订系统"为例,介绍如何部署一个软件项目。

11.4.1 软件部署的准备工作

1. 阅读《软件安装说明书》

《软件安装说明书》中的内容应包括软件部署需要的硬件、软件和网络架构信息,例如,需要什么类型的服务器?几台?装什么操作系统?配置怎样的通信协议?等等。

根据"机票预订系统"的《软件安装说明书》,其各配置依赖信息如图11.4所示。

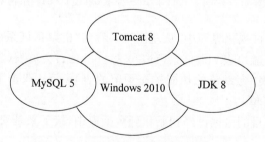

图 11.4 "机票订票系统"项目基础配置

2. 配置服务器

（1）架设服务器。

（2）安装 Windows 10 操作系统。

（3）安装 JDK 8。

（4）配置 JDK 环境变量。

(5) 安装 Tomcat 8,并配置其环境变量。

(6) 安装 MySQL 5。

11.4.2 软件项目部署

完成上述准备工作后,就可以对"机票预订系统"进行部署:数据库的初始化和"机票预订系统"安装包的部署。

1. 数据库测试

(1) 安装 mysql-5.6.24-winx64,并安装 Navicat Premium。

(2) 双击 Navicat Premium 图标,输入用户名和密码,进入数据库管理界面。

(3) 新建数据库 airbook,导入系统关系表。

(4) 双击具体表名,即可看出表的结构,如图 11.5 所示。

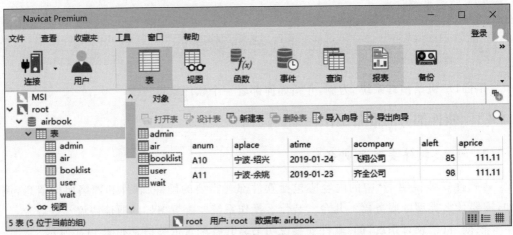

图 11.5 "机票预订系统"关系表(附表 air 的表结构)

在图 11.5 所示的可视化界面中,从左侧可以看到"机票预订系统"的数据库 airbook,包括管理员表 admin、航班表 air、订票(订单)表 booklist、会员表(旅客登录系统后,成为会员)user、以及等票表(为系统的功能扩充预留的表)wait。双击 booklist 表,便可以看到其中的订票记录(订单)。

(5) 至此,软件项目的数据已经初始化到数据库中,接下来是安装包的部署。

2. 项目包的安装

在 IDEA 中以 jar 方式部署启动,也就是使用 Spring Boot 内置的 Tomcat 运行。服务器上只要配置 JDK 1.8 及以上版本即可,不需要外置 Tomcat。

部署步骤如下所示。

(1) 在 pom.xml 下添加插件,如下所示。

```
<build>
    <plugins>
```

```
<plugin>
    <groupId>org.springframework.boot</groupId>
    <artifactId>spring-boot-maven-plugin</artifactId>
</plugin>
    </plugins>
</build>
```

这个插件可以在项目打包成 jar 包后,通过 java -jar 运行。

(2) 在 IDEA 的 Maven 里打包。

导入 Maven 插件后,这个插件和 DataBase 在一起,从 IDEA 的右侧即可看到如图 11.6 所示的界面,可以在此进行项目 jar 打包。

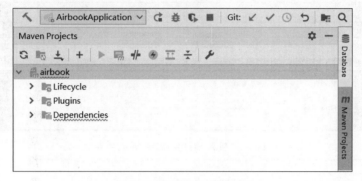

图 11.6 选择项目打包界面

① 单击 Lifecycle→右击 package→选择 Run Maven Build,如图 11.7 所示。

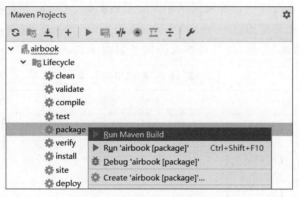

图 11.7 项目 jar 打包示意图

② 之后,IDEA 下方的 Run 窗口有一堆信息,里面包含 jar 包的位置,如果信息太多,找不到,就搜索 Building jar。后面的盘符信息就是 jar 包的位置。

(3) 进入 cmd 界面后,输入命令 java -jar airbook.jar,运行后即可看到如图 11.8 所示的界面。

(4) 打开浏览器进行测试。

部署完成后,在网址中输入 localhost:/8088/airbook 即可运行项目,即使 IDEA 不运行，也可以打开这个网站，如图 11.9 所示。

图 11.8　jar 打包成功界面

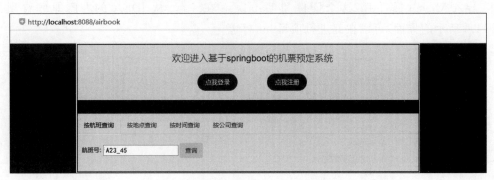

图 11.9　"机票预订系统"部署成功界面

11.4.3　验证部署项目

项目发布时，项目负责人应该提供安装项目基本功能的测试用例，这样便于验证项目是否部署成功。只有所有项目部署测试用例均通过验证，才可以宣布项目部署成功，并且把环境移交给客户正式使用。

以"机票预订系统"为例，项目负责人提供了如表 11.1 所示的测试用例。

表 11.1　测试用例

ID	用例名称	步骤与结果
001	会员登录	【步骤】 前台访问"机票预订系统"，输入正确的用户名和密码。 【预期结果】 成功登录系统。 【实际结果】 成功登录系统
002	注册会员	【步骤】 单击"点我注册"按钮。 进入注册界面，填写旅客信息，单击"立即提交"按钮。 【预期结果】 系统提示"注册成功"。 【实际结果】 会员注册成功

续表

ID	用例名称	步骤与结果
003	订票	【步骤】 登录系统。 单击"我要订票"按钮,进入订票界面。 查询航班:输入出发地和目的地,单击"查询"按钮(也可在登录前查询)。 显示查询结果,选中航班,单击"订票"按钮。 【预期结果】 订票成功,余额减1。 【实际结果】 订票成功,显示订单,航班余额减1
004	退票	【步骤】 登录系统。 单击"我的行程"按钮,进入订单界面。 选择订单,单击"退票"按钮。 显示退票后的结果。 【预期结果】 退票成功,余额增1。 【实际结果】 退票成功,刷新历史订单,航班余额增1

11.5 随堂笔记

一、本章摘要

_____
_____
_____
_____
_____
_____
_____
_____
_____
_____

二、练练手

(1)部署实施执行阶段可能存在的风险不包括(　　)。

　　A. 客户期望管理出现问题　　　　　　B. 相关资源的能力不足

　　C. 交付物认知水平不一致　　　　　　D. 部署实施交付物的可验收性

(2) 服务部署实施的目标是( )。

    A. 服务的标准化和规范化   B. 保障服务的连续性

    C. 服务的标准化和自动化   D. 满足客户要求

(3) ( )不属于服务部署的作用与收益。

    A. 衔接规划设计阶段与服务运营阶段

    B. 确保新服务或变更的服务与客户的业务组织、业务过程的顺利衔接

    C. 在服务初始化阶段为服务团队定义量化的服务目标

    D. 在部署实施阶段全面考虑服务运营过程中的风险

(4) 在以下软件开发工具中,( )是软件配置管理工具。

    A. 项目计划与追踪工具   B. 编译器

    C. 发布工具   D. 性能分析工具

(5) UML 中的( )可用于软件项目部署。

    A. 组件图   B. 包图   C. 部署图   D. 类图

(6) ( )项目不需要部署到 Tomcat 安装目录的 webapps 目录下。

    A. Spring Boot   B. SSH   C. SpringMVC   D. 以上都不对

(7) 在 IT 服务部署实施执行阶段,与客户的回顾内容不包括( )。

    A. 服务目标的达成情况   B. 服务范围与工作量

    C. 对交付物的特殊说明   D. 客户业务需求的变化

(8) 在可用性管理的术语中,CIA 代表( )。

    A. 组建影响度分析   B. 机密性、完整性和可用性

    C. 配置项可用性   D. 中央智能代理

(9) 安装一台新联网的计算机,替换一台现有的个人计算机。那台旧的计算机被用作本地网络的打印服务器。( )流程负责将这项更改记录进配置管理数据库。

    A. 变更管理   B. 配置管理   C. 问题管理   D. 发布管理

(10) 一个终端用户的个人计算机崩溃了。他的计算机在 3 个月前也崩溃过。用户向服务台报告了这个情况,这个情况属于( )。

    A. 一个事故   B. 一个知名错误

    C. 一个问题   D. 一个变更请求

三、动动脑

(1) 完成"机票预订系统"的《软件部署计划》。

(2) 就校园某应用系统,分析其部署方案及特点。

四、读读书

《软件架构与模式》

作者:[德] Joachim Goll

书号:9787302450993

出版社:清华大学出版社

Joachim Goll 教授不仅有多年的计算机软件工作经验,同时还在德国 Esslingen 应用技术大学创建了软件专业,1994 年他还建立了 Steinbeis-Transferzentrum Systemtechnik 软件公司。

本书首先介绍了一些基本原则,接着讲解如何把这些面向对象的原则运用到系统架构和设计模式中。所有这些讲解都配有 Java 语言的程序实例。在讲解设计原则之后,本书重点探讨了系统架构和设计模式,通过附带的实例,读者可以从中选择适合自己系统的模式。书中的一些实例只截取了部分代码,完整的实例可以从相应的网站上查看。

本书的目标是让读者掌握系统架构和模式的基本原理与实际应用,书中的实例都以 Java 语言为基础。在讲解模式中类和类之间的静态关系或者是对象之间的动态关系时,均借助 UML 进行描述。所以,读者应该具备 Java 语言和 UML 的基础知识。

书中的图标表示对相应的内容做简短的总结。图标提醒读者,这是在实际开发过程中经常容易导致错误的地方。

第4篇　项目维护和管理

第 12 章　软件维护
第 13 章　软件项目管理

软 件 维 护

导读

　　在软件产品被开发出来并交付用户使用之后，就进入了软件的运行维护阶段，这个阶段是软件生命周期最后，也是最长的一个阶段，维护工作量占软件生命周期的 70% 以上，其基本任务是保证软件在一个相当长的时期内能正常运行。

　　软件维护需要的工作量很大，平均来说，大型软件的维护成本高达开发成本的 4 倍左右。目前，国外许多软件开发组织把 60% 以上的人力用于维护已有的软件；而且，随着软件数量的增多和使用寿命的延长，这个比例还在持续上升。

　　软件工程的目的是提高软件的可维护性，减少软件维护所需要的工作量，降低软件系统的总成本。

　　虽然没有把维护阶段进一步划分成更小的阶段，但实际上每项维护活动都应该经过提出维护要求（或报告问题）、分析维护要求、提出维护方案、审批维护方案、确定维护计划、修改软件设计、测试及修改程序、复查验收等一系列步骤。因此，软件维护实质上是经历了一次压缩和简化了的二次软件定义和开发的全过程。

12.1　软件维护的定义

所谓软件维护,就是在软件已经交付使用之后为了改正错误或满足新的需要而修改软件的过程。可以通过描述软件交付使用后可能进行的 4 项活动,具体地定义软件维护。

1. 改正性维护

软件测试不可能暴露大型软件系统中所有可能潜藏的错误,因此用户在软件的使用中也会发现程序中的错误,并且把遇到的问题报告给维护人员。诊断和改正错误的过程称为改正性维护。改正性维护占全部维护活动的 17%～21%。

2. 适应性维护

计算机科学领域发展迅速,硬件和软件更新快,时常会增加或更新外部设备和其他系统部件;此外,应用软件的使用寿命远远长于开发该软件时的运行环境寿命。因此,适应性维护是为了和变化了的环境(包括外部环境和数据环境)适当地配合而进行的修改软件的活动,是既必要又经常的维护活动。适应性维护占全部维护活动的 18%～25%。

3. 完善性维护

在使用软件的过程中,为了满足用户提出的增加新功能或修改已有功能的要求和一般性的改进要求,需要进行完善性维护。这些新添的或改进的要求包括功能和性能的要求。完善性维护占全部维护的 50%～66%。

4. 预防性维护

"把今天的方法学应用于昨天的系统以满足明天的需要。"预防性维护就是为了未来的可维护性或可靠性,或为了给未来的改进奠定更好的基础而修改软件的过程。该维护方法采用先进的软件工程方法对需要维护的软件或软件中的某一部分主动进行重新设计、编码和测试。这类维护活动相对于其他 3 类维护活动来说比较少,占全部维护的 4% 左右。

通常,生成 100% 可靠的软件并不一定合算,成本太高。但通过使用新技术,可大大减少进行改正性维护的需要;适应性维护不可避免,可以控制;用前两类维护中列举的方法也可以减少完善性维护。在这 4 类维护活动中,只有预防性维护是主动的,其他维护活动都是被动的。

应该注意,上述 4 类维护活动都必须应用于整个软件配置,维护软件文档和维护软件的可执行代码是同样重要的。

12.2　软件维护的特点

虽说软件维护相当于软件的二次开发,但是,和前一次的软件开发还是有区别的,它是对运行中的软件进行维护。影响维护工作量的因素主要有以下 6 个。

（1）运行软件系统的规模。

（2）开发软件的程序设计语言。

（3）运行软件系统的年龄大小。

（4）数据库技术的应用水平。

（5）所采用的软件开发技术及软件开发工程化的程度。

（6）其他方面，如应用的类型、数学模型、任务的难度、if 嵌套的深度、索引或下标数等，对维护工作量也都有影响。

12.2.1　结构化维护与非结构化维护的差别巨大

1. 非结构化维护

如果软件配置的唯一成分是程序代码，那么维护活动从艰苦地评价程序代码开始，而且常常由于程序内部文档不足而使评价更困难。具体地说，对软件结构、全程数据结构、系统接口、性能、设计约束等经常会产生误解，没有测试文档会导致不能进行回归测试，因而对程序代码所做的改动的后果很难估计。

可见，非结构化维护需要付出很大的代价，这种维护方式是没有使用良好定义的方法学开发出来的软件的必然结果。

2. 结构化维护

如果有一个完整的软件配置存在，那么维护工作从评价设计文档开始，确定软件重要的结构特点、性能特点以及接口特点；估量要求的改动将带来的影响，并且计划实施途径。

（1）修改设计并且对所做的修改仔细复查。

（2）编写相应的源程序代码。

（3）使用测试说明书中包含的信息进行回归测试。

（4）把修改后的软件再次交付使用。

结构化维护是在软件开发的早期应用软件工程方法学的结果。虽然有软件的完整配置并不能保证维护活动中不会出现问题，但是，确实能减少精力的浪费，并且能提高维护的总体质量。此外，从软件工程的目的出发，早期的软件开发就应该考虑软件的可维护性。

12.2.2　维护的代价高昂

在过去的几十年中，软件维护的费用稳步上升。1970 年用于维护已有软件的费用只占软件总预算的 35%～40%；1980 年上升为 40%～60%；1990 年上升为 70%～80%。

维护费用只不过是软件维护最明显的代价，其他一些不明显或无形的代价也会让维护付出很大的代价。

（1）维护任务必须消耗一些可用的资源（包括人力资源），会耽搁甚至失去开发的良机。

（2）看来合理的有关改错或修改的要求不能及时满足会引起用户的不满情绪。

（3）维护中的变动在软件中会引入潜在的错误，从而降低软件的质量。

（4）维护中文档变更不一致，会影响本次或进一步的维护。

（5）维护的被动性会影响维护人员的积极性，导致不严谨的维护，影响软件的质量。

（6）维护的最后一个代价是生产率的大幅降低，这种情况在维护旧系统时常常发生。

用于维护工作的劳动可以分为生产性活动（如分析评价、修改设计和编写程序代码等）和非生产性活动（如读程序代码，解释数据结构、接口特点和性能限度等）。下面给出一个估算维护工作量的模型：

$$M = P + K \times \exp(c - d)$$

其中，M 是维护用的总工作量，P 是生产性工作量，K 是经验常数，c 是复杂程度（非结构化设计和缺少文档都会增加软件的复杂程度），d 是维护人员对软件的熟悉程度。

因此，以上模型表明，未采用先进的软件工程开发方法和未采用适合的开发工作，加上软件系统原开发人员不参与维护，维护工作量和费用将呈指数级增长。

12.2.3 维护的问题很多

与软件维护有关的绝大多数问题都可归因于软件定义和软件开发的方法存在缺点。在软件生命周期的前两个时期没有严格而科学的管理和规划，几乎必然导致后几个阶段出现问题。下面列出软件维护中经常出现的问题。

（1）理解别人写的程序通常非常困难，而且困难程度随着软件配置成分的减少迅速增加。如果没有代码说明，问题会更严重。

（2）需要维护的软件往往没有合格的文档，或者文档资料显著不足。

（3）当要求对软件进行维护时，不能指望由开发人员给维护人员仔细说明软件。

（4）绝大多数软件在设计时没有考虑将来的维护。

（5）软件维护不是一项吸引人的工作（大多数维护是被动的，且容易受挫）。

不能说科学的方法学能解决软件维护中的一切问题，但是至少能解决部分问题。

12.3 软件维护过程

维护过程本质上是修改和压缩了的软件定义和开发过程，而且事实上远在提出一项维护要求之前，与软件维护有关的工作就已经开始了。

（1）必须建立一个维护组织。明确维护职责，减少维护中可能出现的混乱。

（2）必须确定报告和评价的过程。计划是维护工作的基础，由维护组织内部制定软件修改报告，内容应包括以下几点。

① 满足维护要求表中提出的要求所需要的工作量。

② 维护要求的性质。

③ 维护要求的优先次序。

④ 与维护有关的事后数据。

（3）必须为每个维护要求规定一个标准化的事件序列。图 12.1 描绘了由维护要求引发的一系列事件。

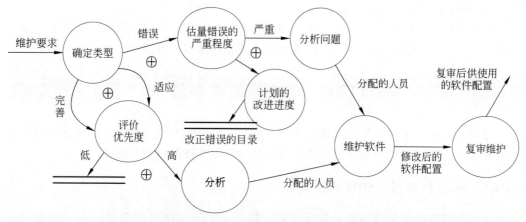

图 12.1　由维护要求引发的一系列事件

① 确定维护类型。用户可将其看作改正性维护，但开发人员可能认为是适应性或完善性维护。存在不同意见时，必须协商解决。

② 对改正性维护要求的处理，从估量错误的严重程度开始。如果是严重错误（如一个关键功能不能执行），则在系统管理员的指导下分派人员，立即开始分析问题过程；如果不严重，那么，改正性维护和其他要求软件开发资源的任务一起统筹安排。

③ 适应性维护和完善性维护的要求沿着系统的事件流通路前进。行进前应确定每个维护要求的优先次序，并安排要求的工作时间范围。

④ 不管维护类型如何，都需要进行同样的技术工作，包括修改软件设计、复查、修改必要的代码、单元测试、集成测试（包括用以前测试方案的回归测试）、验收测试和复审。

⑤ 维护事件流中的最后一个事件是复审，在此检验软件配置所有成分的有效性，并且保证事实上满足了维护要求表中的要求。

（4）应该建立一个适用于维护活动的记录保管过程。维护记录可以包括下述内容：程序标识，源语句数，机器指令条数，使用的程序设计语言，程序安装的日期，自从安装以来程序运行的次数，程序变动的层次和标识，因程序变动而增加的源语句数，因程序变动而删除的源语句数，每个改动耗费的人·时数，程序改动的日期，软件工程师的名字（确定执行者和责任人），维护要求表的标识，维护类型，维护开始和完成的日期，累计用于维护的人时数，与完成的维护相联系的纯效益等。

应该为每项维护工作收集上述数据，构成一个维护数据库的基础，并且对它们进行评价。

（5）规定复审标准，即评价维护活动。至少从 7 个方面度量维护工作。

① 每次程序运行的平均失效次数。

② 用于每类维护活动的总人·时数。

③ 平均每个程序、每种语言、每种维护类型所做的程序变动数。

④ 维护过程中增加或删除一个源语句平均花费的人时数。

⑤ 维护每种语言平均花费的人时数。

⑥ 一张维护要求表的平均周转时间。

⑦ 不同维护类型所占的百分比。

根据对维护工作定量度量的结果,可以做出关于开发技术、语言选择、维护工作量规划、资源分配及其他多方面的决定,并且可以利用这些数据评价维护任务。

12.4 软件的可维护性

可以把软件的可维护性定性地定义为:维护人员理解、改正、改动或改进这个软件的难易程度。提高可维护性是支配软件工程方法学所有步骤的关键目标。

12.4.1 决定软件可维护性的因素

决定软件可维护性的因素主要有以下 8 个,这些因素之间可能相辅相成,也可能相互抵触。因此,在实际考虑时不能走极端。

1. 可理解性

软件可理解性表现为外来读者理解软件的结构、功能、接口和内部处理过程的难易程度。

模块化(模块结构良好,高内聚,松耦合)、详细的设计文档、结构化设计、程序内部的文档和良好的高级程序设计语言等,都对提高软件的可理解性有重要贡献。

2. 可测试性

可测试性表明发现程序中错误的容易程度。良好的文档对论证和测试至关重要。此外,软件结构、可用的测试工具和调试工具,以及以前设计的测试过程也都非常重要。维护人员应该能够得到在开发阶段用过的测试方案,以便进行回归测试。

对于程序模块来说,可以用程序复杂度度量它的可测试性。模块的环形复杂度越大,可执行的路径越多,因此全面测试它的难度就越大。

3. 可修改性

可修改性表明程序容易修改的程度。一个可修改的程序应当是可理解的、通用的、灵活的、简单的。

软件容易修改的程度与第 8 章讲过的设计原理和启发规则直接相关。耦合、内聚、信息隐藏、局部化、控制域与作用域的关系等,都影响软件的可修改性。

4. 可靠性

可靠性表明一个程序按照用户的要求和设计目标,在给定的一段时间内正确执行的概率。度量的标准主要有平均无故障时间(MTTF)和平均修复时间(MTTR)。

其中,MTTF 的计算方法是总的正常运行时间/故障次数,即 $MTTF = \sum T_1 / N$。该值越大,表示系统的可靠性越高,平均无故障时间越长;MTTR 的计算方法是总的故障时间/故障次数,即 $MTTR = \sum (T_2 + T_3) / N$,该值越小,表示程序的易恢复性越好。

5. 可移植性

软件可移植性指的是把程序从一种计算环境(硬件配置和操作系统)转移到另一种计算环境的难易程度。

把与硬件、操作系统以及其他外部设备有关的程序代码集中放到特定的程序模块中,可以把因环境变化而必须修改的程序局限在少数程序模块中,从而降低修改的难度。

6. 可使用性

可使用性是指程序实用、易于操作、可容错的程度。一个可使用的程序应是易于使用的、能允许用户出错和改变,并尽可能不使用户陷入混乱状态的程序。

7. 效率

效率表明一个程序能执行预定功能,而又不浪费机器资源的程度。这些机器资源包括内存容量、外存容量、通道容量和执行时间。

8. 可重用性

可重用性是面向对象软件工程中特有的软件可维护性因素。所谓重用,是指同一事物不做修改或稍加改动就在不同环境中多次重复使用。大量使用可重用的软件开发软件,可从两个方面提高软件的可维护性。

(1) 软件中使用的可重用性构件越多,软件的可靠性越高,改正性维护需求就越少。

(2) 可重用软件易修改,在新环境中的再应用、适应性和完善性也就越容易。

决定软件可维护性因素在各类维护中的侧重点见表 12.1。

表 12.1　决定软件可维护性因素在各类维护中的侧重点

因素	改正性维护	适应性维护	完善性维护
可理解性	√		
可测试性	√		
可修改性	√	√	
可靠性	√		
可移植性		√	
可使用性		√	√
效率			√
可重用性		√	√

12.4.2 软件文档

1. 编制软件文档的目的和作用

软件文档是影响软件可维护性的决定因素。由于长期使用的大型软件系统在使用过程中必然会经过多次修改,所以,软件文档对维护而言比程序代码更重要。

软件文档指与软件研制、维护和使用有关的材料,是以人们可读的形式出现的技术数据和信息,包括计算机列表和打印输出。

软件文档的目的和作用主要包括以下 6 个方面。

(1) 提高软件开发过程的能见度。

(2) 提高开发效率。

(3) 作为开发人员在一定阶段内的工作成果和结束标志。

(4) 记录开发过程中的有关技术信息,便于协调以后的软件开发、使用和维护。

(5) 提供对软件的运行、维护和培训的有关信息。

(6) 便于潜在用户了解软件的功能、性能等各项指标,为他们选购符合自己需求的软件提供依据。

2. 软件文档的概述

软件文档是在软件开发过程中产生的,与软件生命周期有密切关系,其中有些文件的编写工作可能要在若干个阶段中延续进行(前面各章已陆续介绍了软件生命周期各阶段相应文档的编制格式和跟踪开发的相关内容)。

(1) 可行性研究与计划阶段。确定该软件的开发目标和总的要求,进行可行性分析、成本-收益分析、制订开发计划,并完成应编制的文件。

(2) 需求分析阶段。对所设计的系统进行系统分析,确定软件的各项功能、性能需求和设计约束,确定对文件编制的要求。作为本阶段工作的结果,一般应编写出软件需求说明书、数据要求说明书和初步的用户手册。

(3) 设计阶段。提出并分析每个设计能履行的功能并进行相互比较,最后确定一个设计,包括该软件的结构、模块的划分、功能的分配以及处理流程。应完成的文件包括概要设计说明书、详细设计说明书和测试计划的初稿等。

(4) 编码阶段。完成源程序的编码、编译和排错调试,得到无语法错误的程序清单,并且完成用户手册、操作手册和测试计划的编制。

(5) 测试阶段。软件将被全面地测试,已编制的文件将被检查审阅;需要完成不同测试阶段(如单元测试、集成测试、系统测试等)的测试用例说明书和测试总结报告。作为开发工作的结束,所生产的程序、文件以及开发工作本身将逐项被评价,最后写出项目开发总结报告。

(6) 整个开发过程。开发集体要按月编写开发进度月报。

(7) 运行与维护阶段。软件将在运行使用中不断地被维护,根据新提出的需求进行必要而且可能的扩充和删改。

表 12.2 列出了软件生命周期各阶段需要完成的软件文档(根据软件规模,文档可进行适当裁剪)。

表 12.2 软件生命周期各阶段需要完成的软件文档

文　档	阶　段					
	可行性研究与计划	需求分析	设计	编码	测试	运行与维护
可行性研究报告	✓					
项目开发计划	✓	✓				
软件需求说明书		✓				
数据要求说明书		✓				
测试计划		✓	✓	✓		
概要设计说明书			✓			
详细设计说明书			✓			
数据库设计说明书			✓			
模块开发卷宗				✓	✓	
用户手册		✓	✓	✓		
操作手册			✓	✓		
测试总结报告					✓	
开发进度月报	✓	✓	✓	✓	✓	
项目开发总结					✓	
软件问题报告						✓

测试计划分别在需求分析、设计和编码阶段完成。其中,需求分析阶段完成确认测试计划,设计和编码阶段完成集成测试计划和单元测试计划;用户手册从需求分析阶段开始编制初稿,在编码阶段完成;开发进度月报贯穿软件开发始终;运行与维护阶段对需求进行扩展和删改,需要维护软件需求说明书之后的所有文档。

3. 软件文档的编制

文档编制是一个不断努力的工作过程,是一个从形成最初轮廓,经反复检查和修改,直到程序和文件正式交付使用的完整过程。

要保证文档编制的质量,体现每个开发项目的特点,编制中考虑的因素须包括软件文档的读者、软件文档的重复性,以及软件文档的分类。

1) 软件文档的读者

每个软件文档都有特定的读者(见表 12.3),主要包括以下 4 种类型。

(1) 个人或小组。

(2) 软件开发单位成员或社会上的公众。

(3) 从事软件工作的技术人员。

(4) 管理人员或干部。

注意,软件文档的编写必须适应特定读者的水平、特点和要求。

表 12.3　软件文档对应的读者列表

文　档	读　者			
	管理人员	开发人员	维护人员	用户
可行性研究报告	√	√		
项目开发计划	√	√		
软件需求说明书		√		
数据要求说明书		√		
测试计划		√		
概要设计说明书		√	√	
详细设计说明书		√	√	
数据库设计说明书		√	√	
模块开发卷宗	√		√	
用户手册				√
操作手册				√
测试总结报告		√	√	
开发进度月报	√			
项目开发总结	√			
软件问题报告			√	

各类软件文档的读者通过软件文档进行沟通,如图 12.2 所示。

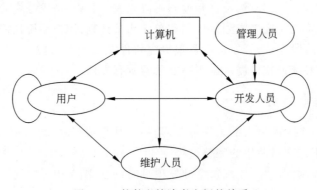

图 12.2　软件文档读者之间的关系

2) 软件文档的重复性

各个文档在内容上应该有一定的重复性。

(1) 为了方便每种文档各自的读者,每种产品文档都应该自成体系。

(2) 避免读一种文档时,又不得不参考另一种文档。

较明显的重复有两种类型。

(1) 引言。它是每种文档都包含的内容,以向读者提供总的梗概。

（2）各种文档中的说明部分。对功能、性能的说明，对输入和输出的描述，系统中包含的设备说明等。

3）软件文档的分类

总的来说，软件文档应满足以下要求。

（1）必须描述如何使用这个系统。没有系统描述，即使是最简单的系统，也无法使用。

（2）必须描述怎样安装和管理这个系统。

（3）必须描述系统的需求和设计。

（4）必须描述系统的实现和测试，以使系统成为可维护的系统。

根据软件文档应满足的要求，可以将软件文档分为用户文档和系统文档两类。

（1）用户文档。

用户文档主要描述系统功能和使用方法，并不关心这些功能是怎样实现的。用户文档是用户了解系统的第一步，应该能使用户获得对系统的准确的初步印象。用户文档的结构方式应该使用户能够方便地根据需要阅读相关内容。

用户文档至少应该包括以下 5 个方面的内容。

① 功能描述。说明系统做什么。

② 安装文档。说明怎样安装这个系统以及怎样使系统适应特定的硬件配置。

③ 使用手册。简要说明如何使用系统。

④ 参考手册。详尽描述用户可以使用的所有系统设施以及它们的使用方法，还应该解释系统可能产生的各种出错信息的含义（对参考手册最主要的要求是完整，通常使用形式化的描述技术）。

⑤ 操作员指南。说明操作员应如何处理使用中出现的各种情况。

上述内容可以分别作为独立的文档，也可以作为一个文档的不同分册，具体做法应该由系统规模决定。

（2）系统文档。

系统文档描述系统分析、设计、编码和测试等各方面的内容，从问题定义、需求说明到验收测试计划这样一系列和系统实现有关的文档。

系统文档至少应该包括以下 4 个方面的内容。

① 文档的目的：描述系统设计、编码和测试的文档对理解程序和维护程序来说很重要。

② 文档的结构：能把读者从对系统概貌的了解，引导到对系统每个方面每个特点更形式化更具体的认识。

③ 参考手册：详尽描述用户可以使用的所有系统设施以及它们的使用方法，还应该解释系统可能产生的各种出错信息的含义。

④ 操作员指南：说明操作员应如何处理使用中出现的各种情况。

上述内容可以分别作为独立的文档，也可以作为一个文档的不同分册，具体做法应该由系统规模决定。

4. 软件文档的质量要求

由于不同软件在规模和复杂程度上差别很大,因此软件文档的内容应具有灵活性。

(1) 应编制的文档种类。

(2) 文档的详细程度。

(3) 文档的扩展。

(4) 节的扩张与缩并。

(5) 程序设计的表现形式。

(6) 文档的表现形式。

(7) 文档的其他种类。

GB/T 8567—2006《计算机软件产品开发文件编制指南》给出了软件文档的编制提示,同时也给出了这些文档编写质量的检验准则。

高质量的软件文档应当体现出以下方面。

(1) 针对性。应分清读者对象,根据不同类型、不同层次的读者,决定如何适合和满足他们的要求。

(2) 精确性。文档的行文应十分确切,不能出现多义性的描述。

(3) 清晰性。文档的编写力求简明,如配以适当图表增强清晰性。

(4) 完整性。任何一个文档都应是完整的、独立的,应自成体系。

(5) 灵活性。各个不同的软件项目,其规模和复杂程度都有许多实际差别,不能一概而论。

(6) 可追溯性。由于各开发阶段编制的文档与各阶段完成的工作有密切的联系,因此前后两个阶段生成的文档有一定的承接关系。

12.4.3 可维护性复审

软件的可维护性是所有软件都应该具备的基本特点,必须在开发阶段保证软件具有12.4.1 节中提到的可维护性因素。在软件工程过程的每个阶段,都应该考虑并努力提高软件的可维护性,在每个阶段结束前的技术审查和管理复审中,应该着重对可维护性进行复审。

(1) 在需求分析阶段的复审过程中,应该对将来要改进的部分和可能会修改的部分加以注意并标注;应该讨论软件的可移植性问题;并且考虑可能影响软件维护的系统界面。

(2) 在正式和非正式的设计复审期间,应该从容易修改、模块化和功能独立的目标出发,评价软件的结构和过程;设计中应该对将来可能修改的部分预作说明和准备。

(3) 代码复审应该强调编码风格和内部说明文档等影响可维护性的因素。

(4) 在设计和编码过程中应该尽量使用可重用的软件构件,如果需要开发新的构件,要注意提高新构件的可重用性。

(5) 每个测试步骤都可以暗示在软件正式交付使用前程序中需要做预防性维护的部分。在测试结束时进行最正式的可维护性复审,即配置复审。配置复审的目的是为了保证软件配置的所有成分是完整的、一致的和可理解的,而且为了便于修改和管理,所有成分已经编目归档了。

完成每项维护工作后,都应该对软件维护本身进行仔细、严谨的复审。

维护应该针对整个软件配置,不应该只修改源代码程序。如果只修改源代码,而忽略了设计文档或用户手册中对应内容的修改,就会产生严重的后果。因此,每当对数据、软件结构、模块过程或任何其他相关的软件内容进行了修改,必须立即修改相应的技术文档。不能准确反映软件当前状态的设计文档可能比完全没有文档更差。

对软件配置进行严格的复审,可以大大减少文档的问题。事实上,某些维护要求可能并不需要修改软件设计或源代码,只是表明用户文档不准确或不明确,因此需要对软件开发过程中产生的软件文档做必要的维护。

软件问题报告示例

12.4.4 软件问题报告

在维护阶段需要编制的文档是软件问题报告,其书写格式可参考表 12.4 所示的模板。

表 12.4 软件问题报告参考模板

系统名称及版本			
模块名称及版本			
模块版本信息	（文件的创建日期、大小,其他相关文件信息等）		
报告人		联系电话	
发生日期		提交日期	
问题类型: □ 程序 □ 数据库 □ 文档 □ 其他			
要完成日期		实际完成日期	
问题描述/影响(问题发现过程与曾经处理过程):			
问题背景描述:			
问题严重性: □很严重:严重影响系统验收、投产,或正常运行 □严重:影响系统验收、投产,或正常运行 □一般:影响操作			
问题影响到下一步工作描述:			
受理人		受理时间	承诺解决时间

续表

受理人意见：			
修改人		完成时间	

问题解决过程以及解决办法描述：

问题解决结果并分析原因：

报告人认可程度：
　　　　□ 很满意　　　　□ 满意　　　　□ 不满意

12.5　预防性维护

由于一些仍在使用的十几年前开发的"老"系统在开发时没有使用比较先进的软件工程方法学指导，因此，系统的体系结构和数据结构无法进行适应性和完善性维护；此外，只有少量或没有相应的软件开发文档说明。

那么，如何对类似的"老"系统进行维护呢？为了修改这类程序，以适应用户新的或变更的需求，有以下几个方案可供选择。

（1）分析程序的内部工作细节，多次尝试在隐约的设计中强行修改源代码，以实现要求的修改。

（2）在深入理解原有设计的基础上，用软件工程方法重新设计、编码和测试那些需要变更的软件部分。

（3）以软件工程方法学为指导，对程序全部重新设计、编码和测试。为此，可以使用CASE 工具（逆向工程和再工程工具）帮助理解原有的设计。

方案（1）的做法比较盲目，效率低；此外，如果分析不到位，易引入新的错误。通常，用方案（2）和方案（3）实施对"老"系统的维护。

预防性维护方法是由 Miller 提出的，他把这种方法定义为："把今天的方法学应用到昨天的系统上，以支持明天的需求。"

在一个正在工作的程序版本已经存在的情况下重新开发一个大型系统是有必要的，应在条件具备的情况下主动进行预防性维护。

（1）维护一行源代码的代价可能是最初开发该行源代码代价的 14～40 倍。

（2）重新设计软件体系结构、程序以及数据结构时使用了现代设计概念，它对将来的系统维护会有很大的帮助。

（3）用现有的软件版本作为软件原型，将大大提高软件生产率的平均水平。

（4）用户具有较多使用该软件的经验，因此能够很容易地弄清新的变更需求和范围。

（5）利用逆向工程和再工程的工具，可以使一部分维护工作自动化。

（6）在完成预防性维护的过程中可以建立起完整的软件配置。

虽然由于条件所限，预防性维护在全部维护活动中仅占小的比例，但是，在实际软件维护中不应该忽视此类维护，在条件具备时应该主动进行预防性维护。

12.6　软件再工程过程

软件再工程是指对既存对象系统进行调查，并将其重构为新形式代码的开发过程。最大限度地重用既存系统的各种资源是再工程的最重要特点之一。

从软件重用方法学来说，如何开发可重用软件和如何构造采用可重用软件的系统体系结构是两个最关键的问题。

软件再工程是以软件工程方法学为指导，对程序全部重新设计、编码和测试，为此可以使用 CASE 工具（逆向工程和再工程工具）帮助理解原有的设计。在软件再工程的各个阶段，软件的可重用程度都将决定软件再工程的工作量。

软件再工程范型是一个循环模型，如图 12.3 所示。这意味着，作为该范围组成部分的每个活动都可能被重复，而且对于任意一个特定的循环来说，过程可以在完成任意一个活动之后终止。

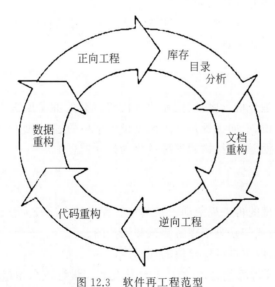

图 12.3　软件再工程范型

图 12.3 所示的模型包括 6 类活动。

1. 库存目录分析

每个软件组织都应该保存其拥有的所有应用系统的库存目录。目录包含关于每个应用系统的基本信息(例如,应用系统的名字、最初构建它的日期、已做过的实质性修改次数、过去 18 个月报告的错误、用户数量、安装它的机器数量、它的复杂程度、文档质量、整体可维护性等级、预期寿命、在未来 36 个月内的预期修改次数,以及业务重要程度等)。

对库中每个程序都做逆向工程或再工程是不现实的。下述 3 类程序有可能成为预防性维护的对象。

(1) 预定将使用多年的软件系统。

(2) 当前正在成功地使用着的软件系统。

(3) 在最近的将来可能做重大修改或增强的软件系统。

仔细分析库存目录,按照业务重要程度、寿命、当前可维护性、预期的修改次数等标准,把库中的应用系统排序,从中选出再工程的候选者,然后合理地分配再工程所需要的资源。

2. 文档重构

"老"系统固有的特点是缺乏文档。具体情况不同,处理这个问题的方法也不同。

(1) 建立文档非常耗费时间,不可能为数百个程序都重新建立文档。如果一个程序是相对稳定的,正在走向其有用生命的终点,不会再变化,那么,让它保持现状是一个明智的选择。

(2) 为了便于今后的维护,必须更新文档。但是,由于资源有限,应采用"使用时建文档"的方法,也就是说,不是一次性把某应用系统的文档全部都重建起来,而是只针对系统中当前正在修改的那些部分建立完整文档。

(3) 如果某应用系统是完成业务工作的关键,而且必须重构全部文档,则应该设法把文档工作减少到必需的最小量。

3. 逆向工程

软件的逆向工程是分析程序,以便在比源代码更高的抽象层次上创建出软件的某种表示的过程。也就是说,逆向工程是一个恢复设计结果的过程,逆向工程工具从现存的程序代码中抽取有关数据、体系结构和处理过程的设计信息。

4. 代码重构

代码重构是最常见的再工程活动。某些"老"程序具有比较完整、合理的体系结构,但是,个体模块的编码方式却是难于理解测试和维护的。

在这种情况下,可以重构可疑模块的代码。

(1) 用重构工具分析源代码,标注出和结构化程序设计概念相违背的部分。

(2) 重构有问题的代码(此项工作可自动进行)。

(3) 复审和测试生成的重构代码(保证没有引入异常)并更新代码文档。

通常,重构并不修改整体的程序体系结构,它仅关注某个个体模块的设计细节以及在模块中定义的局部数据结构。如果重构扩展到模块边界之外并涉及软件体系结构,则重构就变成了正向工程。

5. 数据重构

对数据体系结构差的程序很难进行适应性修改和完善性修改。事实上，对许多应用系统来说，数据体系结构对程序的长期生存力的影响比源代码本身大。

与代码重构不同，数据重构发生在相当低的抽象层次上，它是一种全范围的再工程活动。在大多数情况下，数据重构始于逆向工程活动，分解当前使用的数据体系结构，必要时定义数据模型，标识数据对象和属性，并从软件质量的角度复审现存的数据结构。

当数据结构较差时（例如，在关系型方法可大大简化处理的情况下，却使用纯文本文件实现），应对数据进行再工程。

由于数据体系结构对程序体系结构及程序中的算法有很大影响，因此对数据的修改必然导致体系结构或代码层的改变。

6. 正向工程

正向工程也称为革新或改造，这项活动不仅从现有程序中恢复设计信息，而且使用该信息改变或重构现有系统，以提高其整体质量。

正向工程过程应用软件工程的原理、概念、技术和方法重新开发某个现有的应用系统。在大多数情况下，再工程后的软件不仅重新实现现有系统的功能，而且加入了新功能，提高了整体性能。

12.7 随堂笔记

一、本章摘要

_____

_____

_____

_____

_____

_____

_____

_____

_____

二、练练手

（1）软件维护具有副作用，是指（　　）。

    A. 开发时的错误　　　　　　　　　　B. 隐含的错误

C. 因修改软件而造成的错误　　　　　　D. 运行时误操作

(2) 因计算机硬件和软件环境的变化而做出的修改软件的过程称为(　　　)。

　　A. 改正性维护　　　　　　　　　　　B. 适应性维护

　　C. 完善性维护　　　　　　　　　　　D. 预防性维护

(3) (　　　)是维护阶段的文档。

　　A. 软件规格说明　　　　　　　　　　B. 软件测试分析报告

　　C. 软件问题报告　　　　　　　　　　D. 用户操作手册

(4) 软件维护的副作用主要有(　　　)。

　　A. 编码副作用、数据副作用、测试副作用

　　B. 编码副作用、数据副作用、调试副作用

　　C. 编码副作用、数据副作用、文档副作用

　　D. 编码副作用、文档副作用、测试副作用

(5) 结构化维护与非结构化维护的主要区别在于(　　　)。

　　A. 软件是否结构化　　　　　　　　　B. 软件配置是否完整

　　C. 程序的完整性　　　　　　　　　　D. 文档的完整性

(6) 软件维护困难的主要原因是(　　　)。

　　A. 费用低　　　　　　　　　　　　　B. 得不到用户支持

　　C. 开发方法的缺陷　　　　　　　　　D. 人员少

(7) 可维护性的特性中,相互矛盾的是(　　　)。

　　A. 可理解性与可测试性　　　　　　　B. 效率与可修改性

　　C. 可修改性和可理解性　　　　　　　D. 可理解性与可读性

(8) 为了提高软件的可维护性或可靠性而对软件进行的修改为(　　　)维护。

　　A. 改正性　　　　　B. 适应性　　　　　C. 完善性　　　　　D. 预防性

(9) 面向维护的技术涉及软件开发的(　　　)。

　　A. 设计　　　　　　B. 编码　　　　　　C. 测试　　　　　　D. 所有

(10) 维护中因删除一个标识而引起的错误是(　　　)副作用。

　　A. 文档　　　　　　B. 数据　　　　　　C. 编码　　　　　　D. 设计

(11) 为了提高软件的可维护性,在编码阶段应注意(　　　)。

　　A. 保存测试用例和数据　　　　　　　B. 提高模块的独立性

　　C. 文档的副作用　　　　　　　　　　D. 养成良好的程序设计风格

(12) 游戏软件的升级属于(　　　)。

　　A. 改正性　　　　　B. 适应性　　　　　C. 完善性　　　　　D. 预防性

(13) 下列文档与维护人员有关的是(　　　)。

　　A. 软件需求说明书　　　　　　　　　B. 项目开发计划

　　C. 概要设计说明书　　　　　　　　　D. 操作手册

(14) 软件维护的成本(　　　)软件开发的成本。

　　A. 低于　　　　　　B. 差不多　　　　　C. 高于　　　　　　D. 不好说

(15) 为了降低维护的难度和成本,可采取的测试有(　　)。

    A. 设计和实现没有错误的软件

    B. 限制修改范围

    C. 在软件开发中采取有利于维护的测试,并加强维护管理

    D. 增加维护人员

三、动动脑

(1) 预测"机票预订系统"交付用户后,用户可能提出的改进或扩充功能的要求。如果由你开发这个系统,为了便于将来的系统维护,你在设计和实现时会采取哪些措施?

(2) 理解软件再工程和预防性维护的出发点,并结合"机票预订系统"进行深入研究。

四、读读书

《软件再工程:优化现有软件系统的方法与实践》

作者:〔美〕Bradley Irby

书号:9787111448815

出版社:机械工业出版社

再工程领域的集大成之作,由有 20 余年实践经验的杰出 CTO、资深软件架构师 Bradley Irby 撰写。

本书结合真实案例和示例代码,充分展示探究旧有代码真实状态,制订再工程计划,引入最新的工具和方法,以提升性能的思维、方法和最佳实践,从而将新架构以及开发进展集成到不可离线的关键业务系统中。

随着软件使用时间的增长,很多应用和系统迅速落后于现实应用世界,而且变得脆弱:难于修复、管理、使用和改进。作者结合多年软件再工程经验,着重介绍了如何在不影响生产和服务的前提下,将新的架构和先进的特性集成到既有的关键业务系统的最佳实践,使代码获得新生。

本书使用一种循序渐进的方法,结合大量代码和案例,传授使系统变得更可靠、实用和易于维护的技术,为企业经济、便捷地解决系统老化问题提供方法指南。

覆盖的内容包括:在不破坏软件的前提下,将旧版 .NET 软件迁移到更加灵活、广泛和可维护的架构中;采用 MVC、MVP 和 MVVM 模式重构 Web 应用程序。

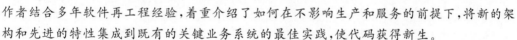

软件项目管理

导读

软件项目管理的对象是软件工程项目。它所涉及的范围覆盖了整个软件工程过程。为使软件项目的开发获得成功,关键问题是必须对软件项目的工作范围、可能风险、需要资源(人、硬件/软件)、要实现的任务、经历的里程碑、花费的工作量(成本)、进度安排等做到心中有数。这种管理在技术工作开始之前就应开始,在软件从概念到实现的过程中继续进行,当软件工程过程最后结束时才终止。

软件项目管理是为了使软件项目能够按照预定的成本、进度、质量顺利完成,而对人员(People)、产品(Product)、过程(Process)和项目(Project)进行分析和管理的活动。

软件项目管理的根本目的是为了让软件项目(尤其是大型项目)的整个软件生命周期(从分析、设计、编码到测试、维护全过程)都能在管理者的控制之下,以预定成本按期、按质地完成软件交付用户使用。而研究软件项目管理是为了从已有的成功或失败的案例中总结出能够指导今后开发的通用原则和方法,同时避免前人的失误。

13.1　软件项目管理概述

13.1.1　项目及其特点

项目是为完成独特的产品、服务或成果所做的临时性任务。项目具有以下 6 个特点。

（1）具有明确的目标。

（2）具有临时性。

（3）具有独特性。

（4）是逐步完善的。

（5）使用的资源是受限制的。

（6）具有一定程度的不确定性。

以下 3 个都是项目。

（1）开发一个机票预订系统。

（2）举办一个跨年迎新晚会。

（3）策划一个自驾旅游。

而每天打扫教室卫生、处理航班订单或旅客投诉等，都不属于项目范畴。

13.1.2　软件项目管理简介

所谓的软件项目管理，就是通过计划、组织和控制等一系列活动，合理地配置和使用各种资源，以达到既定目标的过程。

软件项目管理主要有如下特点。

（1）管理的软件产品是无形的，且具有创造性。

（2）管理涉及的范围广，包括软件开发进度计划、人员配置与组织、项目跟踪与控制等，且没有标准的软件过程。

（3）软件项目风险大，工作量难于估算。

（4）软件项目应用到多方面的综合知识，特别是要涉及社会的因素、精神的因素、认知的因素，这比技术问题复杂得多。因此，项目管理是一项复杂的工作。

（5）人员配备情况复杂多变，组织管理难度大，需要集权领导和建立专门的项目组织。

（6）管理技术的基础是实践，为取得管理技术成果，必须反复实践。

13.1.3　软件项目管理职责和活动

1. 软件项目管理职责

软件项目管理的主要职责集中在项目实施部门和项目管理部门。项目实施部门主要是面对客户，针对具体的项目实施管理；项目管理部门则主要是对项目的实施提供支撑平台。软件项目管理的主要职责如下所示。

（1）制订计划。制订待完成的任务，确定具体的要求、资源、人力以及进度等。

（2）建立管理组织机构。为了保证计划的实施和任务的完成，需要建立分工明确的责任制机构。

（3）配备人员。配置各种层次的技术人员和管理人员。

（4）指导。鼓励和动员软件人员完成各自分配到的任务。

（5）检验。对照计划和标准，组织人员监督和检查实施情况。

2. 软件项目管理活动

软件项目管理活动通常包括以下任务。

（1）提出项目建议书。

（2）制订项目规划与进度。

（3）管理项目成本。

（4）监督和评审项目。

（5）分配和管理人员。

（6）拟定工作报告。

13.2　估算软件规模

软件项目管理先于任何技术活动，并且贯穿于软件的整个生命周期。软件项目管理过程从一组项目计划活动开始，而制订计划的基础是工作量估算和完成期限估算。

为了估算项目的工作量和完成期限，首先需要估算软件的规模。

估算技术一般有代码行（Line Of Code，LOC）和功能点（Function Point，FP）估算法，这是两种不同的估算技术，但它们有许多共同的特性。

（1）项目计划人员给出一个有界的软件范围的叙述，再由此尝试着把软件分解成一些小的可分别独立进行估算的子功能。

（2）对每个子功能估算其 LOC 或 FP（即估算变量）。

（3）把基线生产率度量用作特定的估算变量，导出子功能的成本或工作量。

（4）综合子功能的估算后，就能得到整个项目的总估算。

13.2.1　代码行技术

代码行技术是比较简单的定量估算软件规模的方法。依据以往开发类似产品的经验和历史数据，估计实现一个功能所需要的源程序行数。当有以往开发类似产品的历史数据可供参考时，估计出的数值还是比较准确的。把实现每个功能所需要的源程序行数累加起来，就可得到实现整个软件所需要的源程序行数。

为了使得对程序规模的估计值更接近实际值，可以由多名有经验的软件工程师分别做出估计。每个人都估计程序的最小规模（a）、最大规模（b）和最可能的规模（m），分别算出这 3 种规模的平均值（$\bar{a}$）、（$\bar{b}$）和（$\bar{m}$）之后，再用下式计算程序规模的估计值 L：

$$L = \frac{\bar{a} + 4\bar{m} + \bar{b}}{6}$$

用代码行技术估算软件规模时,当程序较小时,常用的单位是代码行数(LOC);当程序较大时,常用的单位是千行代码数(KLOC)。

代码行技术的优点:代码是所有软件开发项目都有的"产品",且很容易计算代码行数(许多程序开发环境都有代码行统计功能);有大量参考文献和数据。

代码行技术的缺点:源程序仅是软件配置的一个成分,由源程序度量软件规模不太合理;用不同语言实现同一个软件所需要的代码行数并不相同;不适用于非过程性语言。

13.2.2　功能点技术

功能点技术依据对软件信息域特性和软件复杂性的评估结果,估算软件规模。这种方法以功能点为单位度量软件规模。

1. 信息域特性

功能点技术定义了信息域的 5 个特性。

(1) 输入项数(Inp)。用户向软件输入的项数,给软件提供面向应用的数据。

(2) 输出项数(Out)。软件向用户输出的项数,向用户提供面向应用的信息,如报表和出错信息等,报表内的数据项不单独计数。

(3) 查询数(Inq)。查询即一次联机输入,它导致软件以联机输出方式产生某种即时响应。

(4) 主文件数(Maf)。逻辑主文件(数据的一个逻辑组合,可能是大型数据库的一部分,或是一个独立的文件)的数目。

(5) 外部接口数(Inf)。机器可读的全部接口(如磁盘或磁带上的数据文件)的数量,用这些接口把信息传送给另一个系统。

2. 估算功能点的步骤

估算功能点的步骤有 3 个。

(1) 计算未调整的功能点数 UFP。

首先,把产品信息域的每个特性(Inp、Out、Inq、Maf 和 Inf)都分类为简单级、平均级或复杂级,并根据其等级为每个特性分配一个功能点数(例如,一个简单级的输入项分配 3 个功能点、一个平均级的输入项分配 4 个功能点、一个复杂级的输入项分配 6 个功能点)。

然后,用下式计算未调整的功能点数 UFP:

$$\text{UFP} = a_1 \times \text{Inp} + a_2 \times \text{Out} + a_3 \times \text{Inq} + a_4 \times \text{Maf} + a_5 \times \text{Inf}$$

其中,$a_i(1 \leqslant i \leqslant 5)$是信息域特性系数,其值由相应特性的复杂级别决定,见表 13.1。

表 13.1　信息域特性系数值

特性系数	复杂级		
	简单	平均	复杂
输入系数 a_1	3	4	6
输出系数 a_2	4	5	7
查询系数 a_3	3	4	6
文件系数 a_4	7	10	15
接口系数 a_5	5	7	10

（2）计算技术复杂性因子 TCF。

这一步骤度量 14 种技术因素对软件规模的影响程度。这些元素包括高处理率、性能标准（如响应时间）、联机更新等。表 13.2 中列出了全部技术因素，并用 F_i（$1 \leqslant i \leqslant 14$）代表这些因素。根据软件的特点，为每个因素分配一个从 0（不存在或对软件规模无影响）到 5（有很大影响）的值。然后用下式计算技术因素对软件规模的综合影响程度 DI：

$$DI = \sum_{i=1}^{14} F_i$$

技术复杂性因子 TCF 由下式计算：

$$TCF = 0.65 + 0.01 \times DI$$

因为 DI 的值在 0～70，所以 TCF 的值为 0.65～1.35。

表 13.2　技术因素

序号	F_i	技术因素
1	F_1	数据通信
2	F_2	分布式数据处理
3	F_3	性能标准
4	F_4	高负荷的硬件
5	F_5	高处理率
6	F_6	联机数据输入
7	F_7	终端用户效率
8	F_8	联机更新
9	F_9	复杂的计算
10	F_{10}	可重用性
11	F_{11}	安装方便
12	F_{12}	操作方便
13	F_{13}	可移植性
14	F_{14}	可维护性

（3）计算功能点数 FP。

用下面的公式计算功能点 FP：

$$FP = UFP \times TCF$$

功能点技术的优点：与所用的编程语言无关，比代码行技术更合理。

功能点技术的缺点：在判断信息域特性复杂级别和技术因素的影响程度时主观因素较大，对经验依赖性较强。

13.3 工作量估算

软件估算模型使用由经验导出的公式预测软件开发工作量，工作量是软件规模（KLOC 或 FP）的函数，其单位通常是"人•月"（p•m）。

支持大多数估算模型的经验数据，都是从有限个项目的样本集中总结出来的，因此，没有一个估算模型可以适用于所有类型的软件和开发环境。

13.3.1 静态单变量模型

这类模型的总体结构形式如下：

$$E = A + B \times (ev)^C$$

其中，A、B 和 C 是由经验数据导出的常数，E 是以"人•月"为单位的工作量，ev 是估算变量（KLOC 或 FP）。

1. 面向 KLOC 的估算模型

1）Walston_Felix 模型

$$E = 5.2 \times (KLOC)^{0.91}$$

2）Bailey_Basili 模型

$$E = 5.5 + 0.73 \times (KLOC)^{1.16}$$

3）Boehm 简单模型

$$E = 3.2 \times (KLOC)^{1.05}$$

4）Doty 模型（在 KLOC＞9 时适用）

$$E = 5.288 \times (KLOC)^{1.047}$$

2. 面向 FP 的估算模型

1）Albrecht 和 Gaffney 模型

$$E = -13.39 + 0.0545 FP$$

2）Maston、Barnett 和 Mellichamp 模型

$$E = 585.7 + 15.12 FP$$

从上述模型可以看出，对于相同的 KLOC 或 FP 值，用不同的模型估算出的结果会不相同。因为这些模型多数是根据若干应用领域中的有限个项目的经验数据推导出来的，使用范围优先。因此，必须根据当前项目的特点选择适用的估算模型，并且根据需要适当

地调整(修改模型常数)估算模型。

13.3.2　动态多变量模型

动态多变量模型也称为软件方程式,是通过 4000 多个现代软件项目中收集的生产率数据推导出来的。该模型把工作量看作软件规模和开发时间这两个变量的函数。

动态多变量估算模型的形式如下:

$$E = (LOC \times B^{0.333}/P)^3 \times (1/t)^4$$

其中,E 是以"人·月"或"人·年"为单位的工作量;t 是以月或年为单位的项目持续时间;B 是特殊技术因子,它随着对测试、质量保证、文档及管理技术的需求的增加而缓慢增加,对于较小的程序(KLOC = 5～15),$B = 0.16$,对于超过 70 KLOC 的程序,$B = 0.39$;P 是生产率参数,它反映了下述因素对工作量的影响。

(1) 软件过程成熟度及管理水平。

(2) 使用良好的软件工程实践的程度。

(3) 使用的程序设计语言的级别。

(4) 软件环境的状态。

(5) 软件项目组的技术及经验。

(6) 应用系统的复杂程度。

开发实时嵌入式软件时,P 的典型值为 2000;开发电信系统和系统软件时,P 的典型值为 10000;对于商业应用系统来说,P 的值为 28000。可以从历史数据导出适用于当前项目的生产率参数值。

从公式可以看出,开发同一个软件(即 LOC 固定),把项目持续时间延长一些,可减少完成项目所需要的工作量。

13.3.3　COCOMO 2 模型

COCOMO 是构造性成本模型(Constructive Cost Model)的英文缩写。1981 年,Boehm B.W.在《软件工程经济学》中首次提出 COCOMO 模型。1997 年,Boehm B.W.等人提出的 COCOMO 2 模型是原始的 COCOMO 模型的修订版,它反映了 10 多年在成本估计方面所积累的经验。

COCOMO 2 给出了 3 个层次的软件开发工作量估算模型,这 3 个层次的模型在估算工作量时对软件细节考虑的详尽程度逐级增加。

3 个层次的估算模型分别是:

(1) 应用系统组成模型。这个模型主要用于估算构建原型的工作量,模型名字暗示在构建原型时大量使用已有的构件。

(2) 早期设计模型。这个模型适用于体系结构设计阶段。

(3) 后体系结构模型。这个模型适用于完成体系结构设计之后的软件开发阶段。

以后体系结构模型为例,介绍 COCOMO 2 模型。该模型把软件开发工作量表示成 KLOC 的非线性函数:

$$E = a \times \text{KLOC}^b \times \prod_{i=1}^{17} f_i$$

其中,E 是开发工作量(以"人·月"为单位),a 是模型系数,KLOC 是估计的源代码行数,b 是模型指数,$f_i (i = 1 \sim 17)$ 是成本因素。

每个成本因素都根据它的重要程度和对工作量影响的大小被赋予一定数值(称为工作量系数)。表13.3列出了 COCOMO 2 模型使用的成本因素及与之相联系的工作量系数。

表 13.3　成本因素及工作量系数

成 本 因 素	级　　别					
	甚低	低	正常	高	甚高	特高
产品因素						
要求的可靠性	0.75	0.88	1.00	1.15	1.39	
数据库规模		0.93	1.00	1.09	1.19	
产品的复杂程度	0.75	0.88	1.00	1.15	1.30	1.66
要求的可重用性		0.91	1.00	1.14	1.29	1.49
需要的文档量	0.89	0.95	1.00	1.06	1.13	
平台因素						
执行时间约束			1.00	1.11	1.31	1.67
主存约束			1.00	1.06	1.21	1.57
平台变动		0.87	1.00	1.15	1.30	
人员因素						
分析员的能力	1.50	1.22	1.00	0.83	0.67	
程序员的能力	1.37	1.16	1.00	0.87	0.74	
应用领域经验	1.22	1.10	1.00	0.89	0.81	
平台经验	1.24	1.10	1.00	0.92	0.84	
语言和工具经验	1.25	1.12	1.00	0.88	0.81	
人员连续性	1.24	1.10	1.00	0.92	0.84	
项目因素						
使用软件工具	1.24	1.12	1.00	0.86	0.72	
多地点开发	1.25	1.10	1.00	0.92	0.84	0.78
要求的开发进度	1.29	1.10	1.00	1.00	1.00	

与原始的 COCOMO 模型相比,COCOMO 2 模型使用的成本因素有下述变化,这些变化反映了软件行业取得的进步。

(1) 新增了4个成本因素,它们分别是要求的可重用性、需要的文档量、人员连续性

（即人员稳定程度）和多地点开发。

（2）略去了原始模型中的 2 个成本因素（计算机切换时间和设计时间）。

（3）某些成本因素（分析员的能力、平台经验、语言和工具经验）对生产率的影响（即工作量系数最大值与最小值的比率）增加了，另一些成本因素（程序员的能力）的影响减小了。

为了确定工作量方程中模型指数 b 的值，COCOMO 2 采用了更加精细的 b 分级模型，这个模型使用 5 个分级因素 $W_i(1 \leqslant i \leqslant 5)$，其中每个因素都划分成从甚低（$W_i = 5$）到特高（$W_i = 0$）的 6 个级别，然后用下式计算 b 的数值：

$$b = 1.01 + 0.01 \times \sum_{i=1}^{5} W_i$$

因此，b 的取值范围为 1.01～1.26。显然，这种分级模式比原始 COCOMO 模型的分级模式更精细、更灵活。

COCOMO 2 使用的 5 个分级因素如下所述。

（1）项目先例性。分级因素是指对于开发组织来说该项目的新奇程度。

（2）开发灵活性。分级因素反映出，为了实现预先确定的外部接口需求及为了及早开发出产品而需要增加的工作量。

（3）风险排除度。分级因素反映了重大风险已被消除的比例。

（4）项目组凝聚力。分级因素表明了开发人员相互协作时可能存在的困难。

（5）过程成熟度。分级因素反映了按照能力成熟度模型（参见 2.4 节）度量出的项目组织的过程成熟度模型。

在原始的 COCOMO 模型中，仅粗略地考虑了前两个分级因素对指数 b 值的影响。

工作量方程中模型系数 a 的典型值为 3.0，在实际工作中应该根据历史经验数据确定一个适合当前开发的项目类型的数值。

13.4　进　度　计　划

在实现一个软件项目之前，必须完成数以百计的小任务，其中一些小任务（不在关键路径上，参见 13.4.5 节）的完成时间如果没有严重拖延，就不会影响整个项目的完成时间；而其他"关键任务"完成的进度如果有拖延，会直接影响项目交付日期，管理人员应该高度关注这些"关键任务"。

项目管理者的目标是定义全部项目的任务，标识其中的关键任务，并跟踪这些关键任务的进展状况。因此，管理者必须制定一个足够详细的进度表，以便监督项目进度并控制整个项目的进程。

软件项目的进度安排是一种活动，它通过把工作量分配给特定的软件工程任务并规定完成各项任务的起止日期，从而将估算出的项目工作量分布于计划好的项目持续期内。

进度计划将随着时间的流逝而不断演化。

（1）在项目计划早期制定一个宏观的进度安排表，标识出主要的软件工程活动和这些活动影响到的产品功能。

（2）随着项目的推进，将宏观进度表精化成一个详细进度表，标识出完成一个活动必须完成的一组细化任务序列，并安排好这些任务的进度。

13.4.1　估算开发时间

估算出完成给定所需的总工作量后，接下来考虑需要多长时间完成项目的开发。如果一个项目的估算工作量是 20 人·月，则可能设想的进度表由 1 个人用 20 个月完成，10 个人用 2 个月完成，或者 4 个人用 5 个月完成。但是，实际上软件开发时间与从事开发工作的人数之间并不是简单的反比关系。

通常，成本估算模型提供了估算开发时间 T 的方程。与工作量方程不同，各种模型估算开发时间的方程很相似，例如：

（1）Walston_Felix 模型：

$$T = 2.5E^{0.35}$$

（2）原始的 COCOMO 模型：

$$T = 2.5E^{0.38}$$

（3）COCOMO 2 模型：

$$T = 3.0E^{0.33+0.2\times(b-1.01)}$$

（4）Putnam 模型：

$$T = 2.4E^{1/3}$$

其中，E 是开发工作量（以人·月为单位），T 是开发时间（以月为单位）。

用方程计算出的 T 值，代表正常情况下的开发时间。按常规想法，增加从事开发工作的人数以缩短开发时间。但是，经验告诉我们，随着开发小组规模的扩大，个体生产率将下降，以致开发时间与从事开发工作的人数并不成反比关系。出现这种现象主要有下述两个原因。

（1）当小组人数更多时，每个人需要用更多的时间与组内的其他成员讨论问题、协调工作，不仅增加了通信开销，也会延长开发时间。

（2）如果在开发过程中增加小组人员，新成员需要学习时间，以及与小组原有成员交流、磨合的时间，这样，最初一段时间内项目组的总生产率不仅不会提高，反而会下降。

Brooks 在《人月神话》中得出的 Brooks 规律解释了上述两个原因，即"向一个已经延期的项目增加人力，只会使得它更加延期"。

因此，项目组规模增大，项目总的生产率不一定会提高。它们之间会有怎样的关系？

项目组成员之间的通信路径数由成员人数和项目组结构决定。假如项目组有 P 名成员，每个成员必须与其他成员通信协调开发活动，则通信路径数为 $P(P-1)/2$；如果成员只需要与其他一名成员通信，则通信路径数为 $P-1$。

因此，项目组成员之间的通信路径数在 $P \sim P^2/2$ 变化，也就是说，在一个层次结构的项目组中，通信路径数为 $P^\alpha (1 < \alpha < 2)$。

项目组中的某一名成员与项目组中其他成员的通信路径数在 $1 \sim (P-1)$。如果不与任何成员通信时，个人生产率为 L，且每条通信路径导致生产率下降 l，则项目组个人成

员的平均生产率为

$$L_r = L - l(P-1)^r$$

其中，r 是对通信路径数的度量($0 < r \leqslant 1$)。因此，项目组总的生产率为

$$L_{out} = P[L - l(P-1)^r]$$

对于给定的 L、l 和 r 值，项目组总生产率 L_{out} 是项目组规模 P（通信路径数）的函数。随着 P 值的增大，L_{out} 将从 0 增大到某个值；然后，随着 P 继续增大，L_{out} 会下降。因此，存在一个最佳的项目组规模 P_{opt}，这个规模的项目组其总生产率最高。

【例 13-1】 假设项目组成员的最高生产率为 500LOC/月（即 $L=500$），每条通信路径导致生产率下降 10%（$l=50$）。如果项目组成员必须与所有其他成员通信（$r=1$），则项目组规模与项目组生产率的关系见表 13.4。

可见，在这种情况下，项目组的最佳规模是 5.5 人，即 $P_{opt}=5.5$。

事实上，不可能用"人力换时间"的办法无限缩短一个软件项目的开发时间。Boehm 根据经验指出，软件项目的开发时间最多可以减少到正常开发时间的 75%。如果要求一个软件项目的开发时间缩短过多，那么它的开发成功率几乎为零。

表 13.4　项目组规模与项目组生产率的关系

项目组规模	个人生产率	总生产率
1	500	500
2	450	900
3	400	1200
4	350	1400
5	300	1500
5.5	275	1512
6	250	1500
7	200	1400
8	150	1200

13.4.2　Gantt 图

Gantt（图）又称为条状图。通常通过条状图显示项目、进度，以及与其他时间相关的系统进展的内在关系随着时间进展的情况。

Gantt 图以图示通过活动列表和时间刻度表示出特定项目的顺序与持续时间，它是历史悠久、应用广泛的制订进度计划的工具。

【例 13-2】 完成旧木板房 4 面墙的刮漆和刷漆工程。说明：

(1) 第 2 面墙和第 4 面墙的长度比第 1 面墙和第 3 面墙的长度长 1 倍。

(2) 分配 15 名工人进行刮旧漆、刷新漆，以及清理残留油漆。

(3) 配备刮旧漆的刮板、刷新漆用的刷子，以及清理残漆的小刮刀各 5 把。

（4）各道工序估计用时见表 13.5。

表 13.5　各道工序估计用时（小时）

墙壁	工序		
	刮旧漆	刷新漆	清理残漆
1 或 3	2	3	1
2 或 4	4	6	2

怎样安排才能使工程更有效？

下面介绍此题的两种解法：

（1）按刮、刷和清理的工序次序分别对 4 面墙进行操作。虽然有 15 名工人，但是由于工具有限，所以在做任意一道工序时，都有 10 名工人处于空闲状态。

采用此方法完成工程需要 36 小时。

（2）采用"流水作业法"完成工程，如图 13.1 所示。

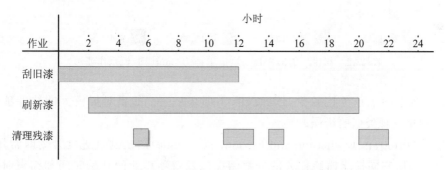

图 13.1　旧木板房刷漆工程的 Gantt 图（流水作业法）

① 5 名工人刮第 1 面墙的旧漆（10 名工人休息）。

② 第 1 面墙刮旧漆完毕，另 5 名工人刷新漆（拿刮板的工人刮第 2 面墙的旧漆，5 名工人休息）。

③ 第 2 面墙刮旧漆完毕，5 名刮旧漆工人开始第 3 面墙的刮旧漆工序；刷完 1 面墙新漆的 5 名工人就可以对第 2 面墙进行刷新漆；剩下的 5 名工人就可以对第 1 面墙进行清理残漆。

④ 如此安排，12 小时后刮完所有旧漆，20 小时后完成所有的刷漆工作，22 小时后，工程完毕。

Gantt 图的主要优点：Gantt 图能形象地描绘任务分解情况，以及每个子任务（作业）的开始和结束时间；具有直观简明和容易掌握、容易绘制的优点。

Gantt 图的主要缺点：不能显式地描绘各项作业彼此间的依赖关系；进度计划的关键部分不明确，难于判定哪些部分应当是主要的和主控的对象；计划中有潜力的部分及潜力的大小不明确，往往造成潜力的浪费。

13.4.3 PERT 图

软件项目在开发中往往会分解成许多子任务,而且子任务之间的依赖关系比较复杂,因此,仅用 Gantt 图规划项目进度是不合理的,不能做出既节省资源,又保证进度的计划,而且还容易产生差错。

例 13-2 中,图 13.1 中的第 2 面墙刮旧漆未毕,就开始刷新漆了,考虑到工序之间的顺序,图 13.2 才是正解。

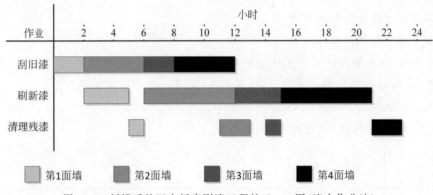

图 13.2 纠错后的旧木板房刷漆工程的 Gantt 图(流水作业法)

例 13-2 中的子任务比较少,依赖关系不那么复杂。如果对规模大的软件项目,用 Gantt 图很难发现类似的错误。

PERT(Program Evaluation and Review Technique)图是制订进度计划时常用的另一种图形工具,它同样能描绘任务的分解情况以及每项作业的开始时间和结束时间;此外,它能显式地描绘各个作业彼此间的依赖关系。因此,PERT 图是系统分析和系统设计强有力的工具。

在 PERT 图中,用箭头表示作业(例 13-2 中的刮旧漆、刷新漆以及清理残漆),用圆圈表示事件(一项作业的开始或结束)。需要明确的是,事件仅定义时间点,并不消耗时间和资源。

图 13.3 是用 PERT 图表示例 13-2 的工程网络(有向网,箭头由作业的起始事件指向作业的结束事件),图中表示刮第 1 面墙旧漆的作业开始于事件 1,结束于事件 2。用开始事件和结束事件的编号表示一个作业,即"刮第 1 面墙旧漆"是作业 1-2。

图 13.3 中的事件 2 既是作业 1-2(刮第 1 面墙旧漆)的结束,又是作业 2-3(刮第 2 面墙旧漆)和作业 2-4(刷第 1 面墙新漆)的开始。因此,工程网络能显式表示作业之间的依赖关系。同时,图 13.3 中还有一些虚箭头,表示虚拟作业,即实际上不存在的作业。虚拟作业的绘制只是为了显式表示作业之间的依赖关系,如虚拟作业 3-4 表示作业 2-3(刮第 2 面墙旧漆)和作业 4-6(刷第 2 面墙新漆)之间的依赖关系,这种依赖关系既不消耗资源,也不需要时间。同理,根据作业的描述可以绘制出其余的虚拟作业(虚拟作业 5-6、虚拟作业 6-7,以及虚拟作业 8-9)。

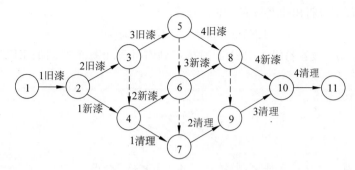

图 13.3　用 PERT 图描述的旧木板房刷漆工程的工程网络

1-2—刮第 1 面墙旧漆　　2-3—刮第 2 面墙旧漆　　2-4—刷第 1 面墙新漆　　3-5—刮第 3 面墙旧漆

4-6—刷第 2 面墙新漆　　4-7—清理第 1 面墙残漆　　5-8—刮第 4 面墙旧漆　　6-8—刷第 3 面墙新漆

7-9—清理第 2 面墙残漆　　8-10—刷第 4 面墙新漆　　9-10—清理第 3 面墙残漆　　10-11—清理第 4 面墙残漆

13.4.4　估算工程进度

绘制出工程网络后,系统分析师就可以借助它估算工程进度。为此,需要在 PERT 图上增加一些必要的信息。

(1) 估计每个作业需要使用的时间。箭头长度和它代表的作业持续时间没有关系,箭头仅表示依赖关系,它上方的数字才表示作业的持续时间。

(2) 最早时刻(EET)。该事件可以发生的最早时间。

(3) 最迟时刻(LET)。在不影响竣工时间的前提下,该事件最晚可以发生的时刻。

(4) 机动时间。实际开始时间可以比预定时间晚一些,或者实际的持续时间可以比预定的持续时间长一些,而并不影响工程的结束时间。

PERT 图中的作业和事件可以用图 13.4 中的符号具体化,以显示表示(1)~(4)所述的增加信息。图 13.5 是带有作业估计时间的工程网络。

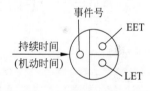

图 13.4　工程网络中作业和事件的信息说明

1. EET 的计算

事件的 EET 是该事件可以发生的最早时间。通常,工程网络中第一个事件的 EET 定义为零,其他事件的 EET 在 PERT 图上从左至右按事件发生的顺序计算。

计算 EET 使用下述 3 条简单规则。

(1) 考虑进入该事件的所有作业。

(2) 对于每个作业,计算它的持续时间与起始事件的 EET 之和。

(3) 选取上述和数中的最大值作为该事件的 EET。

图 13.5 是附上作业时间的 PERT 图(以旧木板房刷漆工程为例)。

从图 13.5 中可以看出,事件 2 只有一个作业(1-2)进入。因此,作业 1-2 结束,事件 2 就可以发生,即事件 2 的 EET 为 2。同理,事件 3 和事件 5 只有一个作业进入,事件 3 的 EET＝2＋4＝6;事件 5 的 EET＝6＋2＝8。事件 4 有两个作业(2-4 和 3-4)进入,按照上

述计算规则(3),可以得出事件 4 的 EET 为

$$EET = \max\{2+3, 6+0\} = 6$$

按照这种方法,很容易沿着 PERT 图从左到右计算出每个时间的 EET,计算结果如图 13.6 所示。

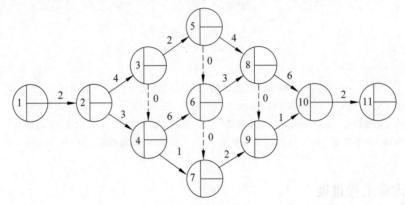

图 13.5　附上作业时间的 PERT 图(以旧木板房刷漆工程为例)

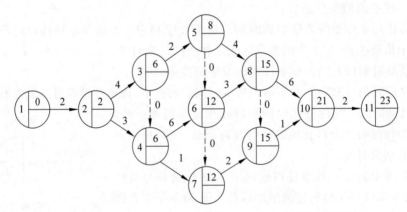

图 13.6　附上事件 EET 的 PERT 图(以旧木板房刷漆工程为例)

2. LET 的计算

事件的 LET 是在不影响工程竣工时间的前提下,该事件最晚可以发生的时刻。按惯例,工程网络中最后一个事件(工程结束,即该时间没有出去作业)的 LET 就是它的 EET。其他事件的 LET 在 PERT 图上从右至左按逆作业流的方向计算。

计算 LET 使用下述 3 条规则:

(1) 考虑离开该事件的所有作业。

(2) 从每个作业的结束事件的 LET 中减去该作业的持续时间。

(3) 选取上述差数中的最小值作为该事件的 LET。

图 13.6 中,事件 11 是结束事件,因此,它的 LET 和 EET 相同,值为 23。事件 10 的

LET＝事件 11 的 LET－2＝23－2＝21。类似地,事件 9 的 LET＝21－1＝20。事件 8 有两个出去作业(8-9 和 8-10),根据上述计算规则(3),可以得出 LET 为

$$LET = \min\{21-6, 20-0\} = 15$$

按照这种方法,很容易沿着 PERT 图从由右到左计算出每个时间的 LET,计算结果如图 13.7 所示。

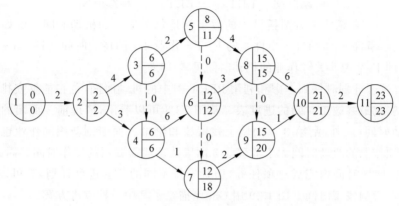

图 13.7　附上 LET 的 PERT 图(以旧木板房刷漆工程为例)

13.4.5　关键路径

EET 和 LET 相同的事件(机动时间为 0 的作业)定义了 PERT 图中的关键路径,在图中关键路径用粗线箭头表示,如图 13.8 所示。

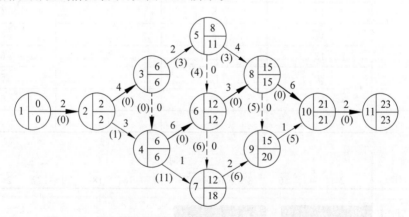

图 13.8　标注关键路径的 PERT 图(以旧木板房刷漆工程为例)

关键路径上的事件(关键事件)必须准时发生,组成关键路径的作业(关键作业)的实际持续时间不能超过估计的持续时间,否则工程就不能准时结束。

软件项目的管理人员应该密切注视关键作业的进展情况,如果关键事件出现的时间比预计的时间晚,那么,项目最终完成的时间会延后;如果希望缩短项目工期,只有往关键作业中投入更多的资源才会有效。

13.4.6 机动时间

某些作业有一定程度的机动余地,即实际开始时间可以比预定时间晚一些,或者实际持续时间可以比预定的持续时间长一些,但并不影响工程的结束时间。一个作业的全部机动时间的计算公式如下所示:

$$机动时间 = LET_{结束} - EET_{开始} - 持续时间$$

图 13.8 中作业箭头下方圆括号中的数字就是每个作业的机动时间。例如,作业 4-7 的机动时间=事件 7 的 LET-事件 4 的 EET-作业 4-7 的持续时间=18-6-1=11。

因此,例 13-2 中非关键作业的机动时间见表 13.6。

在制订进度计划时仔细考虑和利用 PERT 图中的机动时间,往往能够安排出既节省资源,又不影响最终竣工时间的进度表。从图 13.8 可以看出,清理前 3 面墙的作业有相当多的机动时间;此外,刮第 3、4 面墙上残留漆和给第 1 面墙刷新漆的作业也有机动时间,且后 3 项作业的机动时间大于清理前 3 面墙残留漆需要用的工作时间。因此,可以由 10 名工人在同样时间内完成这项任务,而且安排不同的几套进度计划,都可以既减少 5 名工人,又不影响竣工时间。图 13.9 用 Gantt 描绘了其中一种改进方案。

表 13.6　例 13-2 中非关键作业的机动时间

作　业	LET_{结束}	EET_{开始}	持续时间	机动时间
2-4	6	2	3	1
3-5	11	6	2	3
4-7	18	6	1	11
5-6	12	8	0	4
5-8	15	8	4	3
6-7	18	12	0	6
7-9	20	12	2	6
8-9	20	15	0	5
9-10	21	15	1	5

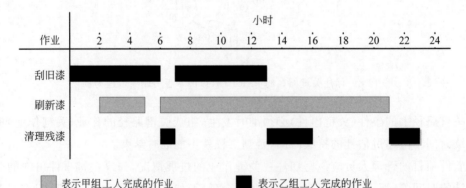

图 13.9　旧木板房刷漆工程改进的 Gantt 图之一

通过实例可以得出：Gantt 图简单、直观，表达明确且阅读难度相对较低，适合项目复杂度不高、子任务之间关系比较简单的项目管理；而 PERT 图表示的工程网络显式定义了子任务之间的依赖关系，适用于子任务很多、关系复杂的软件项目。

因此，在实际应用中可以同时使用两种工具制订和管理项目进度计划，使它们互相补充、取长补短。

13.5 质 量 保 证

13.5.1 软件质量

概括地说，软件质量就是"软件与明确地和隐含地定义的需求相一致的程度"。具体地说，软件质量是软件与明确地叙述的功能和性能需求、文档中明确描述的开发标准以及任何专业开发的软件产品都应该具有的隐含特征相一致的程度。该定义强调了下述 3 个要点。

(1) 软件需求是度量软件质量的基础，与需求不一致就是质量不高。

(2) 指定的开发标准定义了一组指导软件开发的准则，如果没有遵守这些准则，肯定会导致软件质量不高。

(3) 通常，有一组没有显式描述的隐含需求。如果软件满足明确描述的需求，但却不满足隐含的需求，那么软件的质量仍然是值得怀疑的。

虽然软件质量是软件的一种属性，难于定量度量，但是，仍然能够提出许多重要的软件质量指标(大多数还处于定性度量阶段)。

影响软件质量的主要因素是从管理角度对软件质量的度量。可以把这些质量因素分成 3 组，分别反映用户在使用软件产品时的 3 种不同倾向或观点。这 3 种倾向是：产品运行、产品修改和产品转移。

表 13.7 列出了软件质量因素的简明定义。

表 13.7 软件质量因素的简明定义

软件质量因素	定 义
准确性	系统满足规格说明和用户目标的程度，即预定环境下正确完成预期功能的程度
健壮性	当硬件发生故障、输入无效或误操作时，系统能做出适当响应的程度
效率	为了完成预定功能，系统需要资源的多少
完整性(安全性)	对未经授权的人使用软件或数据的企图，系统能控制(禁止)的程度
可用性	系统在完成预定功能时令用户满意的程度
风险	按预定的成本和进度把系统开发出来，且为用户满意的概率
可理解性	理解和使用系统的容易程度
可维护性	诊断和改正在运行现场发现的错误系统所需要的工作量大小
灵活性(适应性)	完善或适应运行环境的变化系统所需要的工作量大小

续表

软件质量因素	定　义
可测试性	系统容易出现的程度
可移植性	系统从一个配置环境转移到另一个配置环境需要的工作量大小
可再用性	在其他应用中系统能被再次使用的程度（或范围）
互运行性	把系统和另一个相关的系统结合起来使用需要的工作量大小

图 13.10 描绘了软件质量因素与产品活动的关系。

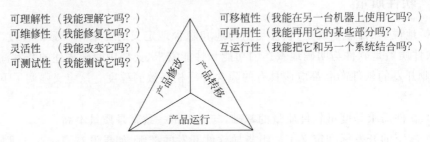

可理解性（我能理解它吗？）　　　可移植性（我能在另一台机器上使用它吗？）
可维修性（我能修复它吗？）　　　可再用性（我能再用它的某些部分吗？）
灵活性　（我能改变它吗？）　　　互运行性（我能把它和另一个系统结合吗？）
可测试性（我能测试它吗？）

正确性（它按我的需要工作吗？）
健壮性（它能适当地响应意外环境吗？）
效率　（完成预定功能时它需要的计算机资源多吗？）
完整性（它是安全的吗？）
可用性（我能使用它吗？）
风险　（能按预定计划完成它吗？）

图 13.10　软件质量因素与产品活动的关系

13.5.2　软件质量保证的措施

软件质量保证（Software Quality Assurance，SQA）的措施主要有以下 3 个。

（1）基于非执行的测试（复审或评审）：主要用来保证在编码之前各阶段产生的文档的质量。

（2）基于执行的测试（软件测试）：需要在程序编写出来之后进行，它是保证软件质量的最后一道防线。

（3）程序正确性证明：使用数学方法严格验证程序是否与它的说明完全一致。

参加软件质量保证工作的人员，可以划分为以下两类。

（1）软件工程师通过采用先进的技术方法和度量，进行正式的技术复审以及完成计划周密的软件测试以保证软件质量。

（2）SQA 小组辅助软件工程师获得高质量的软件产品，其从事的软件质量保证活动主要是计划、监督、记录、分析及报告等。

1．技术复审的必要性

正式技术复审的显著优点是，能够较早地发现软件错误，从而可防止错误被传播到软件过程的后续阶段。

统计数字表明,在大型软件产品中检测出的错误,60％～70％属于规格说明错误或设计错误,而正式技术复审在发现规格说明错误和设计错误方面的有效性高达75％。由于能够检测并排除绝大部分这类错误,因此复审可大大降低后续开发和维护阶段的成本。

正式技术复审是软件质量保证措施的一种,包括走查(walkthrough)和审查(inspection)等具体方法。走查的步骤比审查少,且没有审查正规。

2. 走查

走查组一般由4～6名成员组成。为了能发现重大错误,走查组成员最好是经验丰富的高级技术人员,需要研究被走查的材料,并填写不理解的术语表和认为不正确的术语表。

走查组组长引导该组成员走查文档,力求发现尽可能多的错误。走查组的任务仅是标记出错误,而不是改正错误。改正错误的工作应该由该文档的编写组完成。走查的时间最长不要超过2小时,这段时间应该用来发现和标记错误,而不是改正错误。

走查主要有下述两种方式:

(1) 参与者驱动法。文档编写组代表必须回答参与者事先准备好的不理解和认为不正确的术语表中提出的质疑,要么承认确实有错,要么对质疑进行解释。

(2) 文档驱动法。文档编写者向走查组成员解释文档,并在此期间回答或解释走查组成员提出的质疑。经验证明,使用该方法时,系统中的许多错误是文档讲解者自己发现的。

3. 审查

审查的范围比走查广泛,步骤也较多,通常包括以下5个步骤。

(1) 综述。由负责编写文档的一名成员向审查组综述该文档。

(2) 准备。评审员仔细阅读文档,列出发现的错误类型,并把错误类型分级。

(3) 审查。评审组仔细走查整个文档,审查组组长应该在一天内写出审查报告。

(4) 返工。文档的作者负责解决在审查报告中列出的所有错误及问题。

(5) 跟踪。组长必须确保所提出的每个问题都得到了圆满的解决。如果审查中返工量超过50％,则应该由审查组再对文档全面审查一遍。

通常,审查组由4人组成。组长既是审查组的管理人员,又是技术负责人,此外,审查组应包括一名SQA小组代表。审查过程不仅步数比走查多,而且每个步骤都是正规的。

4. 程序正确性证明

软件测试只能证明程序中有错误,并不能证明程序中没有错误。因此,对于保证软件可靠性来说,测试不是一种完善的技术,自然希望研究出完善的正确性证明技术。一旦研究出使用的正确性证明程序,软件可靠性将有保证,测试工作量也将大大减少。但是,即使程序有了正确性证明,软件测试仍旧需要,因为程序正确性证明只证明了程序功能是正确的,并不能证明程序的动态特性是符合要求的。此外,正确性证明本身也可能发生错误。

20世纪60年代初期,人们已经开始研究程序正确性证明的技术,提出了许多不同的技术方法。虽然这些技术方法本身很复杂,但是它们的基本原理确实相当简单。

如果在程序的若干个点上,设计者可以提出关于程序变量及它们的关系的断言,那么在每个点上的断言都应该永远是真的。假设在程序的 $P_1,P_2,\cdots,P_n$ 等点上的断言分别是 $a(1),a(2),\cdots,a(n)$,其中 $a(1)$ 必须是关于程序输入的断言,$a(n)$ 必须是关于程序输出的断言。为了证明 P_i 和 P_{i+1} 之间的程序语句是正确的,必须证明执行这些语句后使断言 $a(i)$ 变成 $a(i+1)$。如果程序内的所有相邻点都完成了上述证明,则证明了输入断言加上程序可以导出输出断言。如果输入断言和输出断言都是正确的,而且程序中不存在死循环(可终止的),则上述过程就可以证明程序是正确的。

人工证明程序正确性,对于评价小程序可能有些价值,但是在证明大型软件的正确性时,不仅工作量太大,更主要的是在证明的过程中很容易包含错误。因此,证明程序正确性是不实用的。为了实用的目的,必须研究能证明程序正确性的自动系统。

已经研究出证明PASCAL和LISP程序正确性的程序系统,并对这些系统进行了评价和改进。目前只能对较小的程序进行评价。

13.6　软件配置管理

在开发软件的过程中,变化或变动是必要的,也是不可避免的。但是,不能控制和管理变化,就会造成混乱,甚至产生许多严重的错误。

软件配置管理是在软件的整个生命期内管理变化的一组活动。具体地说,这组活动用来执行以下操作。

(1) 标识变化。

(2) 控制变化。

(3) 确保适当地实现了变化。

(4) 向需要知道这类信息的人报告变化。

软件配置管理与软件维护不同。软件维护是在软件交付给用户使用后才进行的;软件配置是在软件项目启动时就开始,并且一直持续到软件退役后才终止的一组跟踪和控制活动。

软件配置管理的目标是使变化更合理,并且更容易被控制和适应,在必须变化时尽量减少所花费的工作量。

13.6.1　软件配置

1. 软件配置项

软件过程的输出信息可以分为3类。

(1) 计算机程序(源代码和可执行程序)。

（2）描述计算机程序的文档（供技术人员或用户使用）。

（3）数据（程序内包含的或在程序外的）。

（1）～（3）项组成了在软件过程中产生的全部信息，通常把它们统称为软件配置，而这些项就是软件配置项。

随着软件项目开发的推进，软件配置项的数目会迅速增加。为了保证开发出高质量的软件产品，软件开发人员不仅要努力保证每个软件配置项正确，而且要保证软件的所有配置项完全一致。

可以把软件配置管理看作应用于整个软件过程的软件质量保证活动，是专门用于管理变化的软件质量保证活动。

2. 基线

基线是一个软件配置管理概念，有助于在不严重妨碍合理变化的前提下控制变化。IEEE 把基线定义为：已经通过了正式复审的规格说明或中间产品，它可以作为进一步开发的基础，并且只有通过正式的变化控制过程才能改变它。

简言之，基线就是通过了正式复审的软件配置项。在软件配置项变成基线之前，可以迅速而非正式修改它。一旦建立了基线，虽然仍可以变化，但是，必须用特定的、正式的过程评估、实现，并要验证每个变化。

修改软件配置项时，需要使用一些软件工具，如特定版本的编辑器、编译器以及其他CASE 工具，为了防止不同版本的工具产生的结果不同，应该把软件工具也基线化，并且列入综合的配置管理过程中。

13.6.2　软件配置管理过程

软件配置管理是软件质量保证的重要一环，它的主要任务是控制变化，负责各个软件配置项和软件各种版本的表示、软件配置审计，以及对软件配置发生的任何变化的报告。

具体来说，软件配置管理主要有 5 项任务。

（1）标识软件配置中的对象。

为了控制和管理软件配置项，必须单独命名每个配置项，然后用面向对象方法组织它们。可以标识出以下两类对象。

① 基本对象：是软件工程师在分析、设计、编码或测试过程中创建出的"文本单元"。

② 聚集对象：是基本对象和其他聚集对象的集合。

（2）控制版本。

版本控制联合使用规程和工具，以便管理在软件工程过程中创建的配置对象的不同版本。借助版本控制技术，用户能够通过选择适当的版本指定软件系统的配置。

（3）控制变化。

典型的变化控制过程如下。

① 评估该变化在技术方面的得失、可能产生的副作用、对其他配置对象和系统功能的整体影响，以及估算出的修改成本。

② 为每个被批准的变化都生成一个"工程变化命令",描述将要实现的变化、必须遵守的约束以及复审和审计的标准。

③ 把要修改的对象从项目数据库中"提取"出来,进行修改并应用适当的 SQA 活动。

④ 把修改后的对象"提交"给数据库,并用适当的版本控制机制创建该软件的下一个版本。

(4) 审计配置。

为了确保适当地实现需要的变化,通常从下述两个方面采取措施。

① 正式的技术复审。关注被修改后的配置对象的技术正确性。

② 软件配置审计。通过评估配置对象通常不在复审过程中考虑的特征,是对正式技术复审的补充。

(5) 报告状态。

书写配置状态报告,回答下述问题。

① 发生了什么事?

② 谁做的这件事?

③ 这件事是什么时候发生的?

④ 它将影响哪些其他事物?

配置状态报告对大型软件开发项目的成功有重大贡献。配置状态报告能改善所有参与项目开发人员之间的通信,并帮助消除一些相互合作时产生的问题。

(1) 分工合作的成员彼此不知道在做什么。

(2) 不同的开发人员用冲突的思路试图修改同一个软件配置项。

(3) 开发团队可能把时间浪费在根据过时的硬件说明开发的软件。

(4) 察觉到修改存在副作用,但修改正在进行。

13.7　应用 Project

Project 是国际上最盛行与通用的项目管理软件,由微软公司研制,适用于新产品研发、IT、房地产、工程、大型活动等项目类型。Microsoft Project 官方版包含经典的项目管理思想和技术以及全球众多企业项目管理实践。Project 可提升项目管理人员(包括个人项目管理、团队项目管理以及企业级项目管理)能力,实现项目管理专业化与规范化。

13.7.1　Project 的功能及特点

Project 主要具有以下 9 个功能。

1. 有效地管理和了解项目日程

使用 Project 对项目工作组管理和现实客户的期望,并制定日程、分配资源和管理预算。通过各种功能了解日程,这些功能包括用于追溯问题根源的"任务驱动因素"、用于测试方案的"多级撤销"以及用于自动为受更改影响的任务添加底纹的"可视化单元格突出显示"。

2. 快速提高工作效率

项目向导是一种逐步交互式计划辅助工具,可以快速掌握项目管理流程,可以根据不同的用途进行自定义,它能够引导完成创建项目、分配任务和资源、跟踪和分析数据以及报告结果等操作。直观的工具栏、菜单和其他功能可以使用户快速掌握项目管理的基本知识。

3. 利用现有数据

Project 可以与其他 Microsoft Office System 程序顺利集成。通过将 Excel 和 Outlook 中的现有任务列表转换到项目计划中,只需几次击键操作即可创建项目。可以将资源从 ActiveDirectory 或 ExchangeServer 通讯簿添加到项目中。

4. 构建专业的图表和图示

"可视报表"引擎可以基于 Project 数据生成 Visio 图表和 Excel 图表的模板,可以使用该引擎通过专业的报表和图表分析和报告 Project 数据。可以与其他用户共享创建的模板,也可以从可自定义的现成报表模板列表中进行选择。

5. 有效地交流信息

根据负责人的需要,轻松地以各种格式显示信息。可以设置一页日程或其他报表的格式并进行打印。使用"将图片复制到 Office"向导,可以顺畅地将 Project 数据导出到 Word 中以用于正式文档,导出到 Excel 中以用于自定义图表或电子表格,或者导出到 PowerPoint 中以用于清晰演示文稿。

6. 进一步控制资源和财务

使用 Project,可以轻松地为任务分配资源,还可以调整资源的分配情况以解决分配冲突。通过为项目和计划分配预算,可控制财务状况。通过"成本资源",可改进成本估算。

7. 快速访问所需信息

可以按任何预定义字段或自定义字段对 Project 数据进行分组。这样会合并数据,可以快速查找和分析特定信息,从而节约时间。也可以轻松标识项目不同版本之间的更改,因此可以有效地跟踪日程和范围的更改。

8. 根据需要跟踪项目

可以使用一组丰富的预定义或自定义衡量标准帮助跟踪所需的相关数据(如完成百分比、预算与实际成本、盈余分析等)。可以通过在基准(最多 11 个)中保存项目快照来跟踪项目进行期间的项目性能情况。

9. 根据需要自定义 Project

可以专门针对项目调整 Project，可以选择与项目日程集成的自定义显示字段，还可以修改工具栏、公式、图形指示符和报表。XML、VBA 和组件对象模型(COM)加载项有助于数据共享和创建自定义解决方案。

纵观 Project 功能，可以得出 Project 的 9 个主要特点。

(1) 有效地管理和了解项目日程。

(2) 快速提高工作效率。

(3) 利用现有数据。

(4) 构建专业的图表和图示。

(5) 有效地交流信息。

(6) 进一步控制资源和财务。

(7) 快速访问所需信息。

(8) 根据需要跟踪项目。

(9) 根据需要自定义 Project 官方版。

13.7.2　Project 工作界面

1. Project 的安装

(1) 下载 Project（以 Project 2007 为例）软件包（包括产品密钥），并解压。

(2) 单击 setUp 按钮进行安装。

(3) 输入密钥→同意协议→单击"立即安装"按钮→静待安装。

(4) 安装完毕，显示如图 13.11 所示的界面，直接单击"关闭"按钮。

图 13.11　Project 安装界面

2. Project 的工作界面

进入 Project 后，即可看到其工作界面，如图 13.12 所示。

Project 工作界面由以下 7 部分组成。

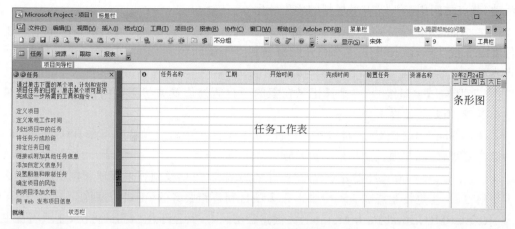

图 13.12 Project 工作界面

(1) 标题栏。标题栏中显示运行程序的名称和 Project 文件的名称,以及最大化窗口、最小化窗口及关闭窗口等快捷按钮。

(2) 菜单栏。标题栏下方就是菜单栏,菜单栏中包括"文件""编辑""视图""插入""格式""工具""项目""报表""协作""窗口"和"帮助"。用户可以根据需要增删菜单栏。

(3) 工具栏。菜单栏下方就是工具栏,第一次打开 Project 时,只显示最基本的命令。用户可以根据个人需要对工具栏进行调整,以便显示最常用的命令和工具栏。

(4) 项目向导栏。项目向导栏包括 4 个区域:任务、资源、跟踪和报表。侧窗格分别提供了说明,以及协助完成项目管理过程的主要步骤。

项目向导能够引导创建和管理项目计划。所以,即使用户不熟悉项目管理方法,也可以通过项目向导快捷地创建新项目、管理任务和资源、制定和更改工作时间表、跟踪项目和报告项目信息。

(5) 状态栏。状态栏位于窗口底部,显示当前对 Project 文件执行的操作。当 Project 等待操作时,显示"就绪";当用户输入数据时,显示"输入"。

(6) 任务工作表。在对 Project 文件进行新建、修改、删除等操作时,应在任务工作表输入区内完成。

(7) 条形图。针对在任务工作表中输入任务的开始时间和结束时间,画出代表工期长度的条形图。

13.7.3 项目管理专用术语浏览

项目管理有很多专用的术语,在此列出一些常用术语。

(1) Activity(活动)。为了达到某种结果而进行的工作或努力。它花费时间,通常也消耗资源。活动通常会在项目工作分解结构(WBS)中明确展示。

(2) Activity-on-Arrow(双代号网络图)。表示活动的顺序,用箭头线代表活动,箭头两端的圆圈代表事件。

(3) Activity-on-Node(单代号网络图)。表示活动的顺序,用方框或圆圈(节点)代表活动,节点之间用箭头线表示规则的优先顺序。

(4) Backward-pass Calculation(逆推计算法)。从工程网络的最终事件向最开始事件方向进行计算,以获得事件最晚开始事件,与 Forward-pass Calculation(正推计算法)形成对比。

(5) Baseline(基线)。一个被记录在案的项目所处位置或状态。项目所处的位置可能会更新,但基线始终不变。

(6) Calendars(日历)。对正常工作日、非工作日(节假日)和特殊工作日(加班时间)的综合安排,以确定项目工作的结束日期。

(7) Change Control(变更控制)。按计划的范围、工期及预算来管理和控制变更。在大型项目中,变更控制意味着一个牵涉很多项目利益相关者的、正式的过程。

(8) CPM(Critical Path Method,关键路径法)。一种基于网络图的方法,显示项目中的最长活动序列,从而确定项目的最早完成日期。

(9) Deliverable(应交付产品)。作为项目要求的一部分内容,它是项目或其他活动在契约强制下必须生产的一种产品。有些交付产品可能是最终产品,而有的可能是某些后续交付产品所依赖的中间产物(如设计等)。

(10) Dependency(依赖关系)。两个或多个活动或任务之间的相互关系。如果一个任务在另一个任务完成之间无法开始,那么这个任务就依赖另一个任务。

(11) Dummy Activity(虚拟活动)。网络图中表示逻辑连接的一个元素,持续时间为零,也不消耗资源,只是显示活动的优先关系。

(12) Duration(持续时间)。完成一项活动所需要的时间长度。

(13) Estimate(估算)。对项目成本、所需资源和工期的一个预算。

(14) Gantt Chart(甘特图)。完成项目活动所需时间的条形图。

(15) Histogram(直方图)。垂直条形图,通常表示项目不同时间的主要配置水平。

(16) i-j notation(i-j 符号,双代号网络图的节点编号系统)。i 节点表示活动的开始,j 节点则表示活动的结束。

(17) Impact(影响评估)。潜在风险可能对项目造成的影响程度的评估。

(18) Life Cycle(生命周期)。项目从构思到结束所要经历的阶段,项目性质随阶段的变化而发生变化。

(19) Matrix Organization(矩阵式组织)。从组织职能部门抽调人员组成项目团队,又不能撤离原有岗位的组织方式。矩阵式组织中,项目经理对团队成员拥有双重职权。

(20) Milestone(里程碑)。特别重要的事件,通常用来标明一个项目或项目某个阶段完成的标志。

(21) Resource Allocation(资源配置)。为项目分配人员、设备、设施或材料,是项目进度计划编制的重要组成部分。

(22) Risk Management(风险管理)。管理项目中潜在的风险,从而最大程度降低一旦发生风险就会对项目造成的影响。

(23) Schedule(工期)。识别项目中所有活动的起始和结束日期的时间线。

(24) Scope(范围)。完成项目必须达到的工作规模。

（25）Task（任务）。与活动意义相同，指项目成员用一段时间完成并且能够产生一个或多个交付产品的工作。

（26）WBS（Work Breakdown Structure，工作分解结构）。把工作逐次分解成更小的组成部分，以便准确估计持续时间、资源需求量和成本。

13.7.4　Project 操作入门

Project 中有一些常见的操作。

（1）新建任务。新建任务时，直接在输入区的空白任务区域内双击，在出现的"任务信息"对话框中输入任务信息，如图 13.13 所示。

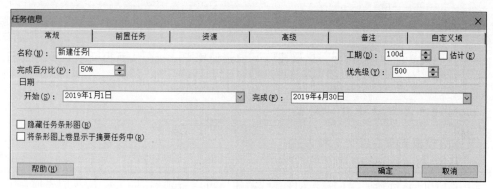

图 13.13　Project 新建任务界面

（2）编辑任务。在选定的任务上双击，即可修改任务信息。可以选中任务，选择菜单命令"编辑"→"删除任务"→确认，删除一个已建立的任务。也可以选择菜单命令"插入"→"新任务"→输入新任务信息→确认，添加一个新的任务。

（3）复制、粘贴任务。选中任务，选择菜单命令"编辑"→"复制"→选择单元→"粘贴"，即可复制和粘贴任务。

（4）任务的升级和降级。选中任务，单击菜单栏下方的工具选项"左右箭头"，即可将任务升级或降级。

（5）分配资源。如果资源工作表中已经建立了资源，在"输入区"中的"资源名称"下拉列表中选择资源名称即可。

（6）删除资源。直接选中任务对应的主要名称，按 Delete 键即可删除已分配的资源。

（7）生成甘特图。甘特图是 Project 打开后的默认视图，可以在图 13.12 右侧绘制甘特图，如图 13.14 所示。

若想查看其他类型的视图，可通过菜单"视图"中的"跟踪甘特图""资源工作表""资源使用状况"等查看相关内容。

13.7.5　Project 项目管理实践

利用 Project 制订项目计划应该从项目启动时创建项目文件，而不是进入 Project 后，直接在甘特图区域绘制甘特图。这种不规范的做法，会导致使用 Project 只是为了得到甘

图 13.14　甘特图示例

特(Gantt)图或其他视图。因此,建议按以下步骤使用 Project,从而提高项目编写的科学性、准确性和一致性。

1. 利用可参照的项目计划模板

具体的模板来源有以下 3 种方式。

1) 从 Project 环境中得到

打开 Project,选择菜单命令"文件"→"新建",可以看到如图 13.15 所示的界面。

图 13.15　新建项目计划

在图 13.15 中,单击"计算机上的模板",便可看到如图 13.16 所示的界面。

图 13.16　选择模板或空白

图 13.16 中有两个选项卡，一个是"常用"；另一个是"项目模板"。选择"项目模板"，就能看到 Project 自带的 41 个项目模板文件图标，如图 13.17 所示，这些文件涵盖建筑、软件、展览、管理等诸多方面的内容，可以根据自身需要选择适合的模板。

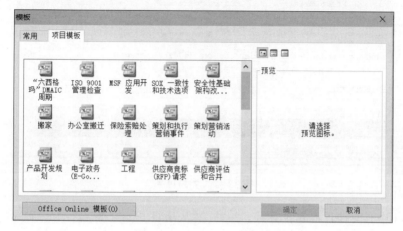

图 13.17　Project 自带模板

2）Office Online 模板

微软 Office Online 网站上有很多微软提供的免费模板，供读者使用。单击图 13.15 中的"Office Online 模板"，即可看到如图 13.18 所示的界面。

图 13.18　来自 Office Online 模板

3）网站上的模板

利用搜索引擎可以直接在 Internet 上搜索项目计划模板，也可以找到很多优秀的 Project 计划模板。

2. 新建 Project 项目计划

若没有合适的 Project 项目计划可参考，就建立一个新的 Project 项目计划。

1）新建空白项目

选择菜单命令"文件"→"新建"，新建一个 Project 文件，并命名为"项目 1"。

2）设计项目计划时间

按照以下步骤建立"项目 1"的项目计划时间。

（1）设置项目的日程排定方式。

选择菜单命令"项目"→"项目信息"，可以得到如图 13.19 所示的对话框。

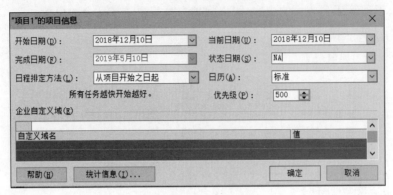

图 13.19　项目信息

Project 中有两种日程安排方式：一种是"从项目开始之日起"；另一种是"从项目完成之日起"。前者按照从前往后的顺序推算出项目的"完成日期"；后者则是从后往前推算出项目的"开始日期"。至于选择哪种方式，可根据项目实际情况确定。

（2）设置项目的开始/完成日期。

一旦选择了"从项目开始之日起"，以后输入的所有任务的默认"开始日期"都必须大于或等于所选的项目开始日期。反之，选择了"从项目完成之日起"，以后输入的所有任务的默认"完成日期"都要小于或等于所选的项目完成日期。

在编制过程中，如果"开始/完成日期"有变动，可采用相同的步骤进行操作。

3）制订项目计划

下面以"机票预订系统"为例，说明如何制订项目计划。

（1）日历设置。

Project 中的日历设置是指项目的工作与非工作时间的设置。日历设置根据实际需要进行设置。这里设置的工作日是 5 天（除去双休日）。

Project 中默认的日历有以下 3 种。

① 标准工作日。一周 5 个工作日，没有其他假日。

② 24 小时日历。没有工作日和非工作日的区别。

③ 夜班日历。与前两种不同的是，工作时间段不同。

（2）任务分解。

日历设置完毕，开始在任务工作表中输入任务信息。输入任务信息的工作是任务分解过程。任务分解过程在进度计划乃至整个项目所有计划的制订中都是最重要的。

任务分解必须遵循以下 6 个原则。

① 任务分层原则。

② 80 小时原则。

③ 责任到人原则。

④ 风险分解原则。

⑤ 逐步求精原则。

⑥ 团队工作原则。

了解任务分解原则后,开始 Project 项目计划的任务信息的录入,具体步骤如下。

① 录入项目名称。

② 录入阶段名称,设置开始/结束时间,设置前置任务以及录入资源。

③ 标注各阶段里程碑。

④ 细化各阶段。

⑤ 对需要再次细分的任务进行分解,并录入或设置相关信息。

（3）工期设定。

Project 中,工期的单位有 5 种:月(Mo)、周(W)、日(D)、时(H)、分(M)。

工期为 0 的任务可标识为"里程碑"。

（4）任务相关性设定。

设定相关性,可以通过 3 种方法完成:在 Gantt 图中直接拖曳;在"前置任务"列中直接编辑;在"任务信息"对话框的"前置任务"选项卡中编辑。

（5）资源分配。

资源也是项目管理中的一个重要部分。在通常意义的项目管理中,资源有多种类型。在软件项目管理中,资源主要指人力资源。

资源分配可以通过以下两种方式完成:在项目任务栏中的"资源名称"列中直接编辑;在"任务信息"对话框中的"资源"选项卡中编辑。

要了解项目组中成员的工作状况,可以单击菜单栏中的"视图"→"资源使用情况"或"资源工作表"进行查看。

（6）Gantt 图的形成。

在制订项目计划的过程中,任务工作表右侧会同步生成项目 Gantt 图(表示项目计划进度);同理,在更新任务表时,Gantt 图也会同步变更。

如果项目工作日比较长,按日绘制 Gantt 图不直观,也没必要。有时需要调整 Gantt 图时间刻度。双击"时间刻度",弹出如图 13.20 所示的"时间刻度"对话框。

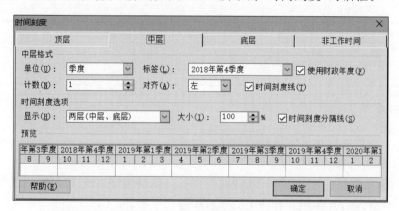

图 13.20　Gantt 图中"时间刻度"之"中层"选项卡的设置

同理,在图 13.20 中的"底层"选项卡中将"单位"设置为"月",效果见图 13.20 的"预览"一栏。

按照以上 3 个步骤,完成"机票预订系统"的项目计划,如图 13.21 所示。

图 13.21 "机票预订系统"项目计划实践

13.8 随 堂 笔 记

一、本章摘要

_____

_____

_____

_____

_____

_____

_____

_____

_____

二、练练手

(1)( )最能表现某个项目的特征。

    A. 运用进度计划技巧   B. 整合范围与成本

    C. 确定期限   D. 利用网络进行跟踪

(2)项目管理需要在相互有冲突的要求中寻找平衡,除了( )。

    A. 甲方和乙方的利益   B. 范围、时间、成本、质量

    C. 有不同需求和期望的项目干系人   D. 明确的和未明确表达的需求

（3）除了（　　），都是日常运作和项目的共同之处。

    A. 由人管   B. 受有限资源限制

    C. 需要规划和控制   D. 重复性工作

（4）（　　）不是项目进度控制所需的输入。

    A. 项目进度   B. 进展报告

    C. 变更请求   D. 组织结构

（5）在软件项目管理中可以使用各种图形工具辅助决策。下面对 Gantt 图的描述中，不正确的是（　　）。

    A. Gantt 图表现了各个活动的持续时间

    B. Gantt 图表现了各个活动的起始时间

    C. Gantt 图反映了各个活动之间的依赖关系

    D. Gantt 图表现了完成各个活动的进度

（6）某工程计划图如下图所示，弧上的标记为作业编码及其需要的完成时间（天），作业 E 最迟应在第（　　）天开始。

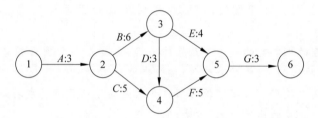

    A. 7   B. 9   C. 12   D. 13

（7）（　　）不属于项目管理的特征。

    A. 独特性   B. 通过渐进性协助实施

    C. 拥有主要顾客或项目发起人   D. 具有很小的确定性

（8）（　　）不属于项目管理的三维约束。

    A. 达到范围目标   B. 达到时间目标

    C. 达到沟通目标   D. 达到成本目标

（9）项目管理核心三角形是（　　）。

    A. 范围、进度、风险   B. 范围、时间、成本

    C. 项目、配置、质量   D. 合作、沟通、进度

（10）PMI 提供的认证项目叫作（　　）。

    A. Microsoft Certified Project Manager

    B. Project Management Professional

    C. Project Management Expert

    D. Project Management Menter

三、动动脑

（1）设计一个算法，求解工程网络中的关键路径。

（2）安装 Project 2007 或更高的版本，进行项目计划实践。

四、读读书

《软件项目管理》

作者：〔英〕Bob Hughes，Mike Cotterell

书号：9787111309642

出版社：机械工业出版社

软件管理领域的传奇经典著作，被誉为"对美国软件业影响的一本书"，在软件管理领域，很少有著作能够与本书媲美。作为经久不衰的畅销书，本书深刻地洞察到软件开发的问题不在于技术，而在于人。人的因素并不容易解决，一旦解决了，更有可能获得成功。

全书从管理人力资源、创建健康的办公环境、雇用并留用正确的人、高效团队形成、改造企业文化和快乐工作等多个角度阐释了如何思考和管理软件开发的问题，以得到高效的项目和团队。

软件项目管理的根本目的是为了让软件项目，尤其是大型项目的整个软件生命周期（从分析、设计、编码到测试、维护全过程）都能在管理者的控制下，以预定成本按期、按质地完成软件交付用户使用。而研究软件项目管理是为了从已有的成功或失败的案例中总结出能够指导今后开发的通用原则、方法，同时避免前人的失误。

作者在第 3 版中添加了 6 章内容，并对先前的内容做了调整，使其更能应对当今软件的开发环境和挑战。例如，第 3 版讨论了一些领导力上的病理症状，这些是先前版本中没有作为病理归纳的；书中还讲述了会议文化的演进，以及如何管理新旧成员水火不容的混合团队，讨论了为何一些日常使用的工具会成为团队前进的阻力，而非动力。

书中案例真实、丰富，任何需要管理软件项目或软件组织的人员都能从本书中寻找到有价值的建议。

参 考 文 献

［1］　张海藩. 软件工程导论［M］. 6 版. 北京：清华大学出版社,2013.

［2］　王顺,等. 软件工程导论实践指南(Java EE 版)［M］. 北京：清华大学出版社,2012.

［3］　罗杰 S. 普莱斯曼. 软件工程：实践者的研究方法［M］. 8 版. 北京：机械工业出版社,2016.

［4］　朱少民. 软件测试［M］. 2 版. 北京：人民邮电出版社,2016.

［5］　休斯,考特莱尔. 软件项目管理［M］. 6 版. 北京：机械工业出版社,2010.

［6］　梅耶,等. 软件测试的艺术［M］. 3 版. 北京：机械工业出版社,2012.

［7］　梅耶,等. 软件测试的艺术［M］. 3 版. 北京：机械工业出版社,2012.

［8］　布奇,等. UML 用户指南［M］. 2 版. 北京：人民邮电出版社,2013.

［9］　吕云翔,等. UML 面向对象分析、建模与设计［M］. 北京：清华大学出版社,2018.

［10］　疯狂软件. Spring Boot2 企业应用实战［M］. 北京：电子工业出版社,2018.

实践环节任务分配表

序号	实 践 任 务	相关习题	完成要求	完成情况	检查形式
1	编制可行性研究报告	3 三(2)	课外		
2	编制需求分析规格说明书	4 三(2)	课外		
3	PowerDesigner UML 实践	6 三(2)	课内		
4	面向对象建模(一)	7 三(1)	课内		
5	编制面向对象分析说明书	7 三(2)	课外		
6	面向对象建模(二)	8 三(1)	课内		
7	面向对象设计	8 三(2)	课外		
8	编制概要设计说明书	8 三(3)	课外		
9	项目实现环境的配置	9 三(1)	课内		
10	项目主要功能的实现	9 三(2)	课外		
11	功能测试	10 三	课外		
12	项目部署及发布	11 三(1)	课外		

任务分配表填写说明：

完成情况分为 4 个等级：A 圆满完成任务；B 完成任务；C 基本完成任务；D 未完成任务。

完成要求是指在实验课内按时完成，或是在课外自行安排时间完成。

所有实践任务由小组共同完成(课程以小组形式组织教学)。

任务完成情况的检查形式为课内检查、课堂讲解以及课外检查 3 种形式。

图书资源支持

感谢您一直以来对清华版图书的支持和爱护。为了配合本书的使用，本书提供配套的资源，有需求的读者请扫描下方的"书圈"微信公众号二维码，在图书专区下载，也可以拨打电话或发送电子邮件咨询。

如果您在使用本书的过程中遇到了什么问题，或者有相关图书出版计划，也请您发邮件告诉我们，以便我们更好地为您服务。

我们的联系方式：

地　　址：北京市海淀区双清路学研大厦 A 座 714

邮　　编：100084

电　　话：010-83470236　010-83470237

客服邮箱：2301891038@qq.com

QQ：2301891038（请写明您的单位和姓名）

资源下载：关注公众号"书圈"下载配套资源。

资源下载、样书申请

书 圈

获取最新书目

观看课程直播